“十三五”精品课程规划教材——土建类
互联网+工学结合创新教材

建筑工程计量与计价

主　编　高文洁　娜仁高娃　徐珊珊
副主编　徐　超　刘瑞兵　刘　芳
王凌云　姜　毅　张元元

哈尔滨工程大学出版社
Harbin Engineering University Press

内容简介

本书主要内容有工程造价计价依据、建筑工程施工图预算、建筑工程造价软件应用。具体内容主要依据最新的《建设工程工程量清单计价规范》（GB 50500—2013)、《房屋建筑与装饰工程工程量计算规范》（GB 50854—2013）和《内蒙古自治区建设工程费用定额》（DYD15－801－2009，2017年版）为基础，结合案例进行编排。内容组织尊重人的认知规律，遵循工作过程，突出理论联系实际，注重学生的能力训练。它既可作为高校建筑工程技术、建筑工程管理、工程监理、工程造价等专业的教材，也可作为施工、造价、咨询等企业概预算管理人员的学习参考，还可作为造价人员的培训用书。

图书在版编目（CIP）数据

建筑工程计量与计价/高文洁，娜仁高娃，徐珊珊主编. —哈尔滨：哈尔滨工程大学出版社，2020.11

ISBN 978-7-5661-2835-5

Ⅰ. 建… Ⅱ. ①高… ②娜… ③徐… Ⅲ. 建筑工程—计量 Ⅳ. TU723.3

中国版本图书馆CIP数据核字(2020)第224531号

责任编辑 卢尚坤
封面设计 邢宏亮

出版发行 哈尔滨工程大学出版社
社　　址 哈尔滨市南岗区南通大街145号
邮政编码 150001
发行电话 0451－82519328
传　　真 0451－82519699
经　　销 新华书店
印　　刷 廊坊市鸿煊印刷有限公司
开　　本 787mm×1 092mm　1/16
印　　张 23
字　　数 513千字
版　　次 2020年11月第1版
印　　次 2020年11月第1次印刷
定　　价 55.00元

http：//www.hrbeupress.com
E-mail：heupress@hrbeu.edu.cn

前 言

为了让学生毕业之后能很快进入工作状态，我们编写了这本《建筑工程计量与计价》。本书是在2012年8月第1版的基础之上改编的，这次改编主要依据《建设工程工程量清单计价规范》（GB 50500—2013）、《房屋建筑与装饰工程工程量计算规范》（GB 50854—2013）和2017内蒙定额。去掉了定额计价的模式，以工程量清单计价模式为主线，以一套图纸为依托，通过手工算量和软件算量的对比计算，提高学生的计量与计价的能力。主要内容包括建筑工程定额，建筑工程费用定额，建筑安装工程计价程序，清单工程量计算，建筑面积，土石方工程，地基处理与基坑支护工程，桩基工程，砌筑工程，混凝土和钢筋工程，金属结构工程，木结构工程，门窗工程，屋面及防水工程，楼地面装饰工程，墙柱面装饰工程，天棚装饰工程，油漆、涂料、裱糊装饰工程，其他装饰工程，保温、隔热、防腐工程，措施项目，工程量清单计价应用举例。

在教与学的过程中，建议一周安排二次计量计价软件的上机实习。上机实习的过程就是核对手算工程量的过程，可谓一举两得。

本书由内蒙古交通职业技术学院高文洁、娜仁高娃和徐珊珊担任主编；赤峰学院徐超、内蒙古建筑职业技术学院刘瑞兵、湖南信息学院刘芳、湖南有色金属职业技术学院王凌云、河南财政金融学院姜毅、山东理工职业学院张元元担任副主编。

由于编者水平有限，书中不足之处，敬请读者批评指正。

编 者

2020年7月

第1章 绪 论 …… 1

1.1 工程造价的含义与特征 …… 1

1.2 建设项目和建设程序 …… 4

1.3 建筑工程造价的计价方式简介 …… 14

第2章 建筑工程定额 …… 18

2.1 预算定额概述 …… 18

2.2 预算定额的编制 …… 20

2.3 预算定额人工、材料和机械台班消耗量指标的确定 …… 24

2.4 预算定额的组成及应用 …… 27

第3章 建设工程费用定额 …… 31

3.1 建设工程计价的一般规定 …… 31

3.2 建设工程费用定额 …… 36

第4章 建筑安装工程计价程序 …… 51

第5章 清单工程量计算 …… 55

5.1 工程量计算 …… 55

5.2 计量单位 …… 55

5.3 工程量清单编制 …… 55

第6章 建筑面积 …… 59

6.1 建筑面积的定义 …… 59

6.2 建筑面积的作用 …… 59

6.3 术语 …… 60
6.4 计算建筑面积的规定 …… 63
6.4 工程量计算示例 …… 75

第7章 土石方工程 …… 78

7.1 定额说明 …… 78
7.2 工程量计算规则 …… 80
7.3 土石方工程清单工程量计算规则 …… 92

第8章 地基处理与基坑支护工程 …… 103

8.1 定额说明 …… 103
8.2 工程量计算规则 …… 105
8.3 工程量清单计价规范 …… 111

第9章 桩基工程 …… 118

9.1 定额说明 …… 119
9.2 工程量计算规则 …… 121
9.3 工程量清单计算规范 …… 126

第10章 砌筑工程 …… 132

10.1 定额说明 …… 132
10.2 工程量计算规则 …… 134
10.3 工程量计算规范 …… 141

第11章 混凝土和钢筋工程 …… 150

11.1 定额说明 …… 150
11.2 工程量计算规则 …… 154
11.3 工程量清单计价规范 …… 165

第12章 金属结构工程 …… 178

12.1 定额说明 …… 178
12.2 工程量计算规则 …… 181
12.3 工程量清单计价规范 …… 183

第13章 木结构工程 …… 190

13.1 定额说明 …… 190

13.2 工程量计算规则 …… 191
13.3 工程量清单计价规范 …… 192

第 14 章 门窗工程 …… 195

14.1 定额说明 …… 195
14.2 工程量计算规则 …… 199
14.3 门窗工程工程量计算规范 …… 201

第 15 章 屋面及防水工程 …… 208

15.1 定额说明 …… 208
15.2 工程量计算规则 …… 212
15.3 工程量计算规范 …… 217

第 16 章 楼地面装饰工程 …… 223

16.1 定额说明 …… 223
16.2 工程量计算规则 …… 226
16.3 工程量计算规范 …… 230

第 17 章 墙柱面装饰工程 …… 244

17.1 定额说明 …… 244
17.2 工程量计算规则 …… 248
17.3 工程量清单计价规范 …… 253

第 18 章 天棚装饰工程 …… 264

18.1 定额说明 …… 264
18.2 工程量计算规则 …… 265
18.3 工程量清单计价规范 …… 268

第 19 章 油漆、涂料、裱糊装饰工程 …… 274

19.1 定额说明 …… 275
19.2 工程量计算规则 …… 276
19.3 工程量清单计价规范 …… 280

第 20 章 其他装饰工程 …… 286

20.1 定额说明 …… 286

20.2　工程量计算规则 …… 288
20.3　工程量清单计价规范 …… 292

第21章　保温、隔热、防腐工程 …… 299

21.1　定额说明 …… 300
21.2　工程量计算规则 …… 300
21.3　工程量清单计价规范 …… 303

第22章　措施项目 …… 309

22.1　定额说明 …… 309
22.2　工程量计算规则 …… 314
22.3　工程量清单计价规范 …… 326

第23章　工程量清单计价应用举例 …… 335

23.1　综合单价 …… 335
23.2　措施费 …… 339
23.3　其他项目费 …… 340
23.4　招标控制价举例 …… 341

参考文献 …… 358

第1章 绪论

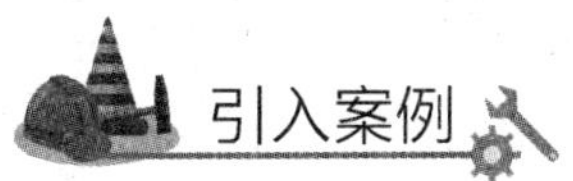

2020年房价会不会暴跌？2020年下半年究竟该不该买房？未来房价走势会如何？对这些问题，一千个人有一千种看法。中国指数研究院发布自《2015年10月中国房地产挡数系统百城价格指数报告》显示，2015年10月，全国100个城市（新建）住宅平均价格为10 849元/m^2，环比上涨0.30%，涨幅较9月扩大0.02个百分点；同比上涨2.07%，涨幅继续扩大。主要城市住宅均价见表1.1。

表1.1 主要城市住宅均价表

房价	城市								
住宅均价/（元/m^2）	北京	上海	深圳	厦门	温州	三亚	杭州	广州	南京
	29 418	27 024	25 942	25 538	20 755	20 017	20 753	19 265	15 925

请思考：房价是怎样形成的？其主要组成是什么？为什么不同的地方会出现不同的价格？房价与工程造价之间有什么关系？

1.1 工程造价的含义与特征

1.1.1 工程造价的含义

建筑工程项目是建筑业生产的产品，其本身具有固定、体积庞大、建设周期长等特点，且完成一项建设工程项目涉及多个主体，因此工程造价从不同角度看有不同的含义，通常包括如下两种含义。

（1）从投资者即业主角度，工程造价是指建设一项工程预期开支或实际开支的全部固定资产投资费用。从这个意义上讲，工程造价就是工程投资费用，建设项目工程造价就是建设项目固定资产投资费用，包括建筑安装工程费、设备及工器具购置费、工程建设其他费用、预备费、建设期贷款利息等。

(2) 从市场角度，工程造价是指工程价格，即为建成一项工程预计或实际在土地市场、设备市场、技术劳务市场以及承包市场的交易活动中所形成的建筑安装工程的价格和建设工程总价格。建筑安装工程费用是指承建建筑安装工程所发生的全部费用，即通常所说的工程造价。

工程造价的两种含义是从不同角度把握同一事物的本质。对于建设工程的投资者来说，在市场经济条件下的工程造价就是项目投资，是“购买”项目要付出的价格，同时也是投资者在作为市场供给主体“出售”项目时定价的基础；对于承包商、供应商和规划及设计等机构来说，工程造价是他们作为市场供给主体出售商品和劳务价格的总和，或是特指范围内的工程造价，如建筑安装工程造价。

1.1.2 本课程研究的对象

“建筑工程计量与计价”是建筑工程技术、工程造价及经济管理等专业的主要专业课程之一，也是建筑企业进行现代化管理的基础，它从研究建筑安装产品的生产成果与生产消耗之间的数量关系着手，合理地确定完成单位产品的消耗数量标准，从而达到合理确定建筑工程造价的目的。

建筑产品的生产需要消耗一定的人力、物力、财力，其生产过程受到管理体制、管理水平、社会生产力、上层建筑等诸多因素的影响。在一定的生产力水平下，完成一定的合格建筑安装产品与所消耗的人力、物力、财力之间存在着一种比例关系，这是本课程中工程造价计价依据的定额部分所研究的主要内容。

1.1.3 本课程研究的任务

建筑工程计量与计价课程的任务就是运用马克思主义的再生产理论，遵循经济规律，研究建筑产品生产过程中数量和资源消耗之间的关系，积极探索提高劳动生产率、减少物资消耗的途径，合理地确定和控制工程造价；同时，通过这种研究，达到减少资源消耗，降低工程成本，提高投资效益、企业经济效益和社会效益的目的。

本课程以宏观经济学、微观经济学、投资管理学等作为理论基础，以建筑构造与识图、建筑材料、建筑力学与结构、施工技术、建筑施工组织与管理、建筑企业经营管理、项目管理、工程招投标与合同管理等作为专业基础，还与国家的方针政策、分配制度、工资制度等有着密切的联系。

本课程的学习内容很多，在学习过程中应把重点放在掌握建筑工程计价依据的概念和计价方法上，熟悉并能使用工程计价依据的各类定额，最终熟练使用计价方法编制施工图预算和工程量清单。在学习过程中，应坚持理论联系实际，以应用为重点，注重培养动手能力，勤学勤练，能够独立完成工程量清单编制与工程量清单计价任务目的。

1.1.4 工程造价的计价特征

建设项目是建筑业的产品，但它又不同于一般工业产品，所以工程造价作为建筑

产品的建造价格，具有鲜明的计价特征。

1. 计价的单件性

任何一项建设工程都有特定的用途，其功能和规模各不相同。每一项工程的结构、造型、空间分割、设备配置和内外装饰都有不同的具体要求，即工程内容和实物形态都具有个别性，不能批量生产。同时，建设项目的位置是固定的、不能移动的，每项工程所处的地区、地段的自然环境、水文地质、物价等都不相同，影响工程造价的因素非常多，这使得工程造价的个别性更加突出。

因此，建筑产品的单件性决定了每项工程都必须单独计算造价。

2. 计价的多次性

任何一项建设工程从决策到实施，直至竣工验收并交付使用，都有一个较长的建设期。在此期间，如工程变更和设备材料价格、工资标准以及利率、汇率等都可能发生变化，这些变化必然会影响工程造价的变动。因此，工程造价在整个建设期内的不同阶段处于一个变动状态，直至竣工决算后才能最终决定实际造价。

建设项目的建设工期长、规模大、造价高的特点决定了其必须按照建设程序决策和实施，为保证工程造价计算的准确性和控制的有效性，工程造价也需要在不同阶段依据不同资料进行多次性计价。多次性计价是一个逐步深化、逐步细化和逐步接近实际造价的过程。

依据工程建设程序，工程造价的合理确定一般分为以下 7 个阶段。

(1) 在投资决策阶段，编制投资估算，作为投资机会筛选和项目决策的依据。

(2) 在初步设计阶段，根据设计意图编制初步设计概算，作为拟建项目工程造价控制的最高限额。与投资估算相比，概算造价的准确性有所提高，但受估算造价的控制。

(3) 在技术设计阶段，根据技术设计要求编制修正概算。修正概算对初步设计概算进行修正和调整，比初步设计概算准确，但受总概算控制。

(4) 在施工图设计阶段，根据施工图纸编制施工图预算。施工图预算比初步设计概算或修正概算更为详尽和准确，但同样受前一阶段所限定的工程造价的控制。

(5) 在工程招投标阶段，依据中标价确定合同价，作为工程结算的依据。

(6) 在工程施工阶段，依据合同价款，按合同调价范围和调价方法，对实际发生的工程量增减、设备和材料价差等进行调整，合理确定结算价。

(7) 在竣工验收阶段，通过全面收集建设过程中实际花费的全部费用，编制竣工决算，如实反映竣工项目从开始筹建到竣工交付使用为止的该建设项目的实际工程造价。

工程造价多次性计价示意图如图 1.1 所示。

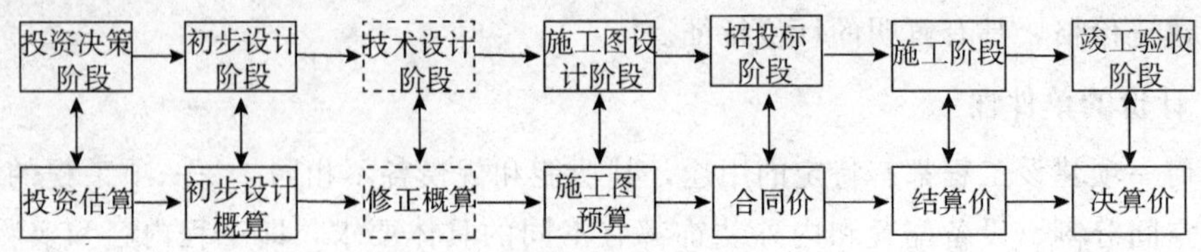

图 1.1 工程造价多次性计价示意图

3. 计价的组合性

一个建设项目是一个工程综合体，按其组成与划分，可以分解为若干个单项工程、单位工程和分部分项工程。

建设项目的这种层次性决定了工程造价计价是一个逐步组合的过程，即分部分项工程造价—单位工程造价—单项工程造价—建设项目总造价。因此，分项工程是工程计价的起点。

在进入 21 世纪的今天，“项目”这个词被用得越来越广泛，“我们公司目前正在开发一个新项目”“我刚刚承接了一个项目”“我当上了项目经理”……这些类似的话我们总会时不时地听到。到底什么是项目？什么是建设项目？我们所居住的高楼大厦又是怎么“万丈高楼平地起”的？我们所要学习的工程造价又是什么？

1.2 建设项目和建设程序

1.2.1 建设项目

国际上不同的行业组织由于所处的角色及关注的重点不同，其给出的项目定义也就五花八门、各不相同，但具体分析起来又大同小异。“项目”是“为创建一个独特产品、服务或任务所做出的一种临时性的努力”，是“由一系列具有开始和结束日期、相互协调和控制的活动组成的，通过实施活动而达到满足时间、费用和资源等约束条件和实现目标的独特过程”，这样的一次性努力与过程在项目目标实现后就结束或终止了。

建设项目是指通过工程建设的实施、以形成固定资产为目标的特殊项目，一般是指经批准包括在一个总体设计或初步设计范围内进行建设，经济上实行统一核算，行政上有独立组织形式，并实行统一管理的建设单位。通常，以一个企业、事业行政单位或独立的工程作为一个建设项目。例如，在工业建设中，一个工厂的建设就是一个建设项目；在民用建筑中，一个学校、一所医院的建设也是一个建设项目。建设项目可大可小，实施周期可长可短，如长江三峡水利枢纽工程，静态投资 1

352.66 亿元，计划工期 18 年，而一个小型建设项目可能只需要花费几千元，历时几天就可以完成。

为便于对建设工程进行管理和确定建筑产品价格，一般将建设项目的整体根据其组成进行科学分解，划分为若干个单项工程、单位工程、分部工程和分项工程。

1. 单项工程

单项工程是指在一个建设工程项目中，具有独立的设计文件，竣工后可以独立发挥生产能力或效益的一组配套齐全的工程项目。单项工程是建设项目的组成部分，一个建设项目可以由一个或多个单项工程组成。例如，工业建设中的各个车间、办公楼、食堂等；民用建设中学校的教学楼、图书馆、宿舍等都各自成为一个单项工程。

2. 单位工程

单位工程是指具备独立施工条件并能形成独立使用功能，但竣工后一般不能独立发挥生产能力或效益的工程。单位工程单项工程的组成部分，可以分解为建筑工程和设备及安装工程两大类，而每一类中又可以按专业性质及作用不同分解为若干个单位工程。例如，一个生产车间的厂房修建、电气照明、给水排水、安装设备等都是单项工程中所包括的不同专业性质工程内容的单位工程。

3. 分部工程

分部工程是单位工程的组成部分。按照工程部位、设备种类和型号、使用材料的不同等可以将一个单位工程分解为若干个分部工程。例如一般工业与民用建筑的房屋建筑与装饰工程，按其不同的工种、不同的结构和部位可分为土石方工程、地基与基础工程、砌筑工程、混凝土及钢筋混凝土工程、金属结构工程、木结构工程、门窗工程、屋面及防水工程、装饰装修工程等。

4. 分项工程

分项工程是对分部工程的再分解，指在分部工程中能通过较简单的施工过程生产出来的、可以用适当的计量单位计算并便于测定或计算其消耗的工程基本构成要素，一般按照不同的施工方法、材料、构造及规格等进行划分。例如，砌筑工程可分为砖砌体、砌块砌体和石砌体等，其中砖砌体又可以细分为实心砖墙、填充墙、实心砖柱等分项工程。

以某建筑职业技术学院建设项目为例，其建设项目的划分如图 1.2 所示。

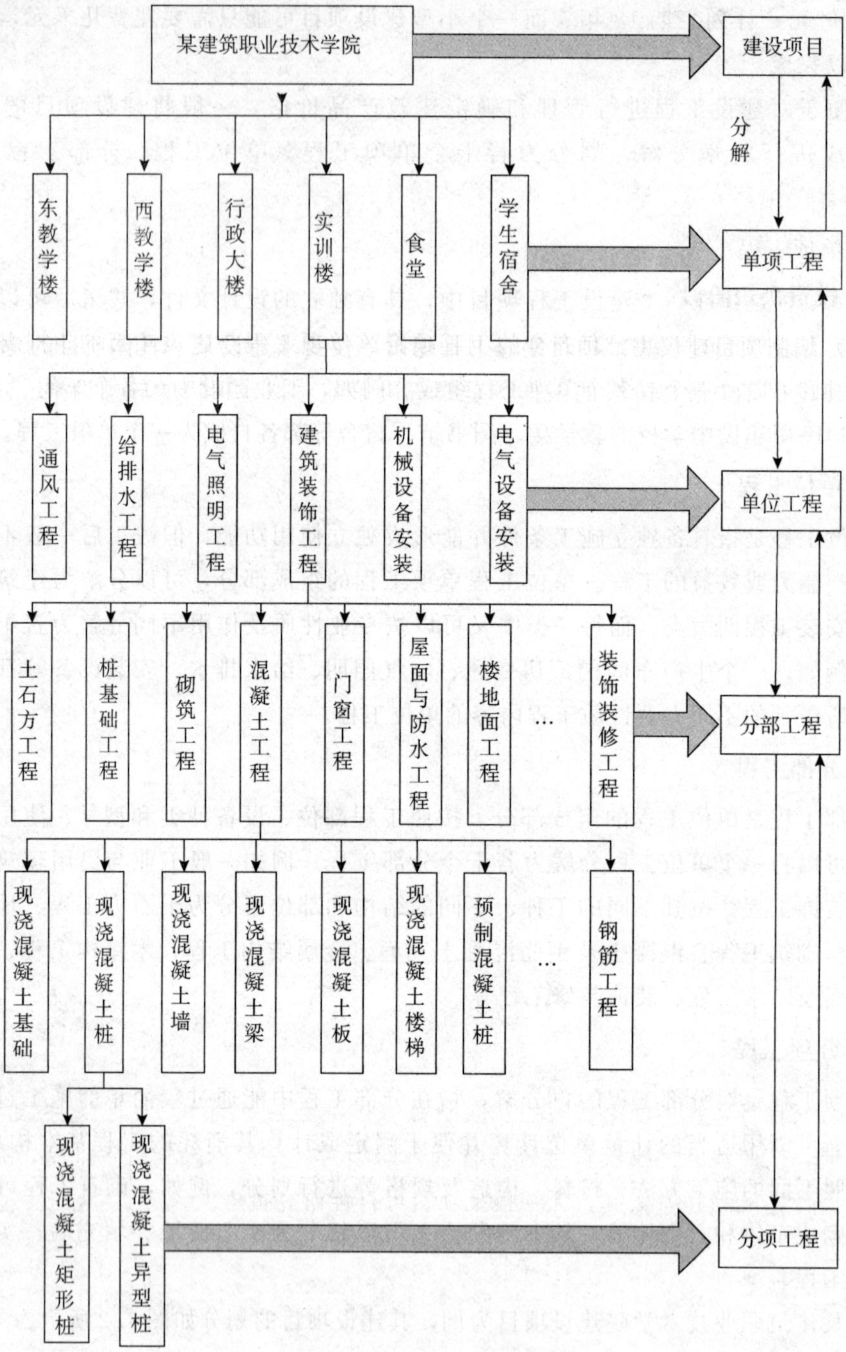

某建筑职业技术学院 → 建设项目

分解

东教学楼　西教学楼　行政大楼　实训楼　食堂　学生宿舍 → 单项工程

通风工程　给排水工程　电气照明工程　建筑装饰工程　机械设备安装　电气设备安装 → 单位工程

土石方工程　桩基础工程　砌筑工程　混凝土工程　门窗工程　屋面与防水工程　楼地面工程　…　装饰装修工程 → 分部工程

现浇混凝土基础　现浇混凝土桩　现浇混凝土墙　现浇混凝土梁　现浇混凝土板　现浇混凝土楼梯　预制混凝土桩　…　钢筋工程

现浇混凝土矩形桩　现浇混凝土异型桩 → 分项工程

图 1.2　建设项目划分示意图

1.2.2　建设程序

一个项目从计划建设到建成，要完成许多活动，经过若干阶段和环节。这些活动、阶段和环节有其不同的工作内容和步骤，它们按照工程建设自身规律，有机地联系在

一起，并按照客观要求，先后顺序进行。项目建设客观过程的规律性，构成工程建设科学程序的客观内容。

工程建设程序一般是指工程建设项目从规划、设想、选择、评估、决策、设计、施工到竣工投产交付使用的整个建设过程中各项工作必须遵循的先后顺序。它是工程建设全过程及其客观规律的反映。在我国，按照工程建设的技术经济特点及其规律性，一般把建设程序划分为三阶段共 8 项步骤，各步骤的顺序不能任意颠倒，但可以合理交叉。

1. 投资决策阶段

(1) 编制项目建议书。项目建议书是建设单位要求建设某一具体项目的建议文件，是工程建设程序中最初阶段的工作，是投资决策前对拟建项目的轮廓设想。项目建议书的主要作用是推荐一个拟建项目，论证项目建设的必要性、条件的可行性和获利的可能性，以确定是否进行下一步工作。项目建议书按要求编制完成后，要按照现行的建设项目审批权限进行报批。

(2) 进行可行性研究。项目建议书批准后，即可进行可行性研究，对项目在技术上是否可行和在经济上是否合理进行科学的分析和论证，并对不同方案进行分析比较，提出评价意见。承担可行性研究工作的应是经过资格审定的规划、设计和工程咨询等单位。凡可行性研究未被通过的项目，不得编制、报送可行性研究报告和进行下一步工作。

编制完成的项目可行性研究报告，需具有资格的工程咨询机构进行评估并通过，按照现行的建设项目审批权限进行报批。可行性研究报告经批准后，不得随意修改和变更，如果在建设规模、产品方案、建设地点、主要协作关系等方面确需变动以及突破控制数时，应经原批准机关同意。经过批准的可行性研究报告，是确定建设项目和编制设计文件的依据。

根据《国务院关于投资体制改革的决定》(国发〔2004〕20 号) 规定，建设项目可行性研究报告的审批与项目建议书的审批相同，即对于政府投资项目或使用政府性资金、国际金融组织和外国政府贷款投资建设的项目，继续实行审批制，并需报批项目可行性研究报告，凡不使用政府性投资资金（国际金融组织和外国政府贷款属于国家主权外债，按照政府性投资资金进行管理）的项目，一律不再实行审批制，并区别不同情况实行核准制和备案制，无须报批项目可行性研究报告。

珠海机场案例分析

一、机场简介

珠海国际机场（简称珠海机场）是一个现代化的航空港，它位于珠江口西岸的珠海市金湾区，三面环海，净空良好，距珠海市区约 35 km。该机场严格按照国际一级民用机场标准进行总体规划、设计和施工，其跑道、候机楼、通信航系统、供油和安全等均达到国际先进水平，被评为ICAC标准4E级机场。1995年建成的珠海机场是全国唯一一个纯地方政府投资的机场，投资总额达60多亿元。然而，从通航以来，珠海机场经营情况年年亏损，最终在2006年由香港机场管理局与珠海市国资委合资建立的专业公司接管后，情况才有所好转。

二、机场决策过程

1984年初，邓小平同志到珠海视察，对珠海特区建设给予了极大支持和高度评价，鼓励珠海要大胆尝试、大胆地闯，正确的就要坚持，不正确的可以改。

1989年12月，当时的国家副主席王震在视察珠海三处机场时曾说过：这个机场应该充分利用起来。

1992年5月，国务院、中央军委批复：同意将空军三灶机场改建为民用机场，产权归珠海市所有，资金全部由地方筹措解决。

1992年9月，国家民航总局正式批复了珠海机场总平面规划方案。

1992年12月，1.2×10^4 t的炸药在炮台山引爆，机场开始动工。

1992年12月—1994年8月，“愚公移山，精卫填海”工程完成。

接下来的筑基、建房工程，均采用了先新技术，91 600 m^2的候机楼主体工程，只用了130天就竣工。

三、机场规模和经营情况

（一）机场规模

珠海机场候机楼占地面积9.16×10^4 m^2，澳门机场客运大楼占地面积4 500 m^2，不足珠海机场的1/20。珠海机场跑道面积4 000 m×60 m，是中国最长的机场跑道。珠海机场停机坪面积2.77×10^5 m^2，有21个停机位，而澳门机场停机坪只能停靠6架波音747和10架麦道11。

（二）经营情况

2000年，珠海机场起落总架次17 363架次，不足设计年航空起降架次数1/5（10万架次），不到香港新机场全年升降班次的1/10（18万架次）；客运量579 379人次，不到设计年客流量的1/24（1 200万人次），不足深圳黄田机场的1/10（600万人次），不足北京首都国际机场的1/35（超过2 000万人次），不足香港新机场的1/60（超过3 200万人次）。珠海机场每月客流量只相当于广州白云机场一天的客流量，每年的客流量只相当于香港新机场一周的客流量。

珠海机场自1995年建成通航以来，由于种种历史原因，并受地区经济增长不足的影响，机场客运吞吐量和货运吞吐量较其原设计的每年1 200万人次和60万吨差距非常巨大，与周边相距最近的澳门机场都无法相比，机场大量的设施设备处于闲置状态。

四、债主上门

2000 年 7 月 19 日，广州海事法院判决，被告珠海机场偿付原告天津航道局工程款 3 278.94 万元，并按合同约定的利率（年息 10%）支付利息。本息合计，被告债务超过 4 000 万元。2001 年 5 月 22 日，由于机场经营不善、负债累累，珠海市中级人民法院根据广东省广信装饰工程公司、中国水利水电长江葛洲坝工程局珠海基础工程公司、广东省工业设备安装公司珠海市公司 3 家债权人的申请，裁定将珠海机场所有的经营收入全部冻结。

曾经主持珠海机场设计工作的叶院长说：珠海机场的跑道原设计是长 3 000 m，后来施工过程中不顾规划人员的劝阻，改成 3 600 m，后来又改成 4 000 m。候机楼原设计只有 20 000～25 000 m^2，考虑到施工误差可能会达到 30 000 m^2，施工过程中又从 30 000 m^2 扩到 50 000 m^2，再到 60 000 m^2，再到 80 000 m^2，到最后竣工时候机楼达到 92 800 m^2，达到原设计的三四倍。黄海，当年的一个项目经理，现在已经是机场基建中心的总经理，他说当年施工时拿到的图纸预算为几亿元、30 多亿元、60 多亿元，最后连建设者都不知道有多少亿了。

【点评】

决策失误原因分析如下。

（一）选址不当

（1）在同一个区域，除了珠海的机场外，同时还有澳门的澳门国际机场，香港的国际机场，广州的白云机场，佛山、惠阳和深圳的黄田机场。

（2）市场需求并不旺盛。

（3）从小的方面来说，机场距市区 35 km，再加上没有畅通的机场高速换乘，乘客要是乘公交车从市区到机场至少要 1 个小时。

（二）决策过程中人为地违背了项目决策程序

最重要的体现是在工程项目进展过程中，作为项目决策机构的珠海市政府违背项目决策程序，在未征得国家计委和国家民航总局同意的情况下，自行把机场的定位升格，将原军用机场改建为民用机场的标准改为按国际机场的标准建设，拟先建成国际机场，再报主管部门补批。正是这种先斩后奏直接酿成了决策失误。

（三）机场的定位失误

当初兴建机场的目的只是要多提供一种运输渠道，但后来珠海市政符却擅自更改计划、扩大规模，由改建民用机场变成兴建国际机场，完全没有对中央政府同意与否进行预测。这个决策显然是非理想和高风险的。

（四）建设资金的筹集

（1）由于合作建设机场的方式未能成功，只能由珠海市政府独自承担建设费用。

（2）珠海市政府筹集资金的计划安排是这样的，先由政府投入资金，待机场建成后，再以出让部分股份的方式回收资金以用作基地投资。由于对机场收益预期过于乐观，珠海市政府选择了自己出资（30 亿元）及向银行借贷（39 亿元）的较为快捷的筹资方式。但决策者没有理性地分析，如果收益预期未能达到，不仅政府投资的 30 亿元会面临极大的回收风险，更严重的是，珠海市政府将因财政困难而无力偿还其余 39 亿元的银行贷款利息。

2. 建设实施阶段

（1）进行设计。设计是对拟建工程的实施在技术和经济上所进行的全面而详尽的规划，是工程建设计划的具体化，是把先进技术和科研成果引入建设的渠道，是整个工程的决定性环节，也是组织施工的依据，它直接关系到工程质量和将来的使用效果。可行性研究报告已批准的建设项目应选择具有相应设计资质等级的设计单位，按照所批准的可行性研究报告内容和要求进行设计，并编制设计文件。设计过程一般划分为初步设计和施工图设计两个阶段。重大项目和技术复杂项目，可根据不同行业的特点和需要，按初步调计、技术设计和施工图设计 3 个阶段进行。

（2）建设准备。项目在开工建设之前要切实做好各项准备工作，其主要内容包括征地拆迁，完成“七通一平”（给水通、排水通、电力通、通信通、燃气通、路通、供热通和场地平整），选择施工企业和工程监理单位，组织设备、材料等物资订货和供应等。

（3）组织施工。建设准备工作完成后，编制项目开工报告，按现行的建设项目审批权限进行报批，经批准后，即可遵循施工程序，按照设计要求和施工技术验收规范，进行施工安装。

（4）生产准备。生产性建设项目开始施工后要及时组织专门力量，有计划、有步骤地开展人员培训、生产物资准备等工作，为项目顺利投产做好准备。

3. 交付使用阶段

（1）竣工验收。建设项目按照批准的设计文件所规定的内容全部建成，并符合验收标准，即生产运行合格，形成生产能力，能正常生产出合格产品，或项目符合设计要求能正常使用的，应按竣工验收报告规定的内容，及时组织竣工验收和投产使用。竣工验收是工程建设过程的最后一环，是全面考核建设成果、检验设计和工程质量的重要步骤，也是工程建设转入生产或使用的标志。

（2）项目后评价。项目建成投产使用后，进入正常生产运营和质量保修期一段时间后，可以对项目进行总结评价工作，编制项目后评价报告，其基本内容应包括生产能力或使用效益实际发挥效用情况；产品的技术水平、质量和市场销售情况；投资回收、贷款偿还情况；经济效益、社会效益和环境效益情况；其他需要总结的经验教训等。

湖南省凤凰县"8·13"大桥坍塌事故

一、事故简介

2007年8月13日，湖南省凤凰县堤溪沱江大桥在施工过程中发生坍塌事故，造成64人死亡、4人重伤、18人轻伤，直接经济损失3 974.7万元。

堤溪沱江大桥全长328.45 m，桥面宽13 m，桥墩高33 m，设3%纵坡，桥型为4孔65 m跨径等截面悬链线空腹式无铰拱桥，且为连拱石桥。

2007年8月13日，堤溪沱江大桥施工现场7支施工队、152名施工人员进行1～3号孔主拱圈支架拆除和桥面砌石、填平等作业。施工过程中，随着拱上荷载的不断增加，1号孔拱圈受力较大的多个断面逐渐接近和达到极限强度，出现开裂、掉渣，接着掉下石块。最先达到完全破坏状态的0号桥台侧2号腹拱下方的主拱断面裂缝不断张大下沉，下沉量最大的断面右侧拱段带着2号横墙向0号桥台侧倾倒，通过2号腹拱挤压1号腹拱，因1号腹拱为三铰拱，承受挤压能力最低，因而迅速破坏下塌。受连拱效应影响，整个大桥迅速向0号桥台方向坍塌，坍塌过程持续了大约30 s。

根据事故调查和认定，对有关责任方做出以下处理：建设单位工程部长、施工单位项目经理、标段承包人等24名责任人移交司法机关依法追究刑事责任；施工单位董事长、建设单位负责人、监理单位总工程师等33名责任人受到相应的党纪、政纪处分；建设、施工、监理等单位分别受到罚款、吊销安全生产许可证、暂扣工程监理证书等行政处罚；责成湖南省人民政府向国务院做出深刻检查。

二、原因分析

（一）直接原因

堤溪沱江大桥主拱圈砌筑材料不满足规范和设计要求，拱桥上部构造施工工序不合理，主拱圈砌筑质量差，降低了拱圈砌体的整体性和强度，随着拱上施工荷载的不断增加，造成1号孔主拱圈靠近0号桥台一侧拱脚区段砌体强度达到破坏极限而崩塌，受连拱效应影响最终导致整座桥坍塌。

（二）间接原因

（1）建设单位严重违反建设工程管理的有关规定，项目管理混乱，一是对发现的施工质量不符合规范、施工材料不符合要求等问题，未认真督促整改。二是未经设计单位同意，擅自与施工单位变更原主拱图设计施工方案，且盲目倒排工期赶进度、越权指挥施工。三是未能加强对工程施工、监理、安全等环节的监督检查，对检查中发现的施工人员未经培训、监理人员资格不合要求等问题未督促整改。四是企业主管部门和主要领导不能正确履行职责，疏于监督管理，未能及时发现和督促整改工程存在的重大质量和安全隐患。

(2) 施工单位严重违反有关桥梁建设的法律法规及技术标准，施工质量控制不力，现场管理混乱。一是项目经理部未经设计单位同意，擅自与业主单位商议变更原主拱圈施工方案，并且未严格按照设计要求的主拱圈方式进行施工。二是项目经理部未配备专职质量监督员和安全员，未认真落实整改监理单位多次指出的严重工程质量和安全生产隐患；主拱圈施工不符合设计和规范要求的质量问题突出。三是项目经理部为抢工期，连续施工主拱圈、横墙、腹拱、侧墙，在主拱圈未达到设计强度的情况下就开始落架施工作业，降低了砌体的整体性和强度。四是项目经理部技术力量薄弱，现场管理混乱。五是项目经理部直属上级单位未按规定履行质量和安全管理职责。六是施工单位对工程施工安全质量工作监管不力。

(3) 监理单位违反了有关规定，未能依法履行工程监理职责。一是现场监理对施工单位擅自变更原主拱圈施工方案，未予以坚决制止；在主拱圈施工关键阶段，监理人员投入不足，有关监理人员对发现施工质量问题督促整改不力，不仅未向有关主管部门报告，还在主拱圈砌筑完成但拱圈强度尚未测出的情况下，即在验收砌体质检表、检验批复单、施工过程质检记录表上签字验收合格。二是对现场监理管理不力。派驻现场的技术人员不足，半数监理人员不具备执业资格，对驻场监理人员频繁更换，不能保证大桥监理工作的连续性。

(4) 承担设计和勘察任务的设计院，工作不到位。一是违规将地质勘察项目分包给个人。二是前期地质勘察工作不细，设计深度不够。三是施工现场设计服务不到位，设计交底不够。

(5) 有关主管部门和监管部门对该工程的质量监管严重失职、指导不力。一是当地质量监督部门工作严重失职，未制定质量监督计划，未落实重点工程质量监督责任人，对施工方、监理方从业人员培训和上岗资格情况监督不力，对发现的重大质量和安全隐患，未依法责令停工整改，也未向有关主管部门报告。二是省质量监督部门对当地质量监督部门业务工作监督指导不力，对工程建设中存在的管理混乱、施工质量差、安全隐患等问题失察。

(6) 州、县两级政府和有关部门及省有关部门对工程建设立项审批、招投标、质量和安全生产等方面的工作监管不力，对下属单位要求不严、管理不到位。一是当地交通主管部门违规办理工程建设项目在申报、立项期间的手续和相关文件。二是该县政府在解决工程征迁问题、保障施工措施方面工作不力，致使工期拖延，开工后为赶进度而压缩工期。三是当地政府在工程建设项目立项审批过程中，违反基本建设程序和招报标法的规定，对工程建设项目多次严重阻工、拖延工期及施工保护措施督促解决不力，盲目赶工期，又对后期实施工作监督检查不到位。四是湖南省交通厅履行工程质量和安全生产监管工作不力，违规委托设计单位编制勘察设计文件；违规批准项目开工报告；对省质监站、公路局管理不力，督促检查不到位；对工程建设中存在的

重大质量和安全隐患失察。

三、事故教训

（1）有法不依、监管不力。地方政府有关部门、建设、施工、监理、设计等单位都没有严格按照《中华人民共和国建筑法》《建设工程安全生产管理条例》等有关法规的要求进行建设施工，主要表现在施工单位管理混乱，建设单位抢工期，监理单位未履行监理职责，勘察设计单位技术服务不到位，政府主管部门对安全和质量监管不力等。

（2）忽视安全、质量工作，玩忽职守。与工程建设相关的地方政府有关部门、建设、施工、监理、设计等单位的主要领导安全和质量法制意识淡薄，在安全和质量工作中严重失职，安全和质量责任不落实。

四、专家点评

这是一起由于擅自变更施工方案而引起的生产安全责任事故。这起事故的发生，暴露了该项目的建设、施工、监理单位等相关责任主体不认真履行相关的安全责任和义务，没有按照国家法律法规和工程建设的质量和安全标准、规范、规程等进行建设施工，企业负责人和相关人员法制意识淡薄、安全生产责任制不落实。我们应吸取事故教训，做好以下几方面的工作。

（1）工程建设参建各方应认真贯彻落实《中华人民共和国建筑法》等法律、法规，严格执行工程建设的质量规程、规范和标准，认真落实建设各方安全生产主体责任，加强安全和质量教育培训等基础工作，加强隐患排查和日常监管，强化责任追究，建立事故防范长效机制，控制和减少伤亡事故的发生。

（2）明确甲方主体责任。建设单位作为建设工程主体之一，也应严格履行安全生产主体责任，一方面要加强对安全生产法律法规的学习，强化安全和质量法制意识，认真贯彻落实安全生产法律法规和技术质量规程标准；另一方面要建立有效的安全质量监管机制，通过全面协调设计、施工、监理等单位，切实加强质量和安全工作。

（3）强化施工技术管理。施工单位要严格按照施工规范和设计要求进行施工，不得任意变更；要加强技术管理，编制详细的施工组织设计方案、质量控制措施、安全防范措施；加大技术培训力度，提高施工人员素质；加强对原材料选择、砌筑工艺、现场质量控制等关键环节的管理。

（4）重点强化监理职责。监理单位要切实提高监理人员的业务素质，认真履行监理职责，严格执行各项质量和安全法规、规范、标准，重点加强对原材料质量、工程项目施工关键环节、关键工序的质量控制，对发现的现场质量和安全问题要坚决纠正并督促整改。

（5）加强技术服务与支持。设计单位要认真执行勘察设计规程和有关标准规范，加强设计后续服务和现场技术指导，要扎实做好工程地质勘察工作，对关键工序的施工要进行细致的技术交底。

(6) 严格依法行政。地方政府和主管部门要坚持“安全发展”的原则，充分考虑工程项目的安全可靠性，要科学地组织和安排工期，坚决纠正主观臆断，倒排工期抢进度的行为，依法履行职责，杜绝违章指挥；加强对工程招投标的管理，严格市场准入，规范建设市场秩序，强化对重大基础设施的隐患排查和专项整治，强化日常安全监管。

1.3 建筑工程造价的计价方式简介

1.3.1 定额计价模式

定额计价方式是主要通过编制施工图预算来确定工程造价。

1. 施工图预算的概念

施工图预算是确定建筑工程预算造价的技术经济文件。简而言之，施工图预算是在修建房子之前，事先算出房子建成需花多少钱的计价方法。因此，施工图预算的主要作用就是确定建筑工程预算造价。

施工图预算一般在施工图设计阶段、施工招标投标阶段编制，一般由设计单位或施工单位编制。

2. 施工图预算构成要素

(1) 工程量。工程量是指依据施工图、预算定额、工程量计算规则计算出来的拟建工程的实物数量。例如，某工程经计算有多少立方米混凝土基础、多少立方米砖墙、多少平方米水泥砂浆抹墙面等工程量。

(2) 工料机消耗量。人工、材料、机械台班（即工料机）消耗量是指根据分项工程量乘以预算定额子目的定额消耗量汇总而成的数量。例如，一幢办公楼工程需要多少个人工、多少吨水泥、多少吨钢材、多少个塔吊台班才能建成。

(3) 直接费。直接费是指工程量乘以定额基价后汇总而成的费用。直接费是该工程工、料、机实物消耗量的货币表现。

(4) 工程费用。工程费用包括间接费、利润和税金。间接费和利润一般根据工程直接费或工程人工费分别乘以不同的费率计算；税金根据直接费、间接费、利润之和乘以税率计算。

直接费、间接费、利润、税金之和构成工程预算造价。

3. 编制施工图预算的步骤

(1) 根据施工图和预算定额确定预算项目并计算工程量。

(2) 根据工程量和预算定额分析工料机消耗量。

(3) 根据工程量和预算定额基价计算直接费。

(4) 根据直接费（或人工费）和间接费率计算间接费。

(5) 根据直接费（或人工费）和利润率计算利润。

(6) 根据直接费、间接费、利润之和及税率计算税金。

(7) 将直接费、间接费、利润、税金汇总得工程造价。

1.3.2 清单计价模式

《建立工程工程量清单》包含的内容有工程量清单、招标控制价、投标报价、工程结算编制。

(1) 工程量清单的概念。工程量清单是指表达建设工程的分部分项工程项目、措施项目、其他项目、规费项目、税金项目的名称和相应数量的明细清单。

(2) 工程量清单的构成要素。

①分部分项工程项目清单是工程量清单的主体，是指按照《建设工程工程量清单计价规范》的要求，根据拟建工程施工图计算出来的工程实物数量。

②措施项目清单是指按照建设工程工程量清单计价规范的要求和施工方案及承包商的实际情况编制的，为完成工程施工而发生的各项措施费用，例如脚手架搭设费、临时设施费等。

③其他项目清单是上述两部分清单项目的必要补充，是指按照《建设工程工程量清单计价规范》的要求及招标文件和工程实际情况编制的具有预见性或者需要单独处理的费用项目，例如暂列金额等。

④规费项目清单是指根据省级政府或省级有关权力部门规定必须缴纳的，应计入建筑安装工程造价的费用，如工程排污费、失业保险费等。

⑤税金项目清单是根据目前国家税法规定应计入建筑安装工程造价内的税种，包括营业税等。

(3) 编制工程量清单的步骤。

①根据施工图、招标文件和《建设工程工程量清单计价规范》，列出分部分项工程项目名称，并计算分部分项清单工程量。

②将计算出的分部分项清单工程量汇总到分部分项工程量清单表中。

③根据招标文件、国家行政主管部门的文件和《建设工程工程量清单计价规范》列出措施项目清单。

④根据招标文件、国家行政主管部门的文件和《建设工程工程量清单计价规范》及拟建工程实际情况，列出其他项目清单、规费项目清单、税金项目清单。

⑤将上述五种清单内容汇总成单位工程工程量清单。

1.3.3 采用工程量清单计价模式与定额计价模式的区别

(1) 编制工程量的单位不同。定额计价方式，工程量分别由招标单位和投标单位按图纸计算；工程量清单计价方式，工程量由招标单位统一计算或委托具有相应资质的中介机构编制。

（2）编制工程量清单的时间不同。定额计价方式是在发出招标文件后编制的；工程量清单计价方式必须在发出招标文件前编制。

（3）表现形式不同。定额计价方式一般采用总价形式；工程量清单计价方式采用综合单价形式，且单价相对固定，工程量发生变化时单价一般不作调整。

（4）编制的依据不同。定额计价方式依据图纸，人工、材料、机械台班消耗量依据建设行政主管部门颁发的预算定额，人工、材料、机械台班单价依据工程造价管理部门发布的价格信息进行计算；工程量清单计价方式，标底应根据招标文件中的工程量清单和有关要求、施工现场情况、合理的施工方法及按建设行政主管部门制定的有关工程造价计价办法编制，企业的投标报价则根据企业定额和市场价格信息或参照建设行政主管部门发布的社会平均消耗量定额编制。

（5）费用的组成不同。按定额计价方式计算的工程造价由直接费、间接费、利润、税金组成；按工程量清单计价方式计算的工程造价包括分部分项工程费、措施项目费、其他项目费、规费、税金，包括完成每项工程包含的全部工程内容的费用，包括完成每项工程内容所需费用（规费、税金除外），包括工程量清单中没有体现的，而施工中又必须发生的工程内容所需费用，包括风险因素而增加的费用。

（6）项目的编码不同。定额计价方式采用预算定额项目编码，全国各省市采用不同的定额子目；工程量清单计价方式采用工程量清单计价，全国实行统一编码，项目编码采用12位阿拉伯数字表示，1～9位为统一编码，10～12位为清单项目名称顺序码，前9位不能变动，后3位由清单编制人根据设置的清单项目编制。

（7）分部分项工程所包含的内容不同。定额计价方式的预算定额，其项目一般是按施工工序进行设置的，包括的工程内容一般是单一的，据此规定相应的工程量计算规则；工程量清单项目的划分，一般是以一个“综合实体”考虑，一般包括多项工程内容，据此规定相应的工程量计算规则。两者的工程量计算规则也是有区别的。

（8）评标采用的办法不同。定额计价方式招标一般采用百分制评分法；而工程量清单招标一般采用合理低报价中标法，既要对总价进行评分，还要对综合单价进行分析评分。

（9）合同价调整方式不同。定额计价方式合同价调整方式有变更签证、定额解释、政策性调整；工程量清单计价方式合同价调整方式主要是索赔。

本章小结

本章主要内容有建设项目的组成与划分、工程建设程序、工程造价的两种含义、工程造价的计价特征及建筑工程造价的计价方式。通过本章的学习，学生要具体掌握

以下重点内容。

（1）正确理解工程造价的两种含义。第一种含义是站在投资者的角度，投资兴建一个工程项目，从前期筹划、设计、施工直至竣工验收，完成全部建设内容所需要的花费，这些花费的项目与建设程序的主要内容基本一致；第二种含义是站在市场交易的角度，发承包双方的交易价格，是双方参与的。要注意区分两种含义的不同之处。

（2）理解工程造价的计价特征，尤其是依据建设项目的组成与划分来理解计价的组合性；依据工程建设程序来理解在项目建设的不同阶段，依据的资料不一样，可以分别进行估算、概算、施工图预算、合同价、结算价、决算价等计算，这就是工程造价计价的多次性。

（3）知道建设项目可以逐步分解为单项工程、单位工程和分部分项工程，而工程造价计价特征中的组合性计价就是以分部分项工程为造价起算点，逐步向上综合出单位工程造价、单项工程造价和建设项目总造价。

（4）了解工程项目建设程序及每一阶段的主要工作内容，知道工程项目的建设过程实际上就是投资的过程。

（5）在理解定额计价和清单计价的基础上，掌握定额计价和清单计价的区别。

房屋建筑与装饰工程
工程量计算规范

习题

简答题

1. 试举例说明建设项目的组成与划分。
2. 简述工程项目建设程序。
3. 工程造价的含义有哪几种？主要区别是什么？
4. 工程造价的计价特征有哪些？
5. 定额计价和清单计价的区别是什么？

第2章 建筑工程定额

2.1 预算定额概述

2.1.1 预算定额的概念

预算定额是指在正常合理的施工条件下，完成一定计量单位的质量合格的分项工程或结构构件所需的人工、材料和机械台班消耗的数量标准。预算定额反映了完成规定计量单位符合设计标准和施工及验收规范要求的分项工程消耗的劳动和物化劳动的数量限度。这种限度决定了单项工程和单位工程的成本和造价。

预算定额由国家主管机关或被授权单位组织编制并颁发执行，现行预算定额和相应费用定额在其执行范围内具有相应的权威性，保证了在定额适用范围内，建筑工程有统一的造价与核算尺度，成为建设单位和施工单位间建立经济关系的重要基础。

2.1.2 预算定额的分类

建筑工程预算定额可按不同专业性质、管理权限和执行范围及构成生产要素的不同进行分类。

（1）按专业性质分，预算定额有建筑工程定额和安装工程定额两大类。建筑工程预算定额按专业对象又可以分为建筑工程预算定额、市政工程预算定额、铁路工程预算定额、公路工程预算定额、房屋修缮工程预算定额、矿山井巷预算定额等。安装工程预算定额按专业对象又可以分为电气设备安装工程预算定额、机械设备安装工程预算定额、通信设备安装工程预算定额、化学工业设备安装工程预算定额、工业管道安装工程预算定额、工艺金属结构安装工程预算定额、热力设备安装工程预算定额等。

（2）按管理权限和执行范围分，预算定额有全国统一定额、行业统一定额和地区统一定额等。

（3）按生产要素分，预算定额有劳动定额、机械定额和材料消耗定额，但它们相互依存形成一个整体，作为编制预算定额依据，各自不具有独立性。

2.1.3　预算定额的作用

(1) 预算定额是编制施工图预算、确定和控制建筑安装工程造价的基础。施工图预算是施工图设计文件之一，是确定和控制建筑工程造价的必要手段。编制施工图预算，主要依据施工图设计文件和预算定额及人工、材料、机械台班的价格。施工图设计一经确定，工程预算造价就取决于预算定额水平和人工、材料及机械台班的价格。预算定额是确定劳动力、材料、机械台班消耗的标准，对工程直接费影响很大，对整个建筑产品的造价起着控制作用。

(2) 预算定额是对设计方案进行技术经济比较、技术经济分析的依据。设计方案在设计工作中居于中心地位。设计方案的选择要满足功能、符合设计规范，既要技术先进又要经济合理。根据预算定额对方案进行技术经济分析和比较是选择经济合理的设计方案的重要方法。对设计方案进行比较，主要是通过定额对不同方案所需人工、材料和机械台班消耗量等进行比较。这种比较可以判明不同方案对工程造价的影响。对于新结构、新材料的应用和推广，也需要借助于预算定额进行技术分项和比较，从技术与经济的结合上考虑普遍采用的可能性和效益。

(3) 预算定额是编制施工组织设计的依据。施工组织设计的重要任务之一是确定施工中所需要的人工、材料、机械台班等资源需用量，并做出最佳安排。施工单位在缺乏本企业的施工定额的情况下，根据预算定额也能够比较精确地计算出施工中各项资源的需要量，为有计划地组织材料采购、劳动力和施工机械的调配提供可靠的计算依据。

(4) 预算定额是合理编制招标控制价、投标报价的基础。在深化改革中，预算定额的指令性作用将日益削弱，而施工单位按照工程个别成本报价的指导性作用仍然存在，因此预算定额作为编制标底的依据和施工企业报价的基础性作用仍将存在，这也是由预算定额本身的科学性和指导性决定的。

(5) 预算定额是工程结算的依据。工程结算是建设单位和施工单位按照工程进度对已完成的分部分项工程实现货币支付的行为。按进度支付工程款，需要根据预算定额将已完成的分项工程的造价算出。单位工程验收后，再按竣工工程量、预算定额和施工合同规定进行结算，以保证建设单位建设资金的合理使用和施工单位的经济收入。

(6) 预算定额是施工企业进行经济活动分析的依据。预算定额规定的物化劳动和劳动消耗指标是施工单位在生产经营中允许消耗的最高标准。施工单位必须以预算定额作为评价企业工作的重要标准，作为努力实现的目标。施工单位可根据预算定额对施工中的劳动力、材料、机械的消耗情况进行具体的分析，以便找出并克服低功效、高消耗的薄弱环节，提高竞争能力。只有在施工中尽量降低劳动消耗，采用新技术，提高劳动者素质和劳动生产率，才能取得较好的经济效果。

(7) 预算定额是编制概算定额的基础。概算定额是在预算定额的基础上综合扩大编制的。利用预算定额作为编制依据，不但可以节省编制工作的大量人力、物力和时间，达到事半功倍的效果，还可以使概算定额在水平上与预算定额保持一致，以免造成执行中的不一致。

2.2 预算定额的编制

2.2.1 预算定额的编制原则

为保证预算定额的质量，充分发挥预算定额的作用，使之在实际使用中简便、合理、有效，在编制中应遵循以下原则。

1. 平均水平的原则

贯彻按社会必要劳动时间确定预算定额水平的原则，对于改善建筑工程的价格管理，保证施工企业得到必要的人力、物力和货币资金的补偿，保证工程质量和施工管理水平都有十分重要的意义。

预算定额的水平以大多数施工单位的施工定额水平为基础，但是预算定额绝不是简单地套用施工定额的水平。首先，在施工定额的工作内容综合扩大的预算定额中，包含更多的可变因素，需要保留合理的幅度差。其次，预算定额应当是平均水平，而施工定额是平均先进水平，两者相比，预算定额水平相对要低一些，但是应限制在一定范围之内。

2. 简明适用的原则

预算定额的内容和形式，既要能满足不同用途的需要、具有多方面的适用性，又要简单明了、易于掌握和应用。两者既有联系又有区别，简明性应满足适用性的要求。

贯彻这个原则要特别注意项目设置齐全，项目划分合理，定额步距适当，文字简明扼要、通俗易懂；同时还应注意计量单位的正确选择以及工程量计算的合理与简化；且为了稳定定额水平，统一考核尺度和简化工作。除了变化较多和影响造价较大的因素应允许换算外，定额要尽量少留活口，减少换算工作量，有利于维护定额的严肃性。

3. 技术先进、经济合理的原则

技术先进是指定额项目的确定、施工方法和材料的选择等，能够正确反映建筑技术水平，尽量采用已成熟并得到普遍推广的新技术、新材料、新工艺，以促进生产的提高和建筑技术的发展。

经济合理是指纳入定额的材料规格、质量、数量、劳动效率和施工机械的配备等，既要遵循国家和地方主管部门的统一规定，又要考虑其应是在正常条件下大多数企业都能够达到和超过的水平。每次修订和编制消耗量定额时，消耗量定额的总水平应略高于历史上正常年份已经达到的实际水平。

4. 坚持统一性和差别性相结合的原则

所谓统一性，就是从培育全国统一市场规范计价行为出发，计价定额的制定规划和组织实施由国务院建设行政主管部门统一管理，并负责全国统一定额的制定和修订。通过编制全国统一定额，使建筑安装工程具有一个统一的计价依据，也使考核设计和施工的经济效果具有一个统一的尺度。

所谓差别性，就是在统一性的基础上，各部门和省、自治区、直辖市主管部门可以在自己的管辖范围内，根据本部门和地区的具体情况，制定部门和地区性定额、补充性制度和管理办法，以适应我国幅员辽阔以及地区间、部门间发展不平衡和差异大的实际情况。

2.2.2　预算定额的编制依据

(1) 现行有关定额资料。预算定额是在现行劳动定额、预算定额、单位估价表等定额资料的基础上编制的。预算定额中劳动力、材料、机械台班消耗水平，需要根据劳动定额、材料消耗定额、机械台班定额取定；预算定额的计量单位的选择，也要以劳动定额为参考，从而保证两者的协调和可比性，减轻预算定额的编制工作量，缩短编制时间。

(2) 有关规范、标准和安全操作规程。主要有建筑安装工程施工验收规范、建筑安装工程设计规范、建筑安装工程施工操作规范、建筑安装工程质量评定标准、建筑安装工程施工安全操作规程。

(3) 典型的设计资料。主要有国家或地区颁布的标准图集或通用图集，具有代表性的典型工程施工图样。应对这些图样进行仔细分析研究，并计算出工程数量，作为编制定额时选择施工方法、确定定额含量的依据。

(4) 新技术、新结构、新材料及先进的施工方法。随着建筑行业的不断发展，新技术、新结构、新材料以及先进的施工方法也在不断的出现，依据此类资料有助于调整定额水平和增加新定额项目。

(5) 有关科学实验、技术测定和统计、经验资料。

2.2.3　预算定额的编制步骤

预算定额的编制工作大致可分为五个阶段，即准备工作阶段、收集资料阶段、定额编制阶段、定额报批和审核阶段、修改定稿和整理资料阶段。

1. 准备工作阶段

(1) 拟定编制方案。

①编写制定定额的目的和任务。

②确定定额编制范围及编制内容。

③明确定额的编制原则、水平要求、项目划分和表现形式。

④确定定额的编制依据。

⑤拟定参加编制定额的单位及人员。

⑥确定编制地点及编制定额的经费来源。

⑦提出编制工作的规划及时间安排。

(2) 抽调人员根据专业需要划分编制小组和综合组。一般可划分为土建定额组、设备定额组、混凝土及木构件组、混凝土及砌筑砂浆配合比测算组。

2. 收集资料阶段

(1) 普遍收集资料。在已确定的编制范围内，采取表格形式收集定额编制基础资料，以统计资料为主，注明所需要的资料内容、填表要求和时间范围，以便统一口径，并进行资料整理。

(2) 专题座谈。邀请建设单位、设计单位、施工单位及其他有关单位有经验的专业人员开座谈会，请他们从不同的角度就以往定额存在的问题谈各自意见和建议，以便在编制新定额时改进。

(3) 收集现行规定、规范和政策法规资料。

①现行的定额及有关资料。

②现行的建筑安装工程施工及验收规范。

③安全技术操作规程和现行有关劳动保护的政策法令。

④国家设计标准规范。

⑤编制定额必须依据的其他有关资料。

(4) 收集定额管理部门积累的资料。

①日常定额解释资料。

②补充定额资料。

③新结构、新工艺、新材料、新机械、新技术用于工程实践的资料。

(5) 专项查定及实验。主要指混凝土配合比和砌筑砂浆实验资料。除收集实验试配资料外，还应收集一定数量的现场实际配合比资料。

3. 定额编制阶段

(1) 拟定编制细则。

①统一编制表格及编制方法。

②统一计算口径、计量单位和小数点位数的要求。

③统一名称、用字、专业用语、符号代码等。

(2) 确定定额的项目划分和工程量计算规则。

(3) 定额人工、材料、机械台班耗用量的计算、复核和测算。

4. 定额报批和审核阶段

(1) 审核定稿。定额初稿的审核工作是定额编制过程中必要的程序，是保证定额编制质量的措施之一。审稿工作的人选应由具备丰富经验、责任心强、多年从事定额

工作的专业技术人员来承担。审稿主要审核以下内容：

①文字表达是否确切通顺、简明易懂；

②定额的数字是否准确无误；

③章节、项目之间有无矛盾。

（2）定额水平测算。预算定额征求意见稿编出后，应将新编预算定额与原预算定额进行比较，测算新预算定额水平是提高还是降低，并分析预算定额水平提高或降低的原因。

5. 修改定稿和整理资料阶段

（1）修改整理定稿。按照修改方案，将初稿按照定额的顺序进行修改，要求完整、字体清楚，经审核无误后形成报批稿，批准后交付印刷。

（2）撰写编制说明。定额批准后，为顺利贯彻执行，需要撰写出新定额编制说明，主要内容包括：

①项目、子目数量；

②人工、材料、机械的内容范围；

③资料的依据和综合取定情况；

④定额中允许换算和不允许换算的规定计算资料；

⑤施工方法、工艺的选择及材料运距的考虑；

⑥各种材料损耗率的取定资料；

⑦调整系数的使用；

⑧其他说明的事项与计算数据、资料。

（3）立档、成卷。定额编制资料是贯彻执行中需查对资料的唯一依据，也为编制定额提供了历史资料数据，应作为技术档案永久保存。

2.2.4　预算定额的编制方法

1. 确定预算定额项目名称和工程内容

预算定额项目是根据各个分项工程项目的工、料、机消耗水平的不同和工种、材料品种以及使用的施工机械类型的不同而划分的。按施工顺序排列，一般有以下几种划分方法。

（1）按施工现场自然条件划分，如挖土方按土壤的等级划分。

（2）按施工方法不同划分，如灌注混凝土柱分钻孔、打孔、打孔夯扩、人工挖孔等。

（3）按照具体尺寸的大小划分，如钢筋混凝土矩形柱定额项目划分为柱断面周长在 1.8 m 以内和 2.6 m 以内。

2. 确定预算定额项目计量单位

（1）计量单位确定原则。预算定额项目计量单位的确定，应与定额项目相适应，由于工作内容综合，预算定额的计量单位也具有综合的性质。工程量计算规则的规定应确切反映定额项目所包含的综合工作内容。预算定额计量单位的选择主要是根据分项工程或结构构件的形体特征和变化规律，按公制或自然计量单位确定，见表 2.1。

表 2.1 预算定额计量单位的选择

序号	构件形体特征及变化规律	计量单位	实例
1	长、宽、高（厚）三个度量均变化	m^3	土方、砌体、钢筋混凝土构件等
2	长、宽两个度量变化，高（厚）一定	m^2	楼地面、门窗、抹灰、油漆等
3	截面形状、大小固定，长度变化	m	楼梯、扶手、装饰线等
4	设备和材料质量变化大	t 或 kg	金属构件、设备制作安装
5	形状没有规律且难以度量	套、台、座、件（个或组）	铸铁头子、弯头、卫生洁具安装、栓类、阀门等

(2) 计量单位的选择及消耗量小数位数取定。预算定额的计量单位关系到预算工作的繁简和准确性，因此要根据分项工程或结构构件的形体特征和变化规律特点正确地确定各分部、分项工程的计量单位。预算定额中各项目人工、材料和施工机械台班的计量单位的选择相对比较固定，取定要求见表 2.2。

表 2.2 预算定额消耗数量计量单位和小数位数取定表

序号	项目	计量单位	小数取定	序号	项目	计量单位	小数取定
1	人工	工日	2 位小数	4	木材	m^3	3 位小数
2	机械	台班	2 位小数	5	水泥	kg	取整数
3	钢材	t	3 位小数	6	其他材料	与产品计量单位保持一致	2 位小数

2.3 预算定额人工、材料和机械台班消耗量指标的确定

2.3.1 人工消耗量指标的确定

预算定额人工消耗量指标是指完成一定计量单位的分项工程或结构构件的制作安装必须消耗的各种用工量。预算定额中的人工消耗量指标的确定有两种方法：一种是以劳动定额为基础确定；另一种是以现场观察测定数据为依据确定。

1. 以劳动定额为基础的人工工日消耗量的确定

以劳动定额为基础的人工工日消耗量的确定包括基本用工和其他用工。

1）基本用工

基本用工是指完成一定计量单位的分项工程或结构构件的制作安装必须消耗的技

术工种用工，按综合取定的工程量和相应的劳动定额计算，如砌砖墙中的砌砖、调制砂浆、运砖等的用工。采用劳动定额综合预算定额项目时，还要增加附墙烟囱、垃圾道砌筑等的用工。其计算公式为

基本用工数量＝ $\sum$（综合取定的工程量×相应的劳动定额）

2）其他用工

其他用工是指劳动定额中没有包括，而在预算定额内又必须考虑的用工消耗。其内容包括超运距用工、辅助用工和人工幅度差。

（1）超运距用工是指预算定额项目中考虑的现场材料及成品、半成品堆放地点到操作地点的水平运输距离超过劳动定额规定的运输距离时所需增加的工日数。其计算公式为

超运距＝预算定规定的运距一劳动定额规定的运距

超运距用工数量＝ $\sum$（超运距材料数量×相应的劳动定额）

（2）辅助用工是指技术工种劳动定额内不包括，而在预算定额中又必须考虑的用工，如筛沙子、洗石子、淋石灰膏等的用工。这类用工在劳动定额中是单独的项目，但在编制预算定额时要综合进去。其计算公式为

辅助用工数量＝ $\sum$（材料加工数量×相应的劳动定额）

（3）人工幅度差是指在劳动定额作业时间内没有包括，而在正常施工中又不可避免的一些零星用工。这些用工不能单独列项计算，一般是综合定出一个人工幅度差系数，即增加一定比例的用工量，纳入预算定额。

人工幅度差包括的因素有：

①工序搭接和工种交叉配合的停歇时间；

②机械的临时维护、小修、移动而发生的不可避免的损失时间；

③工程质量检查与隐蔽工程验收而影响工人操作的时间；

④工种交叉作业，难免造成已完工程局部损坏而增加的修理用工时间；

⑤施工中不可避免的少数零星用工作需时间。

预算定额的人工幅度差系数一般在 10%～15%。人工幅度差计算公式为

人工幅度差（工日）＝（基本用工＋超运距用工＋辅助用工）×人工幅度差系数

预算定额分项工程人工消耗量指标（工日）＝基本用工＋其他用工
＝基本用工＋超运距用工＋辅助用工＋人工幅度差用工

预算定额分项工程人工消耗量指标（工日）＝(基本用工＋超运距用工＋辅助用工）×（1＋人工幅度差系数)

2. 以现场观察测定数据为依据的人工工日消耗量的确定

这种方法是通过对施工作业过程进行观察测定工时消耗，再加一定人工幅度差来计算预算定额的人工消耗量，仅适用于动定额缺项的预算定额项目编制。

2.3.2 材料消耗量指标的确定

预算定额中的材料消耗量指标是指完成一定计量单位的分项工程或结构构件必须消耗的各种实体性材料和各种措施性材料的数量，按用途划分为以下 4 种。

（1）主要材料。主要材料是指工程中使用量大、能直接构成工程实体的材料，其中也包括半成品、成品等，如砖、水泥、砂子等。

（2）辅助材料。辅助材料也直接构成工程实体，是除主要材料外的其他材料，如铁钉、铅丝等。

（3）周转材料。周转材料是指在施工中能反复周转使用，但不构成工程实体的工具性材料，如脚手架、模板等。

（4）其他材料。其他材料是指在工程中用量较少、难以计量的零星材料，如线绳、棉纱等。

2.3.3 机械台班消耗量指标的确定

预算定额中的机械台班消耗量指标是指完成一定计量单位的分项工程或结构构件必须消耗的各种机械台班的数量。机械台班消耗量的确定一般有两种方法：一种是以劳动定额的机械台班消耗量定额为基础确定；另一种是以现场实测数据为依据确定。

1. 以劳动定额为基础的机械台班消耗量的确定

这种方法以劳动定额中的机械台班用量加机械台班幅度差来计算预算定额的机械台班消耗量。其计算公式为

预算定额机械台班消耗量＝劳动定额中机械台班用量＋机械幅度差

＝劳动定额中机械台班用量×（1＋机械幅度差系数）

机械幅度差是指劳动定额规定范围内没有包括，但实际施工中又发生而必须增加的机械台班用量，主要考虑以下内容：

（1）正常施工条件下不可避免的机械空转时间；

（2）施工技术原因的中断及合理停置时间；

（3）因供电供水故障及水电线路移动检修而发生的运转中断时间；

（4）因气候变化或机械本身故障影响工时利用的时间；

（5）施工机械转移及配套机械相互影响损失的时间；

（6）配合机械施工的工人因与其他工种交叉造成的间歇时间；

（7）因检查工程质量造成的机械停歇时间；

（8）工程收尾和工作量不饱满造成的机械间歇时间。

占比重不大的零星小型机械按劳动定额小组成员计算出机械台班使用量，以“机费”或“其他机械费”表示，不再列台班数量。

2. 以现场实测数据为基础的机械台班消耗量的确定

如遇劳动定额缺项的项目，在编制预算定额的机械台班消耗量时，则需通过对机

械现场实地观测得到机械台班数量，在此基础上加上适当的机械幅度差，来确定机械台班消耗量。

2.4　预算定额的组成及应用

2.4.1　预算定额的组成

建筑工程预算定额在实际应用过程中发挥作用。要正确应用预算定额，必须全面了解预算定额的组成。为了快速、准确地确定各分项工程（或配件）的人工、材料和机械台班等消耗量指标及定额标准，需要将建筑装饰工程预算定额按一定的顺序，分章、节、项和子目汇编成册预算定额主要由目艮、总说明、建筑面积计算规则、分部工程定额及附录等组成。

1. 目录

从中可知预算定额手册编排的全部内容。

2. 总说明

总说明一般包括定额的编制原则、编制依据、指导思想、适用范围及定额的作用，还包括编制定额时已经考虑和没有考虑的因素，使用方法和有关规定，对名词符号的解释等。因此，使用定额前应仔细阅读总说明的内容。

3. 建筑面积计算规则

建筑面积是核算工程造价的基础，是分析建筑工程技术指标的重要数据，是编制计划和统计工作的指标依据。因此必须根据国家有关规定，对建筑面积的计算规则做出统一的规定。

4. 分部工程定额

《全国统一建筑工程基础定额》按工程结构类型，并结合形象部位，可将建筑工程划分为 12 个分部工程：土石方工程、柱基础工程、脚手架工程、砌筑工程、混凝土及钢筋混凝土工程、构件运输及安装工程、门窗及木结构工程、楼地面工程、屋面及防水工程、防腐、保温、隔热工程、装饰工程、金属结构制作工程。

分部工程定额由分部工程说明、工程量计算规则和定额项目表三部分组成，它是预算定额手册的主要组成部分，是执行定额的基准，必须全面掌握。

1）分部工程说明

分部工程说明主要说明使用本分部工程定额时应注意的有关问题，对编制中有关问题的解释、执行中的一些规定、特殊情况的处理等。

2）工程量计算规则

工程量计算规则是对本分部工程中各分项工程工程量的计算方法所做的规定，它是编制预算时计算分项工程工程量的重要依据。

3）定额项目表

定额项目表是预算定额的主要构成部分，由工作内容、定额单位、定额项目表和附注组成。

(1) 工作内容：列在定额项目表的表头左上方，列出表中分项工程定额项目的主要工作过程。

(2) 定额单位：列在定额项目表的表头右上方，一般为扩大计量单位，如 10 m^3、100 m^2、100 m^3 等。

(3) 定额项目表：定额的核心部分，定额最基本的表现形式。每一定额项目表均列有项目名称、定额编号、计量单位、定额消耗量和基价等。横向，由若干个项目和子项目组成（按施工顺序排列）；竖向，由“三个量”即人工、材料、机械台班消耗量和“三个价”即人工费、材料费、机械费及基价（地方定额）组成。

(4) 附注：对项目表中的子项目做进一步说明和补充。

5. 附录

附录列在预算定额的最后，各省、市、自治区编入的内容不同，一般包括每 10 m^3 混凝土模板含量参考表，混凝土及砂浆配合比表，主要材料、成品、半成品损耗率表，建筑材料预算价格表等，主要用于定额的换算、材料消耗量的计算、调整和制定补充定额的参考依据等。

2.4.2 预算定额手册的应用

1. 预算定额的直接套用

当施工图的设计要求、项目内容与预算定额的项目内容完全一致时，可直接套用预算定额计算直接工程费。

直接套用定额时可按分部工程—定额—定额项目表—子项目的顺序找出所需项目。在编制单位工程施工图预算的过程中，大多数项目可以直接套用预算定额，套用时应注意以下几点：

(1) 根据施工图、设计说明和做法说明，选择定额项目；

(2) 从工程内容、技术特征和施工方法上仔细核对，才能准确地确定相对应的定额项目；

(3) 分项工程的名称和计量单位要与预算定额相一致，预算定额项目基本上是扩大的计量单位，把分项工程量转变成定额计量单位的数量；

(4) 定额项目表上的工作内容中所列出的施工过程已包括在定额基价内，编制预算时不能重复列项；

（5）定额项目表下面的附注作为定额项目表的补充与完善，套用时必须严格执行。

2. 预算定额的换算

当套用预算定额时，如果工程项目内容与套用相应定额项目的要求不相符，若定额规定允许换算，就要在定额规定的范围内进行换算，从而使施工图纸的内容与定额中的要求相一致，这个过程称为定额的换算。经过换算后的项目，要在其定额编号后加注“换”字，以示区别。

1）预算定额的换算原则

为了保持定额的水平，在预算定额的说明中规定了有关的换算原则，一般包括如下原则。

（1）定额的砂浆、混凝土强度等级。如设计与定额不同，允许按定额附录的砂浆、混凝土配合比表换算，但配合比中的各种材料用量不得调整。

（2）定额中抹灰项目已考虑常用厚度，各层砂浆的厚度一般不做调整。如果设计有特殊要求，定额中的工、料可以按厚度比例换算。

（3）必须按预算定额中的各项规定换算定额。

2）预算定额的换算类型

预算定额的换算类型有以下 4 种。

（1）砂浆换算：砌筑砂浆强度等级、抹灰砂浆配合比及砂浆用量的换算。

（2）混凝土换算：构件混凝土、楼地面混凝土的强度等级、混凝土类型的换算。

（3）系数换算：按规定对定额中的人工费、材料费、机械费乘以各种系数的换算。

（4）其他换算：除以上三种情况外的换算。

3. 定额换算的基本思路

定额换算的基本思路：根据选定的预算定额基价，按规定换入增加的费用，换出扣除的费用。这一思路可用下列表达式表述：

换算后的定额基价＝原定额基价＋换入的费用－换出的费用

例如，某工程施工图设计用 M15 水泥砂浆砌砖墙，查预算定额中只有 M5 水泥砂浆砌砖墙的项目，这时就需要选用预算定额中的某个项目，再依据定额附录中 M15 水泥砂浆的配合比用量表和基价进行换算即

换算后定额基价＝M5 水泥砂浆砌砖墙定额基价＋定额砂浆用量×M15 水泥砂浆基价（换入的费用）－定额砂浆用量×M5 水泥砂浆基价（换出的费用）

本章小结

本章主要主要内容有预算定额概述、预算定额的编制、预算定额消耗量指标的确定、预算定额的组成及应用。通过本章的学习，学生要重点掌握预算定额人工、材料

和机械台班消耗量指标的确定方法，掌握预算定额的应用，了解预算定额的概念、作用、编制步骤与方法以及预算定额的组成内容。

习题

简答题

1. 预算定额的作用是什么？
2. 预算定额的编制原则是什么？
3. 预算定额的编制依据是什么？
4. 预算定额的编制步骤是什么？
5. 预算定额的组成内容是什么？

第3章 建设工程费用定额

3.1 建设工程计价的一般规定

3.1.1 建设工程计价方法

建设工程计价可采用工程量清单计价（综合单价法）和工料单价法两种方法。全部使用国有资金投资或以国有资金投资为主的工程建设项目，必须采用工程量清单计价。非国有资金投资的工程建设项目是否采用工程量清单计价，由项目业主确定。

国有资金投资的资金包括国家融资资金、以国有资金为主的投资资金。

1. 国有资金投资的工程建设项目

（1）使用各级财政预算资金的项目。

（2）使用纳入财政管理的各种政府性专项建设资金的项目。

（3）使用国有企事业单位自有资金，并且国有资产投资者实际拥有控制权的项目。

2. 国家融资资金投资的工程建设项目

（1）使用国家发行债券所筹资金的项目。

（2）使用国家对外借款或者担保所筹资金的项目。

（3）使用国家政策性贷款的项目。

（4）国家授权投资主体融资的项目。

（5）国家特许的融资项目。

3. 以国有资金（含国家融资资金）为主的工程建设项目

以国有资金（含国家融资资金）为主的工程建设项目是指国有资金占投资总额50%以上，或虽不足50%但国有投资者实质上拥有控股权的工程建设项目。

3.1.2 招标控制价

招标控制价是招标人根据国家或省级、行业建设主管部门颁发的有关计价依据和办法以及拟定的招标文件和招标工程量清单，结合工程具体情况编制的招标工程的最高投标限价。招标控制价应由具有编制能力的招标人或受其委托具有相应资质的工程造价咨询人编制和复核。若工程造价咨询人接受招标人委托编制招标控制价，则不得再就同一工程接受投标人委托编制投标报价。

（1）招标控制价编制的基本原则。

①招标工程量清单必须作为招标文件的组成部分，其准确性和完整性由招标人负责。招标控制价不应上调或下浮。

②暂估价是招标人在工程量清单中提供的用于支付必然发生但暂时不能确定价格的材料、工程设备的单价以及专业工程的金额。暂估价中的材料单价应按照工程造价管理机构发布的工程造价信息或参照市场价格确定；暂估价中的专业工程暂估价应分不同专业，按有关计价规定估算。

③综合单价中应包括招标文件中划分的应由投标人承担的风险范围及其费用。招标文件中没有明确的，如果由工程造价咨询人编制，则应提请招标人明确；如果由招标人编制，则应予明确。

④暂列金额是招标人在工程量清单中暂定并包括在合同价款中的一笔款项。用于工程合同签订时尚未确定或者不可预见的所需材料、工程设备、服务的采购，施工中可能发生的工程变更、合同约定调整因素出现时的合同价款调整以及发生的索赔、现场签证确认等的费用。暂列金额由招标人根据工程特点、工期长短，按有关计价规定进行估算确定，一般可以分部分项工程费的10％～15％为参考。招标文件应给出估算后的具体金额。

⑤招标人应在发布招标文件时公布招标控制价，同时应将招标控制价及有关资料报送工程所在地或有该工程管辖权的行业部门工程造价管理机构备查。

（2）招标控制价的编制依据。

①《建设工程工程量清单计价规范》（GB 50500—2013）。

②国家或省级、行业建设主管部门颁发的计价定额和计价办法。

③建设工程设计文件及相关资料。

④拟定的招标文件及招标工程量清单。

⑤与建设项目相关的标准、规范、技术资料。

⑥施工现场情况、工程特点及常规施工方案。

建设工程工程量清单计价规范

⑦工程造价管理机构发布的工程造价信息；当工程造价信息没有发布时，参照市场价。

⑧其他的相关资料。

（3）招标控制价应严格按照《建设工程工程量清单计价规范》（GB 50500—2013）具体要求编制计日工，给定具体数值，并应按程序计取规费和税金。

（4）投标人经复核认为招标人公布的招标控制价未按照《建设工程工程量清单计价规范》（GB 50500—2013）的规定进行编制的，应在招标控制价公布后5天内向招投标监督机构和工程造价管理机构投诉。工程造价管理机构在接到投诉书后应在2个工作日内进行审

查，当招标控制价复查结论与原公布的招标控制价误差>±3%时，应当责成招标人改正。

3.1.3　投标报价的编制

投标报价是投标人投标时响应招标文件要求所报出的对已标价工程量清单汇总后标明的总价。投标报价应按照招标文件的要求，根据工程特点，结合自身的施工技术、装备和管理水平，依据有关计价规定自主确定。投标报价不得低于成本。

1. 投标报价的编制原则

(1) 投标人必须按招标工程量清单填报价格。项目编码、项目名称、项目特征、计量单位、工程量必须与招标工程量清单一致。

(2) 综合单价中应包括招标文件中划分的应由投标人承担的风险范围及其费用，招标文件中没有明确的，应提请招标人明确。

(3) 分部分项工程和措施项目中的单价项目，应根据招标文件和招标工程量清单项目中的特征描述确定综合单价计算。

(4) 措施项目中的总价项目金额应根据招标文件及投标时拟定的施工组织设计或施工方案自主确定。

(5) 其他项目应按下列规定报价。

①暂列金额应按招标工程量清单中列出的金额填写。

②材料、工程设备暂估价应按招标工程量清单中列出的单价计入综合单价。

③专业工程暂估价应按招标工程量清单中列出的金额填写。

④计日工应按招标工程量清单中列出的项目和数量，自主确定综合单价，并计算计日工金额。

⑤总承包服务费应根据招标工程量清单中列出的内容和提出的要求自主确定。

⑥招标工程量清单与计价表中列明的所有需要填写单价和合价的项目，投标人均应填写且只允许有一个报价。未填写单价和合价的项目，可视为此项费用已包含在已标价工程量清单中其他项目的单价和合价之中。当竣工结算时，此项目不得重新组价予以调整。

⑦投标总价应当与分部分项工程费、措施项目费、其他项目费和规费、税金的合计金额一致。

2. 投标报价的编制依据

(1)《建设工程工程量清单计价规范》(GB 50500—2013)。

(2) 国家或省级、行业建设主管部门颁发的计价办法。

(3) 企业定额，国家或省级、行业建设主管部门颁发的计价定额和计价办法。

(4) 招标文件、招标工程量清单及其补充通知、答疑纪要。

(5) 建设工程设计文件及相关资料。

(6) 施工现场情况、工程特点及投标时拟定的施工组织设计或施工方案。

（7）与建设项目相关的标准、规范等技术资料。

（8）市场价格信息或工程造价管理机构发布的工程造价信息。

（9）其他的相关资料。

3.1.4　风险费用

风险费用是隐含于已标价工程量清单综合单价中，用于化解发承包双方在工程合同中约定内容和范围内的市场价格波动风险的费用。建设工程发承包双方必须在招标文件、合同中明确计价中的风险内容及其范围，不得采用无限风险、所有风险或类似语句规定计价中的风险内容及范围。

发承包人应约定工程施工期间由于市场价格波动和施工条件变化等对中标价影响因素的承担人和调整方法。

（1）下列影响合同价款的因素出现，应由发包人承担。

①国家法律、法规、规章和政策发生变化。

②省级或行业建设主管部门发布的人工费调整，但承包人对人工费或人工单价的报价高于发布的除外。

③由政府定价或政府指导价管理的原材料等价格进行了调整。

（2）由于市场物价波动影响合同价款，应由发承包双方合理分摊，并在合同中约定。合同中没有约定，发承包双方发生争议时，按下列规定实施。

①材料、工程设备的波动幅度超过招标时的基准价格5%时，予以调整。

②施工机械使用费波动幅度超过招标时的基准价格10%时，予以调整。

（3）由于承包人使用机械、施工技术以及组织管理水平等自身原因造成施工费用增加的，应由承包人全部承担。

（4）因不可抗力事件导致的人员伤亡、财产损失及其费用增加，发承包双方应按下列原则分别承担，并调整合同价款和工期。

①合同工程本身的损害、因工程损害导致第三方人员伤亡和财产损失以及运至施工场地用于施工的材料和待安装的设备的损害，应由发包人承担。

②发包人、承包人人员伤亡应由其所在单位负责，并应承担相应费用。

③承包人的施工机械设备损坏及停工损失，应由承包人承担。

④停工期间，承包人应发包人要求留在施工场地的必要的管理人员及保卫人员的费用，应由发包人承担。

⑤工程所需清理、修复费用，应由发包人承担。

（5）不可抗力解除后复工的，若不能按期竣工，应合理延长工期。发包人要求赶工的，赶工费用应由发包人承担。

3.1.5　合同价

合同价是在工程发承包交易过程后，由发承包双方以合同形式确定的工程承包价

格。采用招标发包的工程，其合同价应为投标人的中标价；不实行招标的工程由发承包双方在认可的工程价款基础上进行约定。合同价款的约定应遵循下述原则。

（1）实行招标的工程合同价款应在中标通知书发出之日起 30 日内，由发承包双方依据招标文件和中标人的投标文件在书面合同中约定。合同约定不得违背招投标文件中关于工期、造价、质量等方面的实质性内容。招标文件与中标人投标文件不一致的，以投标文件为准。

（2）实行工程量清单计价的工程，应当采用单价合同。建设规模较小，技术难度较低，工期较短，且施工图设计已审查批准的建设工程，可以采用总价合同；紧急抢险、救灾以及施工技术特别复杂的建设工程，可采用成本加酬金合同。

3.1.6　计价依据

内蒙古自治区计价依据包括《内蒙古自治区建设工程费用定额》《内蒙古自治区房屋建筑与装饰工程预算定额》《内蒙古自治区通用安装工程预算定额》《内蒙古自治区市政工程预算定额》《内蒙古自治区园林绿化工程预算定额》《内蒙古自治区园林养护工程预算定额》等。内蒙古自治区计价依据是建设工程计价活动的地方性标准，在执行过程中对于房屋建筑与装饰工程、通用安装工程、市政工程、园林绿化工程、园林养护工程应遵守下述规定。

（1）招标控制价是工程招标中的最高限价，招标人或其委托的工程造价咨询人应严格执行内蒙古自治区计价依据，对定额水平、计算规则和计费程序不得随意调整。

（2）投标报价依据内蒙古自治区计价依据编制时，除规定不允许调整部分（如取费程序、安全文明施工费、规费、税金等）外，可结合企业的自身情况对定额水平等进行调整换算，但不得高于招标控制价。

3.1.7　计价依据的管理

（1）自治区建设工程标准定额总站负责对计价依据的管理和解释，适时对定额人工、机械台班单价及定额子目进行调整，补充重复使用的单位估价表。

（2）本届定额对现有成熟的新技术、新材料、新工艺、新设备均已体现。本届定额颁发后，施工过程中对相关部门公布名录中出现的新技术、新材料、新工艺、新设备，需要编制补充定额为工程计价提供技术服务时，发承包人应及时进行现场数据收集、整理、测算、申报工程造价管理机构编制补充定额。补充定额将会在人工、材料、机械消耗量上体现鼓励性措施，优先解决相应问题，从政策和管理方面推动“四新”技术的应用。

（3）各盟市建设工程造价管理机构受自治区建设工程标准定额总站的委托，在本行政区域内对计价依据进行管理和解释，对定额中的材料价格（包括机械燃料）定期发布信息价格，补充一次性使用的单位估价表。

（4）各盟市建设工程造价管理机构在定额解释过程中，遇有疑难问题或对工程造价影响较大的问题，应请示自治区建设工程标准定额总站核准，且出具的书面解释和答复意见应报自治区建设工程标准定额总站备案。

(5) 各盟市建设工程造价管理机构应以统一格式按时公布所在地城市的人工成本信息价，但不能对定额人工、机械价格进行调整。

3.2 建设工程费用定额

建筑安装工程费用项目组成的通知

3.2.1 建设工程费用项目组成（按费用构成要素划分）

建设工程费按照费用构成要素划分，由人工费、材料费（包含工程设备，下同）、施工机具使用费、企业管理费、利润、规费和税金组成。其中，人工费、材料费、施工机具使用费、企业管理费和利润包含在分部分项工程费、措施项目费、其他项目费中（见图 3.1）。

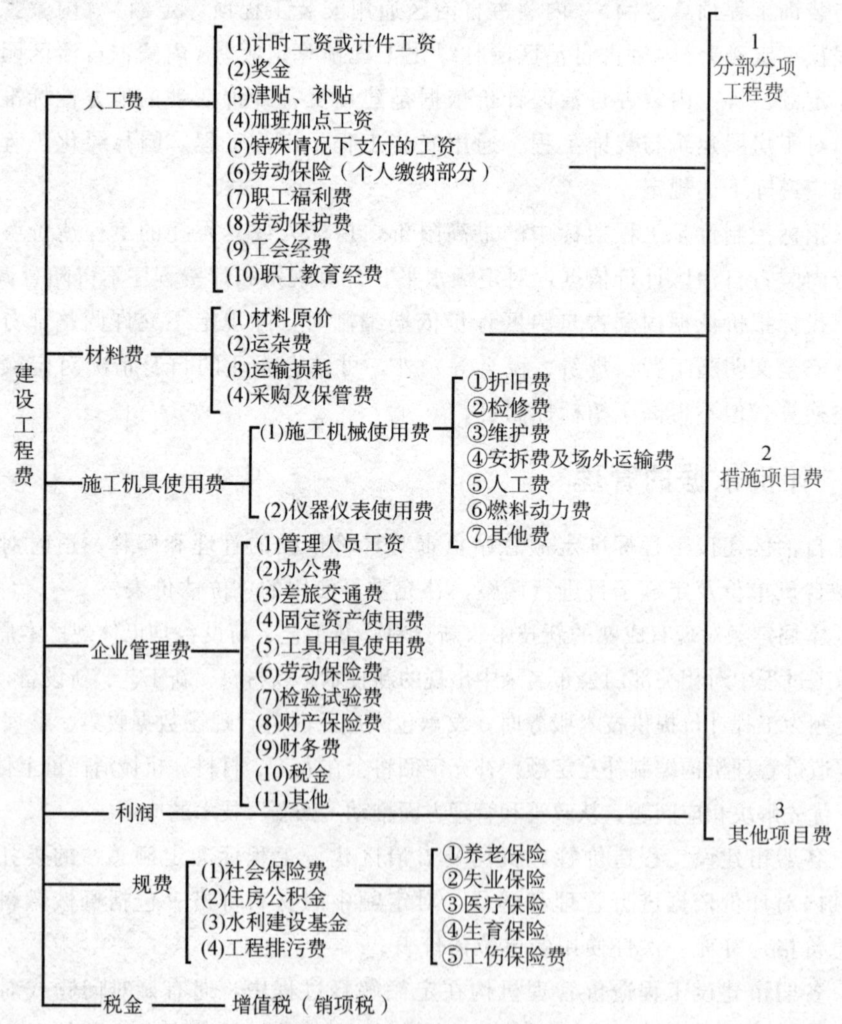

图 3.1 按费用构成要素划分

1. 人工费

人工费是指按工资总额构成规定，支付给从事建筑安装工程施工的生产工人和附属生产单位工人的各项费用，包括如下内容。

(1) 计时工资或计件工资是指按计时工资标准和工作时间或对已做工作按计件单价支付给个人的劳动报酬。

(2) 奖金是指对超额劳动和增收节支支付给个人的劳动报酬，如节约奖、劳动竞赛奖等。

(3) 津贴、补贴是指为了补偿职工特殊或额外的劳动消耗和因其他特殊原因支付给个人的津贴以及为了保证职工工资水平不受物价影响支付给个人的物价补贴。

(4) 加班加点工资是指按规定支付的在法定节假日工作的加班工资和在法定工作日工作时间外延时工作的加点工资。

(5) 特殊情况下支付的工资是指根据国家法律、法规和政策规定，因病、工伤、产假、计划生育假、婚丧假、事假、探亲假、定期休假、停工学习、执行国家或社会义务等原因按计时工资标准或计时工资标准的一定比例支付的工资。

(6) 劳动保险（个人缴纳部分）是指企业中由个人缴纳的养老、医疗、失业保险。

(7) 职工福利费是指集体福利费、夏季防暑降温和冬季取暖补贴、上下班交通补贴等。

(8) 劳动保护费是指企业按规定发放的劳动保护用品的支出。如工作服、手套、防暑降温饮料以及在有碍身体健康的环境中施工的保健费用等。

(9) 工会经费是指企业按《工会法》规定的全部职工工资总额比例计提的工会经费。

(10) 职工教育经费是指按职工工资总额的规定比例计提，企业为职工进行专业技术和职业技能培训，专业技术人员继续教育、职工职业技能鉴定、职业资格认定以及根据需要对职工进行各类文化教育所发生的费用。

2. 材料费

材料费是指施工过程中耗费的原材料、辅助材料、构配件、零件、半成品或成品、工程设备的费用，包括如下内容。

(1) 材料原价是指材料、工程设备的出厂价格或商家的供应价格。

(2) 运杂费是指材料、工程设备自来源地运至工地仓库或指定堆放地点所发生的全部费用。

(3) 运输损耗是指材料在运输装卸过程中不可避免的损耗。

(4) 采购及保管费是指为组织采购、供应和保管材料、工程设备的过程中所需要的各项费用，包括采购费、仓储费、工地保管费、仓储损耗。

工程设备是指构成或计划构成永久工程一部分的机电设备、金属结构设备、仪器装置及其他类似的设备和装置。

3. 施工机具使用费

施工机具使用费是指施工作业所发生的施工机械、仪器仪表使用费或其租赁费。

包括以下内容。

(1) 施工机械使用费以施工机械台班耗用量乘以施工机械台班单价表示，施工机械台班单价应由下列 7 项费用组成。

①折旧费指施工机械在规定的耐用总台班内，陆续收回其原值的费用。

②检修费指施工机械在规定的耐用总台班内，按规定的检修间隔进行必要的检修，以恢复其正常功能所需的费用。

③维护费指施工机械在规定的耐用总台班内，按规定的维护间隔进行各级维护和临时故障排除所需的费用。如保障机械正常运转所需替换设备与随机配备工具附具的摊销费用、机械运转及日常维护所需润滑与擦拭的材料费用及机械停滞期间的维护费用等。

④安拆费及场外运输费。安拆费指施工机械在现场进行安装与拆卸所需的人工、材料、机械和试运转费用以及机械辅助设施的折旧、搭设、拆除等费用；场外运输费指施工机械整体或分体自停放地点运至施工现场或由一施工地点运至另一施工地点的运输、装卸、辅助材料等费用。

⑤人工费指机上司机（司炉）和其他操作人员的人工费。

⑥燃料动力费指施工机械在运转作业中所耗用的燃料及水、电等费用。

⑦其他费指施工机械按照国家规定应缴纳的车船税、保险费及检测费等。

(2) 仪器仪表使用费是指工程施工所需使用的仪器仪表的摊销及维修费用。

4. 企业管理费

企业管理费是指建筑安装企业组织施工生产和经营管理所需的费用，包括以下内容。

(1) 管理人员工资是指按规定支付给管理人员的计时工资、奖金、津贴补贴、加班加点工资及特殊情况下支付的工资等。

(2) 办公费是指企业管理办公用的文具、纸张、账表、印刷、邮电、书报、办公软件、会议、水电、烧水和集体取暖降温（包括现场临时宿舍取暖降温）等费用。

(3) 差旅交通费是指职工因公出差、调动工作的差旅费、住宿补助费，市内交通费和误餐补助费，职工探亲路费，劳动力招募费，职工退休、退职一次性路费，工伤人员就医路费以及管理部门使用的交通工具的油料、燃料等费用。

(4) 固定资产使用费是指管理和试验部门及附属生产单位使用的属于固定资产的房屋、设备、仪器等的折旧、大修、维修或租赁费。

(5) 工具用具使用费是指企业施工生产和管理使用的不属于固定资产的工具、器具、家具、交通工具和检验、试验、测绘、消防用具等的购置、维修和摊销费。

(6) 劳动保险费是指由企业支付的职工退职金和按规定支付给离退休干部的经费。

(7) 检验试验费是指施工企业按照有关标准规定，对建筑以及材料、构件和建筑安装物进行一般鉴定、检查所发生的费用，包括自设实验室进行试验所耗用的材料等费用。不包括新结构、新材料的试验费，对构件做破坏性试验及其他特殊要求检验试验的费用和建设单位委托检测机构进行检测的费用，由建设单位支付。但对施工企业提供的具有合格证明的材

料进行检测不合格的，该检测费用由施工企业支付。对上述材料检验试验费未包含部分的费用，结算时应按施工企业缴费凭证据实调整；在编制招标控制价及投标报价时可参照下述标准计算，列入其他项目费。

房屋建筑与装饰工程（包括通用安装工程）的检验试验费按建筑面积计算，其中建筑与装饰工程占 60%，通用安装工程占 40%。市政、园林工程及构筑物按分部分项工程费中人工费的 1.5%计取。

①建筑面积小于 1 000 m^2 的，每平方米 3 元。

②建筑面积大于 10 000 m^2 的，超过部分按上述标准乘以系数 0.7。

③房屋建筑工程的室外附属配套工程不另计算。

(8) 财产保险费是指施工管理用财产、车辆等的保险费用。

(9) 财务费是指企业为施工生产筹集资金或提供预付款担保、履约担保、职工工资支付担保等所发生的各种费用。

(10) 税金是指企业按规定缴纳的房产税、车船使用税、土地使用税、印花税等。

(11) 其他，包括技术转让费、技术开发费、投标费、业务招待费、绿化费、广告费、公证费、法律顾问费、审计费、咨询费、保险费、城市维护建设税、教育费附加以及地方教育附加等。

5. 利润

利润是指施工企业完成所承包工程获得的盈利。

6. 规费

规费是指按国家法律、法规规定，由省级政府和省级有关权力部门规定必须缴纳或计取的费用，包括以下内容。

(1) 社会保险费。

①养老保险费是指企业按照规定标准为职工缴纳的基本养老保险费

②失业保险费是指企业按照规定标准为职工缴纳的失业保险费

③医疗保险费是指企业按照规定标准为职工缴纳的基本医疗保险费

④工伤保险费是指企业按照规定标准为职工缴纳的工伤保险费

⑤生育保险费是指企业按照规定标准为职工缴纳的生育保险费

(2) 住房公积金是指企业按照规定标准为职工缴纳的住房公积金。

(3) 水利建设基金是用于水利建设的专项资金。根据内蒙古自治区人民政府关于印发《内蒙古自治区水利建设基金筹集和使用管理实施细则》的规定可计入企业成本的费用。

(4) 工程排污费是指施工现场按规定缴纳的工程排污费。

7. 税金

税金是指国家税法规定的应计入建设工程造价内的增值税（销项税额）。

一般纳税人为甲供工程提供的建筑服务，可以选择适用简易计税方法（注：甲供

工程是指全部或部分设备、材料、动力由工程发包方自行采购的建筑工程。）

3.2.2 建设工程费用项目组成（按造价形成划分）

建设工程费按照工程造价形成划分，由分部分项工程费、措施项目费、其他项目费、规费、税金组成，分部分项工程费、措施项目费、其他项目费包含人工费、材料费、施工机具使用费、企业管理费和利润（见图 3.2）。

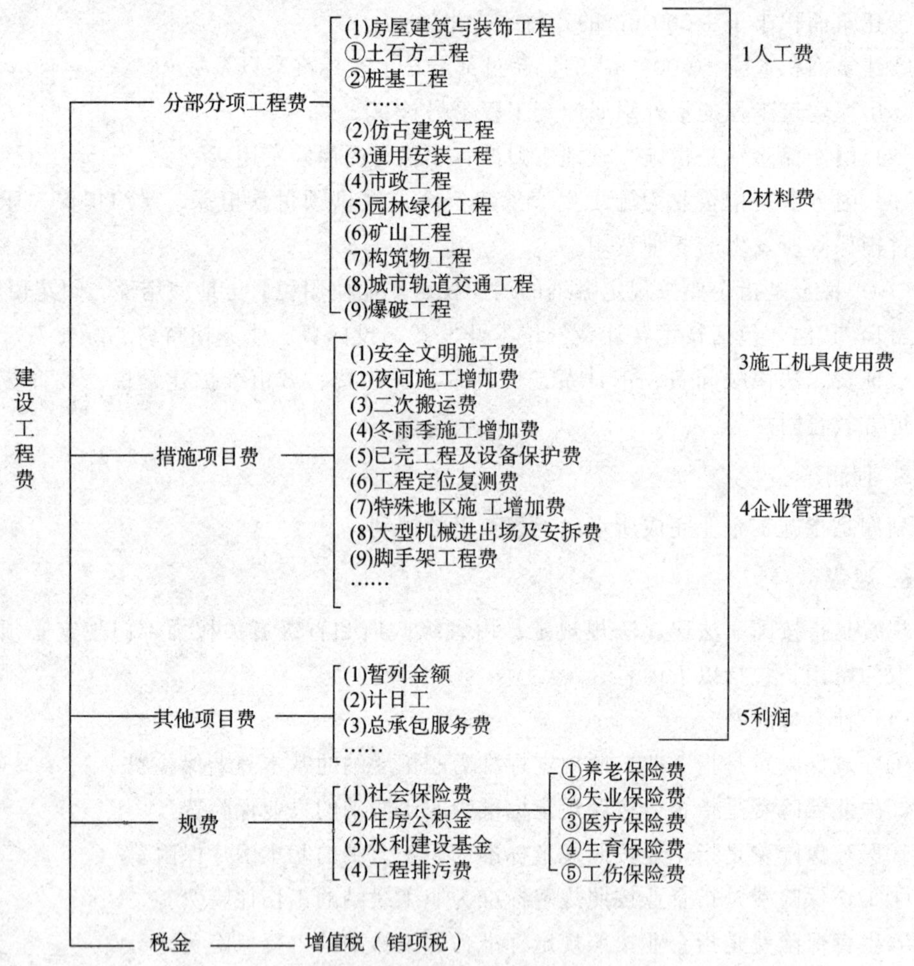

图 3.2 按造价形成划分

1. 分部分项工程费

分部分项工程费是指各专业工程的分部分项工程应予列支的各项费用。

（1）专业工程是指按现行国家计量规范划分的房屋建筑与装饰工程、仿古建筑工程、通用安装工程、市政工程、园林绿化工程、矿山工程、构筑物工程、城市轨道交通工程、爆破工程等各类工程。

（2）分部分项工程是指按现行国家计量规范对各专业工程划分的项目，如房屋建筑与装饰工程可划分为土石方工程、地基处理与桩基工程、砌筑工程、钢筋及钢筋混凝土工

程等。

各类专业工程的分部分项工程划分见现行国家或行业计算规范。

2. 措施项目费

措施项目费是指为完成建设工程施工，发生于该工程施工前和施工过程中的技术、生活、安全、环境保护等方面的费用。

(1) 安全文明施工费。

①环境保护费是指施工现场为达到环保部门要求所需要的各项费用。

②文明施工费是指施工现场文明施工所需要的各项费用（含扬尘治理增加费）。

③安全施工费是指施工现场安全施工所需要的各项费用（含远程视频监控增加费）。

④临时设施费是指施工企业为进行建设工程施工所必须搭设的生活和生产用的临时建筑物、构筑物和其他临时设施的费用，包括临时设施的搭设、维修、拆除、清理或摊销费等。

(2) 夜间施工增加费是指因夜间施工所发生的夜班补助费、夜间施工降效、夜间施工照明设备摊销及照明用电等费用。施工单位在建设单位没有要求提前交工而为赶工期自行组织的夜间施工不计取夜间施工增加费。

(3) 二次搬运费是指因施工场地条件限制而发生的材料、构配件、半成品等一次运输不能到达堆放地点，必须进行二次或多次搬运所发生的费用。

(4) 冬雨季施工增加费是指在冬季或雨季施工需增加的临时设施、防滑、排除雨雪、人工及施工机械效率降低等费用。

(5) 已完工程及设备保护费是指竣工验收前，对已完工程及设备采取的必要保护措施所发生的费用。

(6) 工程定位复测费是指工程施工过程中进行全部施工测量放线和复测工作的费用。

(7) 特殊地区施工增加费是指工程在沙漠或其边缘地区、高海拔高寒、原始森林等特殊地区施工增加的费用。

3. 其他项目费

(1) 暂列金额是指招标人在工程量清单中暂定并包括在合同价款中的一笔款项。用于工程合同签订时尚未确定或者不可预见的所需材料、工程设备、服务的采购，施工中可能发生的工程变更、合同约定调整因素出现时的合同价款调整以及发生的索赔、现场签证确认等的费用。

(2) 计日工是指在施工过程中，承包人完成发包人提出的工程合同以外的零星项目或工作，按合同中约定的单价计价的一种方式。

(3) 总承包服务费是指总承包人为配合和协调发包人进行的专业工程发包，对发包人自行采购的材料、工程设备等进行保管以及施工现场管理、竣工资料汇总和整理等服务所需的费用。

4. 规费

同 3.2.1 小节。

5. 税金

同 3.2.1 小节。

3.2.3　工程名称及费率适用范围

1. 房屋建筑与装饰工程

房屋建筑与装饰工程适用于内蒙古自治区行政区域内工业与民用建筑的新建、扩建和改建房屋建筑与装饰工程。

2. 通用安装工程

通用安装工程适用于内蒙古自治区行政区域内工业与民用建筑的新建、扩建通用安装工程。

3. 土石方工程

土石方工程是指各类房屋建筑、市政工程施工中发生的土石方的爆破、挖填、运输工程；园林工程削山、刷坡、场地内超过 30 cm 挖填等场地准备工程中土石方的爆破、挖填、运输工程。

4. 市政工程

市政工程适用于内蒙古自治区行政区域内城镇范围内的新建、扩建和改建的市政道路、桥涵、管网、水处理、生活垃圾处理、路灯等工程。

5. 园林绿化及养护工程

园林绿化工程适用于内蒙古自治区行政区域内园林绿化和园林建筑工程；园林养护工程适用于内蒙古自治区行政区域内的园林养护工程。

3.2.4　建设工程费用计算方法和程序

建筑安装工程费用参考计算方法

1. 建设工程费用计算方法

1）分部分项工程费

分部分项工程费按与“费用定额”配套颁发的各类专业工程定额及有关规定计算。

2）措施项目费

总价措施费中的安全文明施工费、夜间施工增加费、二次搬运费、冬雨季施工增加费、已完工程及设备保护费和工程定位复测费，按“总价措施项目费费率表”中的费率计算，计算基础为人工费（不含机上人工）。

（1）安全文明施工费。除按“总价措施项目费费率表”计算安全文明施工费外，安全文明施工费的计算还应遵守下述规定：

①实行工程总承包的，由总承包按相应计算基础和计算方法计算安全文明施工费，并负责整个工程施工现场的安全文明设施的搭设和维护；总承包单位依法将建筑工程

分包给其他分包单位的，其费用使用和责任划分由总、分包单位依据建设部《建设工程安全防护、文明施工措施费用及使用管理规定》在合同中约定。

②安全文明施工费费率是以《关于发布〈内蒙古自治区建筑施工标准化图集〉的公告》（内建〔2013〕426 号）文件内容进行测算的基准费率。招标人有创建安全文明示范工地要求的建设项目：取得盟市级标准化示范工地的，在基准费率基础上上浮 15%；取得自治区级标准化示范工地的，在基准费率基础上上浮 20%。

③建设单位依法将部分专业工程分包给专业队伍施工时，分包单位应按分包专业工程及费率表中费率的 40%计取，剩余部分费用由总包单位统一使用。

（2）夜间施工增加费按表 3.1 计算。

表 3.1　夜间施工增加费

费用内容	照明设施安拆、折旧、用电	工效降低补偿	夜餐补助	合计
费用标准（元/（人·班））	2.2	3.8	12	18

①白天在地下室、无窗厂房、坑道、洞库内，工艺要求不间断施工的工程，可视为夜间施工，每工日按 6 元计夜间施工增加费；工日数按实际工作量所需定额工日数计算。

②夜间施工增加费的计算有争议时，应由建设单位和施工单位签证确认。

（3）二次搬运费。二次搬运费按“总价措施项目费费率表”中的费率计算。

（4）冬雨季施工增加费。雨季施工增加费按“总价措施项目费费率表”中的费率计算。冬季施工增加费按下列规定计算

①需要冬季施工的工程，其措施费由施工单位编制冬季施工措施和冬季施工方案，连同增加费用一并报建设、监理单位批准后实施。

②人工、机械降效费用按冬季施工工程人工费的 15%计取。

③对于冬季停止施工的工程，施工单位可以按实际停工天数计算看护费用。费用计算标准按 104 元/（人·天）计算，看护人数按实际签证看护人数计算。专业分包工程不计取看护费。看护费包括看护人员工资及其取暖、用水、用电费用。

④冬季停止施工期间不得计算周转材料（脚手架、模板）及施工机械停滞费。

（5）已完工程及设备保护费。已完工程及设备保护费按“总价措施项目费费率表”中的费率计算。

（6）工程定位复测费。工程定位复测费按表 3.2 中的费率计算。

表 3.2 总价措施项目费费率表

序号	专业工程		取费基础	分项费率/(%)					
				安全文明施工费		雨季施工增加费	已完工程及设备保护费	工程定位复测费	二次搬运费
				安全文明施工与环境保护费	临时设施费				
1	房屋建筑与安装工程		人工费	5.5	2	0.5	0.8	0.3	0.01
2	通用安装工程			2	1	0.5	0.8		0.01
3	土石方工程			3	1	0.5			0.01
4	市政工程	道路	人工费	5	1.5	0.5		0.1	0.01
		桥涵		6	2	0.5	0.5	0.15	0.01
		市政管网、水处理、生活垃圾处理、路灯工程		2	1	0.5	0.5		0.01
5	园林工程	绿化		1	1	0.5		0.1	0.01
6		建筑		2	2	0.5	0.6	0.1	0.01

注：人工费的占比为 25%，人工费中不含机上人工费。

(7) 特殊地区施工增加费。根据工程项目所在地区实际情况可按定额人工费的 1.5%计取，此项费用可作为计取管理费、利润的基数。

3) 企业管理费

企业管理费费率是综合测算的，其计算基础为人工费（不含机上人工费），见表 3.3。企业管理费属于竞争性费用，企业投标报价时，可视拟建工程规模、复杂程度、技术含量和企业管理水平进行浮动。

专业承包资质施工企业的管理费应在总承包企业管理费费率基础上乘以系数 0.8。

对建筑设计造型新颖独特，具有民族风格特色的大型建设项目结算（单项工程建筑面积>15 000 m^2，且施工周期>18 个月），管理费费率应在招标文件中明确按原费率上浮 15%；考虑到幼儿园一般规模较小、设计繁杂且在自治区多体现蒙元文化，管理费费率应在招标文件中明确按原费率上浮 20%。

表 3.3 企业管理费费率表

专业工程	房屋建筑与装饰工程	通用安装工程	土石方工程	市政道路工程	市政桥涵工程	市政管网、水处理、生活垃圾处理、路灯工程	园林建筑工程	园林绿化工程	园林养护工程
费率（%）	20	20	10	45	25	20	20	18	8

4) 利润

利润是按行业平均水平测算，其计算基础为人工费（不含机上人工费），见表 3.4。

利润是竞争性费用，企业投标报价时，根据企业自身需求，并结合建筑市场实际情况自主确定。

表3.4 利润率表

专业工程	房屋建筑与装饰工程	通用安装工程	土石方工程	市政道路工程	市政桥涵工程	市政管网、水处理、生活垃圾处理、路灯工程	园林建筑工程	园林绿化工程	园林养护工程
费率（%）	16	16	8	45	20	16	16	12	6

5）规费

（1）社会保险（养老保险、失业保险、医疗保险、工伤保险、生育保险）费、住房公积金、水利建设基金按规费费率表（见表3.5）中规定的费率计算。规费不参与投标报价竞争。规费的计算基础为人工费（不含机上人工费）。

表3.5 规费费率表

费用名称	养老失业保险	基本养老保险	住房公积金	工伤保险	生育保险	水利建设基金	合计
费率（%）	12.5	3.7	3.7	0.4	0.3	0.4	21

（2）工程排污费。工程排污费按实际发生计算。

6）税金

税金是指国家税法规定的应计入建设工程造价内的增值税（销项税额），税率为11%。

一般纳税人为甲供工程提供的建筑服务，可以选择适用简易计税方法，征收率为3%。（注：甲供工程是指全部或部分设备、材料、动力由工程发包方自行采购的建筑工程。）

2. 建设工程费用计算程序

工程量清单计价法（综合单价法）的取费程序见表3.6。

表3.6 单位工程费用的计算程序

序号	费用项目	计算方法
1	分部分项工程费	Σ（分部分项工程量清单×综合单价）
2	措施项目费	Σ（措施项目清单×综合单价）
3	其他项目费	按招标文件和清单计价要求计算
4	规费	（分部分项工程费和措施项目费中的人工费）×费率
5	税金	（1+2+3+4）×税率
6	工程造价	（1+2+3+4+5）

3.2.5 劳务分包企业取费

1. 劳务分包工程造价构成

劳务分包工程造价由人工费、施工机械使用费（发生时计取）、管理费、利润、规费和税金构成。其中，人工费是指直接从事建筑安装工程施工的生产工人开支的各项费用，包括计时工资或计件工资、奖金、津贴、补贴、加班加点工资、特殊情况下支付的工资、劳动保险（个人缴纳部分）、职工福利费、劳动保护费、工会经费、职工教育经费。

2. 劳务分包工程造价计价办法

（1）劳务分包工程人工费按劳务分包企业分包的工程量乘以相应定额子目人工费计算。工程量应按设计图纸和内蒙古自治区住房和城乡建设厅颁发的相关定额中的工程量计算规则计算。定额中未包括或不完全适用的项目，可按照总承包企业或专业承包企业投标时的报价计算。人工费调整按内蒙古自治区建设行政主管部门的相关规定执行。

（2）劳务分包工程施工机械使用费应按定额中的台班含量和台班单价及相关规定计算。

（3）劳务分包工程管理费按其分包工程量定额人工费的8%计取。

（4）规费。

①为职工办理养老、医疗保险，并缴纳各项费用（不含工伤保险和生育保险）的劳务企业，按所承包专业工程定额人工费的16.2%计取。

②只为职工办理养老保险的，按所承包专业工程定额人工费的12.5%计取。劳务企业未办理养老、医疗保险的，视为总承包企业或专业承包企业的内部劳务承包，不计取规费。

③总承包企业或专业承包企业应负责为劳务工人办理养老、医疗保险，或直接将这部分费用支付给劳务工人，由劳务工人自行办理养老、医疗保险。

④生育、工伤保险由总承包企业或专业承包企业缴纳，劳务分包企业不计取此项费用。

（5）利润。劳务分包企业利润按分包工程定额人工费的3%计取。

（6）税金。以包清工方式提供建筑劳务是指施工方不采购建筑工程所需的材料或只采购辅助材料并收取人工费、管理费及其他费用的建筑服务，可以选择采用简易计税方法计税，税率为3%。

3.2.6 建设工程其他项目费

1. 无负荷联合试运转费

无负荷联合试运转费是指生产性建设项目按照设计要求完成全部设备安装工程之

后，在验收之前所进行的无负荷（不投料）联合试运转所发生的费用。其按设备安装工程人工费的 3%计算。

2. 总承包服务费

总承包服务费是指总承包人为配合协调发包人进行专业工程发包，而对发包人自行采购的材料、工程设备等进行保管以及提供施工现场管理、竣工资料汇总整理等服务所需的费用。总承包单位依法将专业工程进行分包的，总承包单位向分包单位提供服务应收取总承包服务费，费用视服务内容的多少，由双方在合同中约定。

(1) 总承包服务费的内容。

①配合分包单位施工的非生产人员工资（包括医务、宣传、安全保卫、烧水、炊事等工作人员）。

②现场生产和生活用水电设施、管线敷设费（不包括施工现场制作的非标准设备、钢结构用电）。

③共用脚手架搭拆、摊销费（不包括为分包单位单独搭设的脚手架）。

④共用垂直运输设备（包括人员升降设备）、加压设备的使用、折旧、维修费。

⑤发包人自行采购的设备、材料的保管费，对分包单位提供施工现场管理和竣工资料汇总整理等服务所需的费用。

(2) 总承包服务费的计算方法。总承包服务费应根据总承包服务范围计算，在招投标阶段或合同签订时确定。

①当招标人仅要求对分包的专业工程进行总承包管理和协调时，按发包的专业工程估算造价的 1.5%计算。

②当招标人要求对分包的专业工程进行总承包管理和协调，并同时要求提供配合服务时，根据招标文件中列出的配合服务内容和提出的要求，按发包的专业工程估算造价的 3%计算。

③招标人自行供应材料的，按招标人供应材料价值的 1%计算。

④发包人要求总承包人为专业分包工程提供水电源并且支付水电费的，水电费的计算应事先约定，也可向发包人按分部分项工程费的 1.2%计取。发包人支付的水电费应由发包人从专业分包工程价款中扣回。

总承包服务费计算基础不包括外购设备的价值。

3. 停窝工损失费

停窝工损失费是指建筑安装施工企业进入施工现场后，由于设计变更、停水、停电（不包括周期性停水、停电）以及按规定应由建设单位承担责任的原因造成的、现场调剂不了的停工、窝工损失费用。

(1) 停窝工损失费内容包括现场在用施工机械的停滞费、现场停窝工人员生活补贴及管理费。

(2) 计算方法：施工机械停滞费按定额台班单价的 40%乘以停滞台班数计算；停

窝工人员生活补贴按每人每天 40 元乘以停工工日数计算；管理费按人工停窝工费的 20%计算。连续 7 天之内累计停工少于 8 小时的不计算停窝工损失费。

(3) 对于暂时停止施工 7 天以上的工程，应由发承包双方协商停工期间各项费用的计算方法，并签订书面协议。

4. 工程变更及现场签证费

工程变更及现场签证费是指工程施工过程中，由于设计变更、施工条件变化和建设单位供应的材料、设备、成品及半成品不能满足设计要求，由施工单位经济技术人员提出，经设计人员或建设单位（监理单位）驻工地代表认定的费用。施工合同中没有明确规定计算方法的经济签证费用按以下规定计算。

(1) 设计变更引起的经济签证费用应计算工程量，按各类定额规定或投标报价中的综合单价（指工程量清单报价）计取各项费用。

(2) 施工条件变化和建设单位供应的材料、设备、成品及半成品不能满足设计要求引起的经济签证费用，由建设单位（或监理单位）与施工单位协商确定。按预算定额基价、劳动定额用工数量及定额人工费单价计算的部分应该按费用定额规定计取各项费用；不按预算定额基价、劳动定额用工数量及定额人工费单价计算的，只计取税金。

5. 暂列金额

暂列金额是指招标人在工程量清单中暂定并包括在合同价款中的一笔款项，用于工程合同签订时尚未确定或者不可预见的所需材料、工程设备、服务的采购，施工中可能发生的工程变更、合同约定调整因素出现时的合同价款调整以及发生的索赔、现场签证确认等。

6. 计日工

计日工是指在施工过程中，承包人完成发包人提出的工程合同以外的零星项目或工作，按合同中约定的单价计价的一种方式。

7. 企业自有工人培训管理费

根据住房和城乡建设部“建立以施工总承包企业自有工人为骨干，专业承包和专业作业企业自有工人为主体，劳务派遣为补充的多元化用工方式”的改革要求，为鼓励和引导企业培养自有技术骨干工人承担结构复杂、技术含量高的建设项目，参与国际市场竞争，对企业自有工人使用率达到总用工数量 15%及以上的工程项目，结算时可在企业投标报价利润率基础上调增 10%，该费用应计入招标控制价内，并在招标文件中明示；实际施工使用的自有技术工人未达到 15%，结算时应扣除此项费用。企业自有技术工人的认定按内蒙古自治区住房和城乡建设厅相关规定执行。

8. 优质工程奖励费

为了鼓励创建国家和自治区各类质量奖项，推进内蒙古自治区建设工程质量水平稳步提升，更好地将建设工程造价和质量紧密结合，体现优质优价，特作如下规定：

(1) 获得盟市级工程质量奖项的，税前工程总造价增加 0.5%；

(2) 获得自治区级工程质量奖项的，税前工程总造价增加 1%；

(3) 获得国家级工程质量奖项的，税前工程总造价增加 1.5%。

注意，工程总造价如超过 5 亿，超过部分按上述标准乘以系数 0.9。

9. 绿色建筑施工奖励费

为了响应“创新、协调、绿色、开放、共享”五大发展理念，推进建筑业的可持续发展，合理确定绿色建筑施工的工程造价，特作如下规定：

(1) 获得绿色建筑一星的，税前工程总造价增加 0.3%；

(2) 获得绿色建筑二星的，税前工程总造价增加 0.7%；

(3) 获得绿色建筑三星的，税前工程总造价增加 1.0%。

注意，工程总造价如超过 5 亿，超过部分按上述标准乘以系数 0.9。

10. 施工期间未完工程保护费

在冬季及其他特殊情况下停止施工时，对未完工部分的保护费用应按照甲乙双方签证确认的方案据实结算。

11. 提前竣工（赶工补偿）费

招标人应依据相关工程的工期定额合理计算工期，压缩的工期天数不得超过定额工期的 20%，超过者，应在招标文件中明示增加赶工费用。

发包人要求合同工程提前竣工的，应征得承包人同意后与承包人商定采取加快工程进度的措施，并应修订合同工程进度计划。发包人应承担承包人由此增加的提前竣工（赶工补偿）费用。

发承包双方应在合同中约定提前竣工每日历天应补偿额度，此项费用应作为增加合同价款列入竣工结算文件中，应与结算款一并支付。

12. 建筑工程能效测评费

能效测评是指对建筑能源消耗量及其用能系统效率等性能指标进行计算、检测，并对其所处水平给予评价的活动。建筑工程能效测评费见表 3.7。

表 3.7　建筑工程能效测评费用表

工程类别	检测项目	收费标准（元/m^2）	备注
居住建筑	能效测评	1.05	居住建筑能效测评、能效实测评估，以 20 000 m^2 为一个检测批次
	能效实测评估	1.67	
公共建筑	能效测评	2.16	公共建筑能效测评、能效实测评估，以 10 000 m^2 为一个检测批次
	能效实测评估	2.73	

注：①招投标阶段，招标人或其委托人在编制招标控制价时应严格执行上述费用标准。

②建筑工程竣工结算时，应按施工企业缴费凭证据实结算，未提供缴费凭证的建筑工程不得计取上述费用。

③建筑工程能效测评费的收费标准可根据相关规定进行动态调整。

本章小结

本章主要讲解建设工程费用定额的相关知识点，包括建设工程计价的一般规定，建设工程费用定额按费用构成要素划分和按造价形成划分，建设工程费用计算方法和程序，建设工程其他项目费等。

习题

简答题

1. 什么是招标控制价？
2. 措施项目费包括哪些内容？
3. 其他项目费包括哪些内容？
4. 建设工程费按照工程造价形成包括哪些费用？

第4章　建筑安装工程计价程序

建筑安装工程的计价程序包括招标控制价计价程序、投标报价计价程序、竣工结算计价程序，不同的计价程序，编制主体及编制时间不同，内容组成不发生变化，但是内容说法上会有所变化，比如其他项目费中，在结算中就不存在暂列金额，而是变成了索赔和现场签证，具体见表4.1～表4.3。

表4.1　建设单位工程招标控制价计价程序

工程名称：　　　　　　　　　　　　　　　　标段：

序号	内　容	计算方法	金　额（元）
1	分部分项工程费	按计价规定计算	
1.1			
1.2			
1.3			
1.4			
1.5			
2	措施项目费	按计价规定计算	
2.1	其中：安全文明施工费	按规定标准计算	
3	其他项目费		
3.1	其中：暂列金额	按计价规定估算	
3.2	其中：专业工程暂估价	按计价规定估算	
3.3	其中：计日工	按计价规定估算	
3.4	其中：总承包服务费	按计价规定估算	
4	规费	按规定标准计算	
5	税金（扣除不列入计税范围的工程设备金额）	（1＋2＋3＋4）×规定税率	
招标控制价合计＝1＋2＋3＋4＋5			

表 4.2　施工企业工程投标报价计价程序

工程名称：　　　　　　　　　　　　　　　　　　　　标段：

序号	内　容	计算方法	金　额（元）
1	分部分项工程费	自主报价	
1.1			
1.2			
1.3			
1.4			
1.5			
2	措施项目费	自主报价	
2.1	其中：安全文明施工费	按规定标准计算	
3	其他项目费		
3.1	其中：暂列金额	按招标文件提供金额计列	
3.2	其中：专业工程暂估价	按招标文件提供金额计列	
3.3	其中：计日工	自主报价	
3.4	其中：总承包服务费	自主报价	
4	规费	按规定标准计算	
5	税金（扣除不列入计税范围的工程设备金额）	（1＋2＋3＋4）×规定税率	
投标报价合计＝1＋2＋3＋4＋5			

表 4.3　竣工结算计价程序

工程名称：　　　　　　　　　　　　　　　　　　　　标段：

序号	内　容	计算方法	金　额（元）
1	分部分项工程费	按合同约定计算	
1.1			
1.2			
1.3			
1.4			

（续表）

序号	内　容	计算方法	金　额（元）
1.5			
2	措施项目	按合同约定计算	
2.1	其中：安全文明施工费	按规定标准计算	
3	其他项目		
3.1	其中：专业工程结算价	按合同约定计算	
3.2	其中：计日工	按计日工签证计算	
3.3	其中：总承包服务费	按合同约定计算	
3.4	索赔与现场签证	按发承包双方确认数额计算	
4	规费	按规定标准计算	
5	税金（扣除不列入计税范围的工程设备金额）	（1＋2＋3＋4）×规定税率	
竣工结算总价合计＝1＋2＋3＋4＋5			

习题

1. 对以下术语从编制主体和编制时间进行对比说明，并填入表 4.4。

表 4.4　术语对比

术语	编制主体	编制时间
标底		
招标控制价		
投标价		
合同价		
结算价		

2. 已知某工程费用组成如下：分部分项工程费 6 300 000.00 元、单价措施项目费 708 100.00 元、总价措施项目费 29 312.00 元、其他项目 370 000.00 元、规费 384 048.00 元、税金 265 922.53 元。计算招标控制价，并填入表 4.5。

表 4.5　招标控制价计算

序号	汇总内容	金额/（元）
1		
2		
2.1		
2.2		
3		
4		
5		

3. 已知：

(1) 条形砖基础工程量为 160 m^3，基础深为 3 m，采用 M5 水泥砂浆砌筑，多孔砖的规格为 240 mm×115 mm×90 mm，砖基础为综合单价 240.18 元 / m^3；

(2) 实心砖内墙工程量为 1 200 m^3，采用 M5 混合砂浆砌筑，蒸压灰砖规格为 240 mm×115 mm×53 mm，墙厚 240 mm，实心砖内墙综合单价为 249.11 元 / m^3。

计算分部分项工程费，并填入表 4.6。

表 4.6　分部分项工程费计算

项目编码	项目名称	项目特征描述	计量单位	工程量	金额（元）	
					综合单价	合价

建筑安装工程计价程序

第5章　清单工程量计算

5.1　工程量计算

工程量计算是指建设工程项目以工程设计图纸、施工组织设计或施工方案及有关技术经济文件为依据，按照相关工程国家标准的计算规则、计量单位等规定，进行工程数量的计算活动，在工程建设中简称工程计量。

5.2　计量单位

工程计量时每一项目汇总的有效位数应遵守下列规定。

（1）以"t"为单位，应保留小数点后三位数字，第四位小数四舍五入。

（2）以"m""m^2""m^3""kg"为单位，应保留小数点后两位数字，第三位小数四舍五入。

（3）以"个""件""根""组""系统"为单位，应取整数。

说明：有两个或两个以上计量单位的，应结合拟建工程项目的实际情况，确定其中一个为计量单位；同一工程项目的计量单位应一致。

5.3　工程量清单编制

1. 工程量清单

工程量清单是建设工程的分部分项工程项目、措施项目、其他项目、规费项目和税金项目的名称和相应数量等的明细清单。由分部分项工程量清单、措施项目清单、其他项目清单、规费税金清单组成。在招投标阶段，招标工程量清单为投标人的投标竞争提供了一个平等和共同的基础。招标工程量清单将要求投标人完成的工程项目及其相应工程实体数量全部列出，为投标人提供拟建工程的基本内容、实体数量和质量要求等信息。这使所有投标人所掌握的信息相同，受到的待遇是客观、公正和公平的。

编制工程量清单时，出现《建设工程工程量清单计价规范》（本章以下简称《规范》）中未包括的项目，编制人应做补充，并报省级或行业工程造价管理机构备案，省级或行业工程造价管理机构应汇总报住房和城乡建设部标准定额研究所。

补充项目的编码由规范的代码 01 与 B 和 3 位阿拉伯数字组成，并应从 01B001 起顺序编制，同一招标工程的项目不得重码。

补充的工程量清单需附有补充项目的名称、项目特征、计量单位、工程量计算规则、工作内容。不能计量的项目，需附有补充项目的名称、工作内容及包含范围。

2. 分部分项工程

(1) 工程量清单应根据《规范》规定的项目编码、项目名称、项目特征、计量单位和工程量计算规则进行编制。

(2) 工程量清单的项目编码，应该用 12 位阿拉伯数字表示，1～9 应按《规范》的规定设置，10～12 位应根据拟建工程的工程量清单项目名称和项目特征设置，同一招标工程的项目编码不得有重码。

(3) 工程量清单的项目名称应按《规范》中规定的项目名称，结合拟建工程的实际确定。

(4) 工程量清单的项目特征应按《规范》的项目特征，结合拟建工程项目的实际描述。

(5) 工程量清单中所列工程量应按《规范》中规定的工程量计算规则计算。

(6) 工程量清单的计量单位应按《规范》中规定的计量单位确定。

(7) 对现浇混凝土工程项目，“工作内容”中包括模板工程的内容，同时又在措施项目中单列了现浇混凝土模板工程项目，对此，招标人应根据工程实际情况选用，若招标人在项目清单中未编列现浇混凝土模板项目清单，即表示现浇混凝土模板项目不单列，现浇混凝土工程项目的综合单价中应包括模板工程费用。

(8) 对预制构件现场制作编制项目，“工作内容”中包括模板工程，不再另列，若采用成品预制混凝土构件，构件成品价（包括模板、钢筋、混凝土等所有费用）应计入综合单价中。

(9) 金属结构构件按成品编制项目，构件成品价应计入综合单价中，若采用现场制作，应包括制作的所有费用。

(10) 门窗（橱窗除外）按成品编制项目，门窗成品价应计入综合单价中，若采用现场制作，应包括制作的所有费用。

(11)《规范》规定了构成一个分部分项工程量清单的五个要件——项目编码、项目名称、项目特征、计量单位和工程量，这五个要件在分部分项工程量清单的组成中缺一不可。

(12)《规范》规定了工程量清单编码的表示方式：12 位阿拉伯数字及其设置规定。

各位数字的含义：前两位为专业工程代码（01—房屋建筑与装饰工程，02—仿古建筑工程，03—通用安装工程，04—市政工程，05—园林绿化工程，06—矿山工程，07—构筑物工程，08—城市轨道交通工程，09—爆破工程。以后进入国标的专业工程代码以此类推）；三、四位为《规范》分类顺序码：五、六位为分部工程顺序码；七至九位为分项工程项目名称顺序码；十至十二位为清单项目名称顺序码。

当同一标段（或合同段）的一份工程量清单中含有多个单位工程且工程量清单是以单位工程分割对象时，在编制工程量清单时应特别注意对项目编码十至十二位的设置不得有重码。例如，一个标段（或合同段）的工程量清单中含有三个单位工程，每一个单位工程中都有项目特征相同的实心砖墙砌体，在工程量清单中又需反映三个不同单位工程的实心砖墙砌体工程量时，第一个单位工程的实心砖墙的项目编码应为 010401003001，第二个单位工程的实心砖墙的项目编码应为 010401003002，第三个单位工程的实心砖墙的项目编码应为 010401003003，并分别列出各单位工程实心砖墙的工程量。

表 5.1 所示为某工程的清单定额汇总表，其中包括按照定额规则计算的工程量和按照清单规则计算的工程量。

表 5.1　清单定额汇总表

序号	编码	项目名称	单位	工程量
1	010101001001	平整场地	m^2	1 594.955 9
	70	平整场地	$100m^2$	15.949 6
2	010402001001	砌块墙	m^3	1215.539 2
	336	红（青）砖直形墙、砖墙（双面混水）、砖墙	$10m^3$	121.553 9
3	010502001001	矩形柱	m^3	406.08
	546	现浇混凝土、柱、矩形柱	$10m^3$	40.608
4	010502002001	构造柱	m^3	49.848 1
	548	现浇混凝土、柱、构造柱	$10m^3$	4.984 8
5	010503002001	矩形梁	m^3	1 030.876 3
	550	现浇混凝土、梁、基础梁	$10m^3$	11.447
	1029	现浇混凝土模板、梁、单梁、连续梁、组合钢模板、木支撑	$100m^2$	9.164 1
6	010507001001	散水、坡道	m^2	270.746 2
	591	现浇混凝土、其他零星构件	$10m^3$	27.074 6

（续表）

序号	编码	项目名称	单位	工程量
7	011001003001	保温隔热墙面	m^2	3 909.430 4
	1895	保温、隔热、墙体保温、外墙粘贴、聚苯乙烯泡沫板	$100m^2$	39.094 3
8	011701001002	综合脚手架	m^2	7 036.863 4
	466	综合脚手架、民用建筑、现浇框架工程	$100m^2$	70.3686
9	011702027001	台阶	m^2	71.28
	579	现浇混凝土、其他、混凝土台阶	$10m^2$	7.128
10	1895	补充项目	m^3	26.464

习题

1. 查找《建设工程工程量清单计价规范》（GB 50500－2013）和《内蒙古自治区建设工程定额》（DYD15－801－2009，2017年版）完成表5.2和表5.3。

表5.2　清单与定额编码的对比

项目名称	清单编码	定额编码
平整场地		
挖沟槽土方		

表5.3　清单与定额单位的对比

项目名称	清单单位	定额单位
平整场地		
土方运输		
砌筑墙		
钢筋工程		
找平层		

2. 查找《建设工程工程量清单计价规范》（GB 5050－2013），确定清单项目为“挖基础土方”中综合的定额项目有哪几项？

第6章 建筑面积

中华人民共和国住房和城乡建设部颁发的《建筑工程建筑面积计算规范》(GB/T 50353—2013)(本章以下简称《规范》),包括术语、应计算建筑面积的范围和规定、不计算建筑面积的范围和规定。建筑面积的规定应尽可能准确地反映建筑物的规模、投资效益、工程成本等方面的重要作用。《规范》由住房和城乡建设部负责管理,住房和城乡建设部标准定额研究所负责具体技术内容的解释。

6.1 建筑面积的定义

建筑面积是指房屋建筑各自然层水平平面面积的总和。根据国家统一规定的计算规则,针对建筑设计平面图(包括方案设计、初步设计和施工图设计)进行计算。建筑面积包括使用面积、辅助面积和结构面积三部分。

1. 使用面积

使用面积是指建筑物各层平面中直接为生产或生活所使用的净面积之和,如住宅建筑中的卧室、客厅、书房等。

2. 辅助面积

辅助面积是指建筑物各层平面为辅助生产或生活活动所占的净面积的总和,如住宅建筑中的楼梯、走道、厕所、厨房等。使用面积和辅助面积的总和称为“有效面积”。

3. 结构面积

结构面积是建筑各层平面中的墙、柱等结构所占的面积。

6.2 建筑面积的作用

建筑面积是指以平方米为单位计算建筑物结构外围的水平面积的实物量化指标,

它是反映建筑物建筑规模的技术参数。在房地产市场中，建筑面积作为一项基础性指标，是政府、开发商及购房人最为关心的核心数据。

建筑面积是编制基本建设计划、控制建设规模、计算建筑工程技术经济指标的基本数据之一，也是确定其他分部分项工程量的基础数据。在工程计量与计价中，建筑面积的作用更多的是用来确定每平方米建筑面积的造价和工料用量：

工程单位面积造价＝工程造价/建筑面积

人工消耗量指标＝工程人工工日消耗量/建筑面积

材料消耗量指标＝工程材料耗用量/建筑面积

工程的建筑面积和使用面积不一致。使用面积也叫地毯面积或净面积，就是往地上铺地毯，铺满以后地毯的面积。

使用面积实际上就是套内面积，而工程的建筑面积是在套内面积的基础上加上了每户所占的公摊面积。

6.3 术语

结构层高：楼面或地面结构层上表面至上部结构层上表面之间的垂直距离。

自然层：按楼板、地板结构分层的楼层。

架空层：建筑物深基础或坡地建筑吊脚架空部位不回填土石方形成的建筑空间(即仅有结构支撑而无外围护结构的开敞空间层)。

走廊：建筑物的水平交通空间，如图 6.1 所示。

挑廊：挑出建筑物外墙的水平交通空间，如图 6.1 所示。

檐廊：设置在建筑物底层出檐下的水平交通空间。

图 6.1　走廊和檐廊

门廊：在建筑物入口前有顶棚的半围合空间。

门斗：在建筑物出入口设置的起分隔、挡风、御寒等作用的建筑过渡空间，如图

6.2 所示。

眺望间：设置在建筑物顶层或挑出房间的供人们远眺或观察周围情况的建筑空间，如图 6.2 所示。

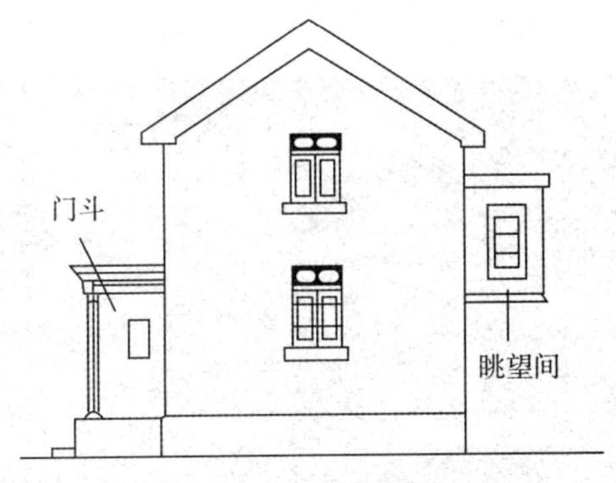

图 6.2　门斗和眺望间

建筑物通道：为道路穿过建筑物而设置的建筑空间。

架空走廊：建筑物与建筑物之间，在二层或二层以上专门为水平交通设置的走廊。

勒脚：建筑物的外墙与室外地面或散水按接触部位墙体设置的饰面保护构造。

围护结构：围合建筑空间四周的墙体、门、窗等。

围护性幕墙：直接作为外墙起围护作用的幕墙。

装饰性幕墙：设置在建筑物墙体外起装饰作用的幕墙。

落地橱窗：凸出外墙面且根基落地的橱窗。

阳台：设置于建筑外墙，设有栏杆或栏板，供使用者进行活动和晾晒衣物的建筑空间。

雨篷：设置在建筑物出入口上方的为遮挡雨而设置的部件。

地下室：房间地平面低于室外地平面的高度超过该房间净高的 1/2 的建筑空间。

半地下室：房间地平面低于室外地平面的高度超过该房间净高的 1/3，且不超过 1/2 的建筑空间。

变形缝：防止建筑物在某些因素作用下引起开裂甚至破坏而预留的构造缝，即伸缩缝（温度缝）、沉降缝和抗震缝的总称，如图 6.3 所示。

图 6.3　变形缝

楼梯：由连续行走的梯级、休息平台和维护安全的栏杆（或栏板）、扶手以及相应的支托结构组成的为楼层之间垂直交通使用的建筑部件。

飘窗（凸窗）：为房间采光和美化造型而设置的凸出外墙的窗，如图 6.4 和图 6.5 所示。

图 6.4　飘窗（外）

图 6.5　飘窗（内）

骑楼：建筑底层沿街面后退且留出公共人行空间的建筑物，如图 6.6 所示。

过街楼：跨越道路上空并与两边建筑相连接的建筑物，如图 6.6 所示。

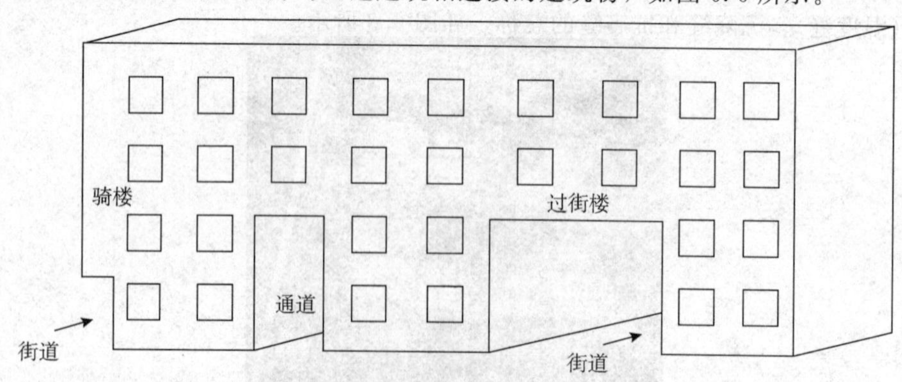

图 6.6　骑楼和过街楼

露台：设置在屋面、首层地面或雨篷上的供人室外活动的有围护设施的平台。

台阶：联系室内地坪或同楼层不同标高而设置的阶梯形踏步。

主体结构：接受、承担和传递建设工程所有上部荷载，维持上部结构整体性、稳定性和安全性的有机联系的构造。

6.4　计算建筑面积的规定

建筑面积计算规则包含计算建筑面积的范围、不计算建筑面积的范围和其他方面的内容和规定。以办公楼图纸为依托，我们学习一下建筑面积的计算规则。办公楼的模型如图6.7所示。

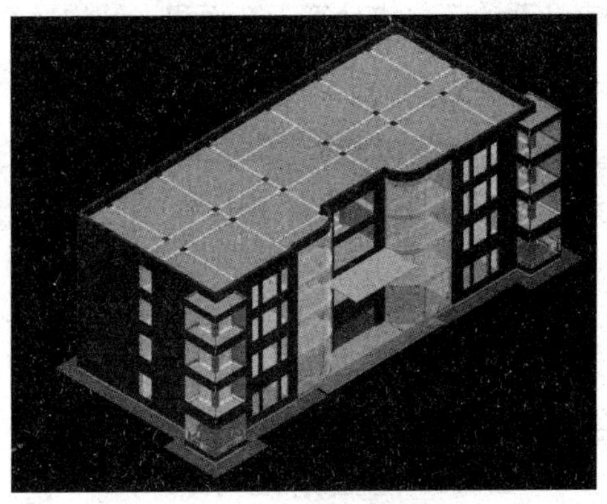

图6.7　办公楼的模型

1. 计算建筑面积的范围及计算规则

(1) 单层建筑物不论其高度如何，均按一层计算建筑面积。其建筑面积按建筑物外墙勒脚以上结构的外围水平面积计算。下面按照规则完成图6.8建筑面积的计算。

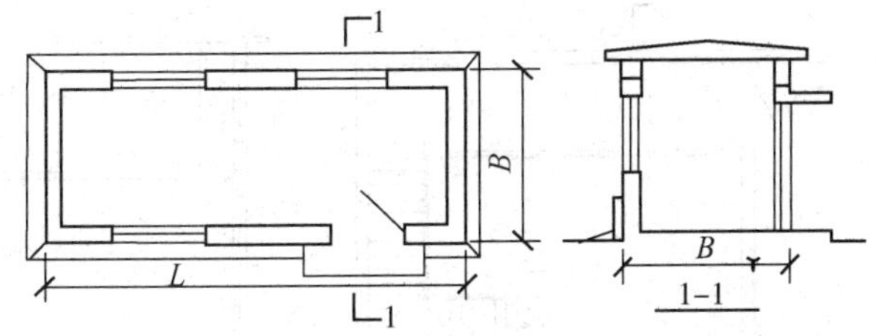

图6.8　建筑物平面图和剖面图

建筑面积为

$$S=L\times B$$

(2) 单层建筑物高度在2.20 m及以上者应计算全面积；高度不足2.20 m者应计算1/2面积。

①单层建筑物应按不同的高度确定建筑面积的计算。其高度指室内地面标高至屋

面板板面结构标高之间的垂直距离，遇有以屋面板找坡的平屋顶单层建筑物，其高度指室内地面标高至屋面板最低处板面结构标高之间的垂直距离，如图 6.9 所示。

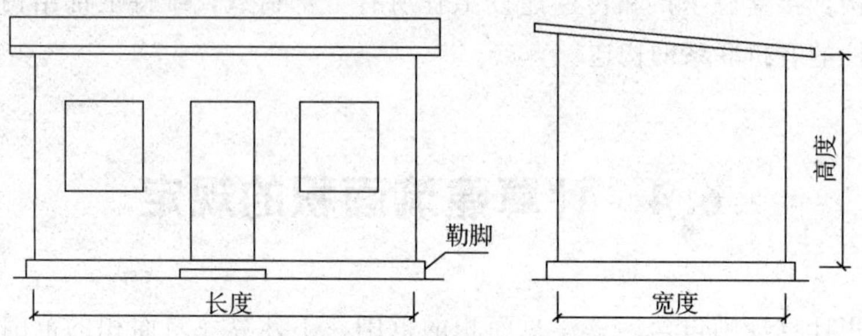

图 6.9　建筑物尺寸界限示意图

②利用坡屋顶内空间时，净高在 2.10 m 及以上的部位应计算全面积；结构净高在 1.20 m 及以上至 2.10 m 以下的部位应计算 1/2 面积；结构净高在 1.20 m 以下的部位不应计算面积，如图 6.10 所示。

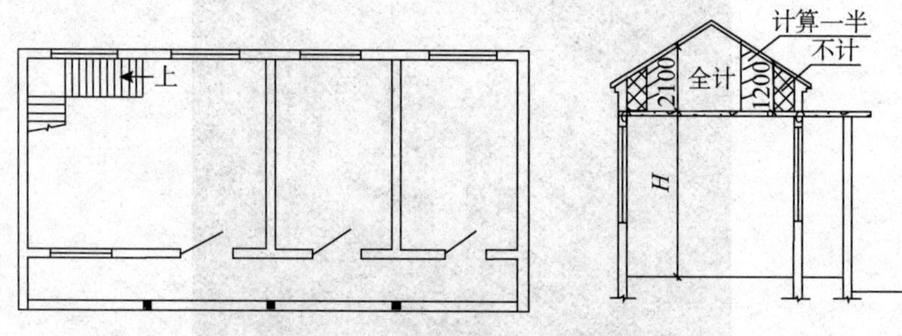

图 6.10　坡屋顶内空间面积计算

③单层建筑物内设有局部楼层者，局部楼层的二层及以上楼层，有围护结构的应按其围护结构外围水平面积计算，无围护结构的应按其结构底板水平面积计算；层高在 2.20 m 及以上者应计算全面积，层高不足 2.20 m 者应计算 1/2 面积，如图 6.11 所示。

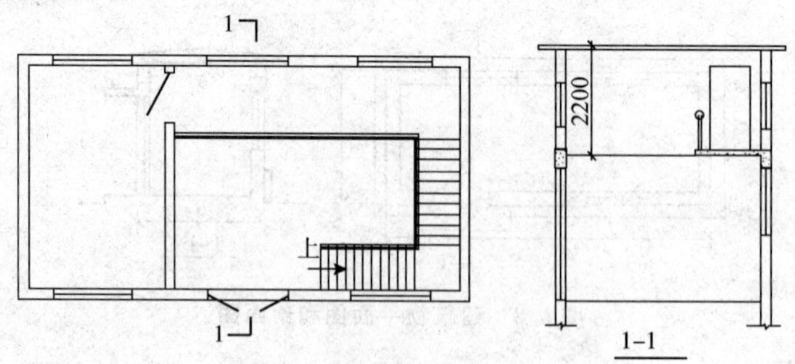

图 6.11　局部楼层面积计算

单层建筑物内设有部分楼层者，首层建筑面积已包括在单层建筑物内，二层及以上应计算建筑面积，如图 6.12 和图 6.13 所示。

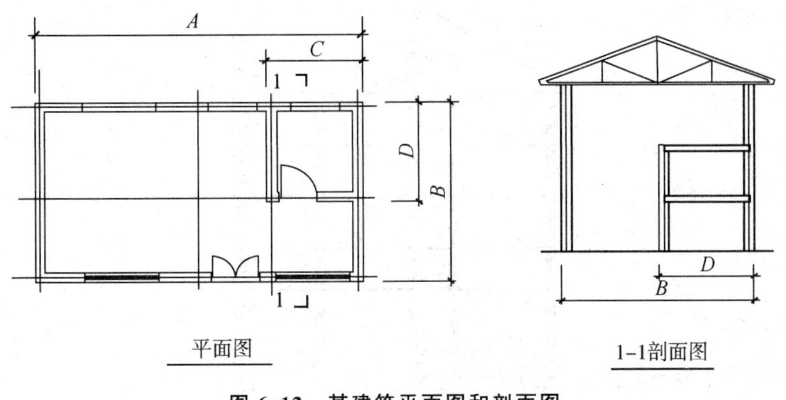

图 6.12　某建筑平面图和剖面图

$$S = A \times B + C \times D$$

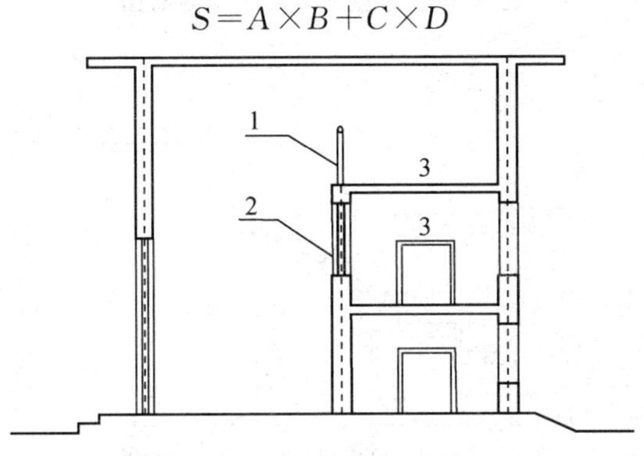

图 6.13　建筑物内部的局部楼层

1—围护设施；2—围护结构；3—局部楼层

有局部楼层的建筑面积为

④多层建筑物首层应按其外墙勒脚以上结构外围水平面积计算，二层及以上楼层应按其外墙结构外围水平面积计算；层高在 2.20 m 及以上者应计算全面积，层高不足 2.20 m 者应计算 1/2 面积，如图 6.14 所示。

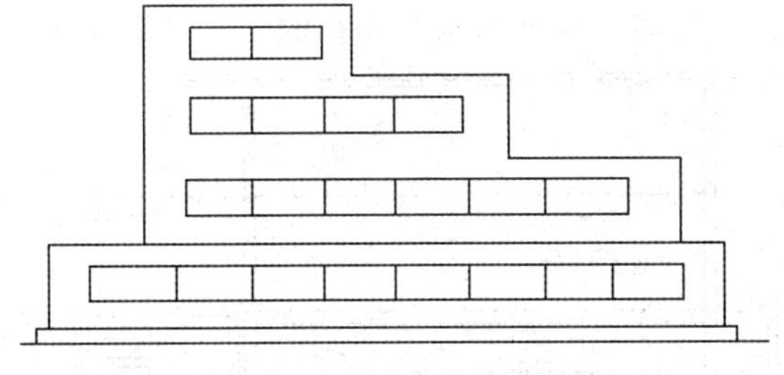

图 6.14　多层建筑物立面图

⑤多层建筑坡屋顶内（如阁楼）和场馆看台下（图 6.15 和图 6.16），净高在 2.10 m 及以上的部位应计算全面积，净高在 1.20～2.10 m 的部位应计算 1/2 面积，当室内净高不足 1.20 m 时不应计算面积。

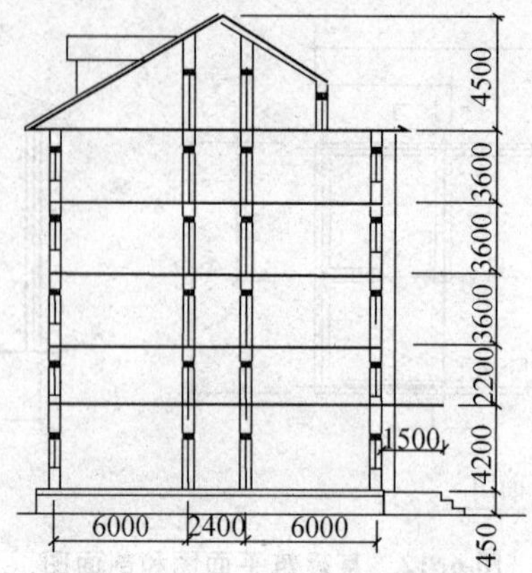

图 6.15 坡屋顶多层建筑立面图

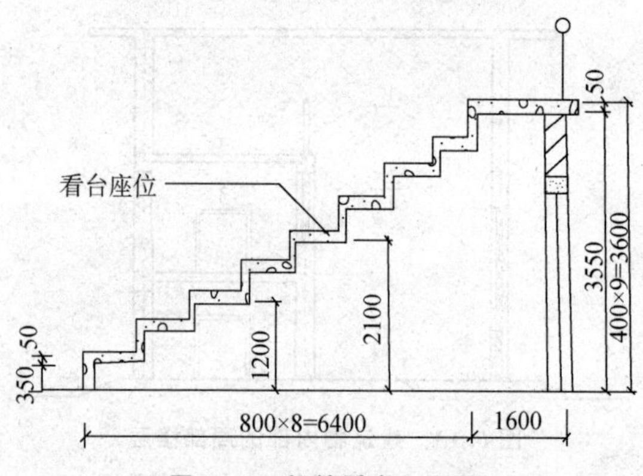

图 6.16 场馆看台立面图

室内单独设置的有围护设施的悬挑看台，应按看台结构底板水平投影面积计算建筑面积。有顶盖无围护结构的场馆看台应按其顶盖水平投影面积的 1/2 计算面积。

⑥地下室、半地下室应按其结构外围水平面积计算。结构层高在 2.20 m 及以上的，应计算全面积；结构层高在 2.20 m 以下的，应计算 1/2 面积。出入口外墙外侧坡道有顶盖的部位，应按其外墙结构外围水平面积的 1/2 计算面积，如图 6.17 所示。

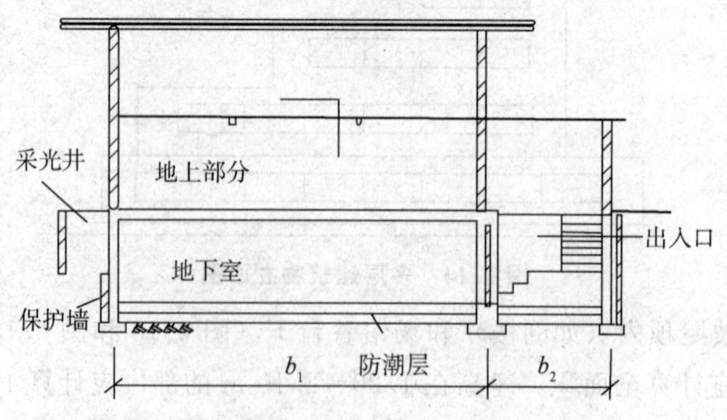

图 6.17 半地下室立面图

⑦建筑物架空层及坡地建筑物吊脚架空层，应按其顶板水平投影面积计算建筑面积，如图 6.18 和图 6.19 所示。层高在 2.20 m 及以上的部位，应计算全面积；层高不

足 2.20 m 的部位，应计算 1/2 面积。

图 6.18　吊脚楼 1

图 6.19　吊脚楼 2

⑧建筑物的门厅、大厅应按一层计算建筑面积，门厅、大厅内设置的走廊应按走廊结构底板水平投影面积计算建筑面积，如图 6.20 所示。结构层高在 2.20 m 及以上的，应计算全面积；结构层高在 2.20 m 以下的，应计算 1/2 面积。

图 6.20　某大厅效果图

⑨对于建筑物间的架空走廊，有顶盖和围护设施的，应按其围护结构外围水平面积计算全面积；无围护结构、有围护设施的，应按其结构底板水平投影面积计算 1/2 面积，如图 6.21 所示。

图 6.21　架空走廊

⑩“三库”面积计算。如图 6.22 所示，立体书库、立体仓库、立体车库，有围护结构的，应按其围护结构外围水平面积计算建筑面积；无围护结构、有围护设施的，

应按其结构底板水平投影面积计算建筑面积；无结构层的应按一层计算，有结构层的应按其结构层面积分别计算；结构层高在 2.20 m 及以上的应计算全面积，结构层高在 2.20 m 以下的应计算 1/2 面积。

【说明】立体车库中的升降设备，不属于结构层，不计算建筑面积；仓库中的立体货架、书库中的立体书架都不计算结构层。

图 6.22　立体仓库

⑪有围护结构的舞台灯光控制室，应按其围护结构外围水平面积计算，如图 6.23 所示。结构层高在 2.20 m 及以上的，应计算全面积；结构层高在 2.20 m 以下的，应计算 1/2 面积。

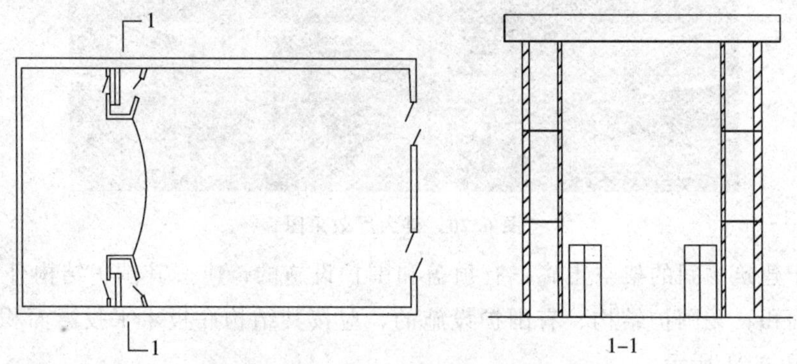

图 6.23　有围护结构的舞台灯光控制室

⑫附属在建筑物外墙的落地橱窗，应按其围护结构外围水平面积计算。结构层高 2.20 m 及以上的，应计算全面积；结构层高在 2.20 m 以下的，应计算 1/2 面积。

⑬有围护设施的室外走廊（挑廊），应按其结构底板水平投影面积计算 1/2 面积；有围护设施（或柱）的檐廊，应按其围护设施（或柱）外围水平面积计算 1/2 面积，如图 6.24 所示。

图 6.24　有围护设施的檐廊和走廊

⑭门斗应按其围护结构外围水平面积计算建筑面积，且结构层高在 2.20 m 及以上的，应计算全面积；结构层高在 2.20 m 以下的，应计算 1/2 面积。门廊应按其顶板的水平投影面积的 1/2 计算建筑面积。

⑮窗台与室内楼地面高差在 0.45 m 以下且结构净高在 2.10 m 及以上的凸（飘）窗，应按其围护结构外围水平面积计算 1/2 面积。

⑯有柱雨篷应按其结构板水平投影面积的 1/2 计算建筑面积；无柱雨篷的结构外边线至外墙结构外边线的宽度在 2.10 m 及以上的，应按雨篷结构板的水平投影面积的 1/2 计算建筑面积。

⑰设在建筑物顶部的、有围护结构的楼梯间、水箱间、电梯机房等（图 6.25），结构层高在 2.20 m 及以上的应计算全面积；结构层高在 2.20 m 以下的，应计算 1/2 面积。

图 6.25　屋顶水箱

⑱围护结构不垂直于水平面的楼层，应按其底板面的外墙外围水平面积计算建筑面积，如图 6.26 所示。结构净高在 2.10 m 及以上的部位，应计算全面积；结构净高在 1.20 m 及以上至 2.10 m 以下的部位，应计算 1/2 面积；结构净高在 1.20 m 以下的部位，不应计算建筑面积。

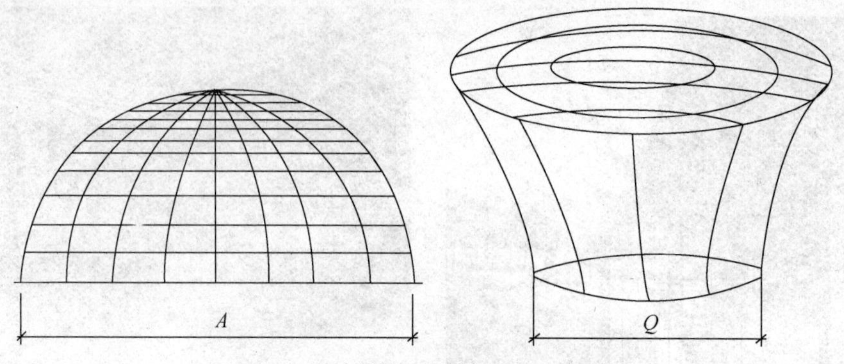

图 6.26　围护结构不垂直于水平面的楼层

⑲建筑物的室内楼梯、电梯井、提物井、管道井、通风排气竖井、烟道，应并入建筑物的自然层计算建筑面积，如图 6.27 所示。有顶盖的采光井应按一层计算面积，且结构净高在 2.10 m 及以上的应计算全面积，结构净高在 2.10 m 以下的应计算 1/2 面积。

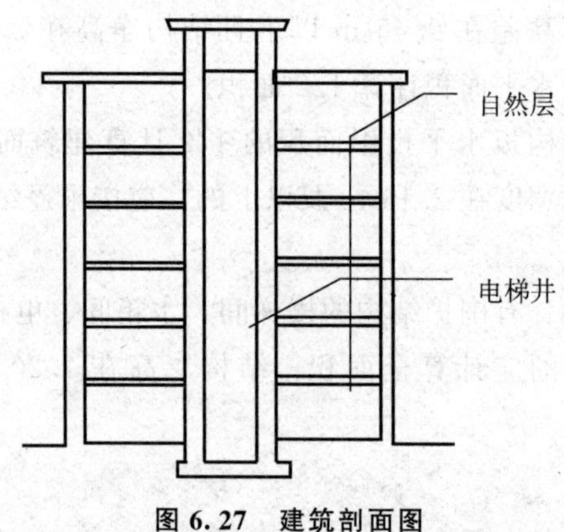

图 6.27　建筑剖面图

【说明】室内楼梯 包括形成井道的楼梯（即室内楼梯间）和没有形成井道的楼梯（即室内楼梯），明确了没有形成井道的室内楼梯也应计入建筑面积。例如建筑物大堂内的楼梯、跃层（或复式）住宅的室内楼梯等。

利用室内楼梯下部的建筑空间不重复计算建筑面积。例如利用梯段下方做卫生间或库房时，该卫生间或库房不另行计算面积。

设备管道层，尽管通常设计描述的层数中不包括，但在计算楼梯间建筑面积时应计算一个自然层面积。

有顶盖的采光井不论多深、采光多少层，均只计算一层建筑面积。如图 6.28 所示采光两层，但是只计算一层建筑面积。

图 6.28　地下室采光井

⑳室外楼梯应并入所依附建筑物自然层，并应按其水平投影面积的 1/2 计算建筑面积，如图 6.29 所示。

图 6.29　室外楼梯

㉑在主体结构内的阳台（图 6.30（a）），应按其结构外围水平面积计算全面积；在主体结构外的阳台（图 6.30（b）），应按其结构底板水平投影面积计算 1/2 面积。

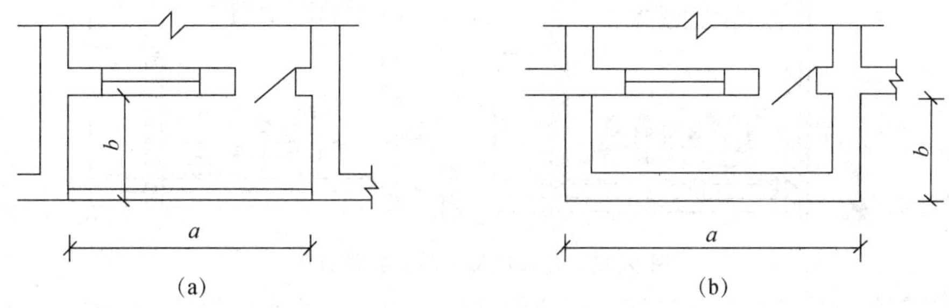

图 6.30　凹阳台和凸阳台

㉒有顶盖、无围护结构的车棚、货棚、站台、加油站、收费站等，应按其顶盖水平投影面积的 1/2 计算建筑面积，如图 6.31 所示。

图 6.31　车棚、加油站、收费站

㉓与室内相通的变形缝，应按其自然层合并在建筑物建筑面积内计算，如图 6.32 所示。对于高低联跨的建筑物，当高低跨内部连通时，其变形缝应计算在低跨面积内。

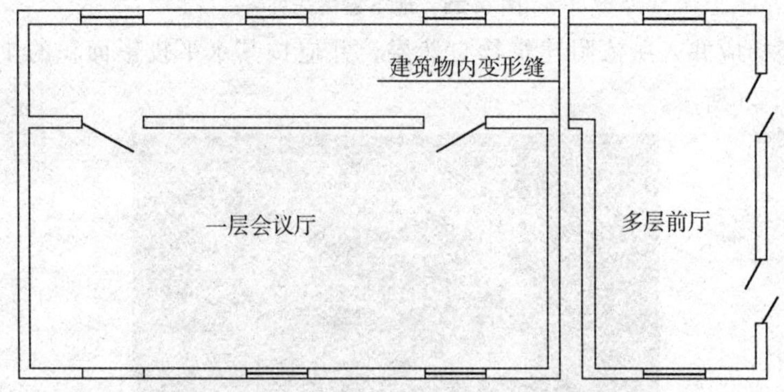

图 6.32　与室内相通的变形缝

㉔以幕墙作为围护结构的建筑物，应按幕墙外边线计算建筑面积，如图 6.33 所示。

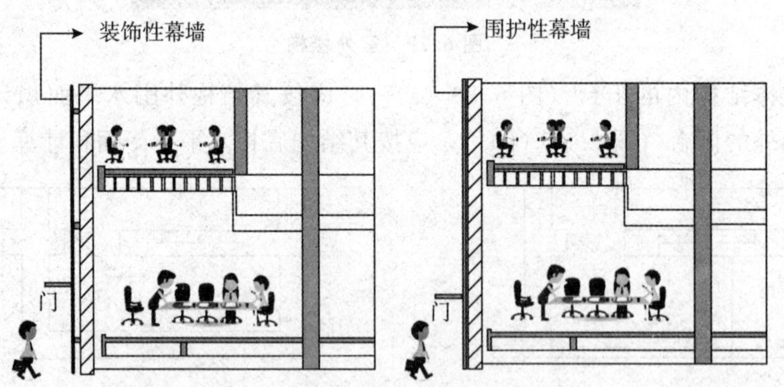

图 6.33　装饰性幕墙与围护性幕墙

㉕建筑物外墙外侧有保温层，应按保温材料的水平截面面积计算，并计入自然层建筑面积。

【说明】如图 6.34 所示，其中建筑面积仅计算保温材料本身（例如外贴苯板时，即计算苯板本身），抹灰层、防水（潮）层、黏结层（空气层）及保护层（墙）等均不计入建筑面积。即建筑物的建筑面积仍然是先按外墙结构计算，外保温层的建筑面积并入建筑面积。

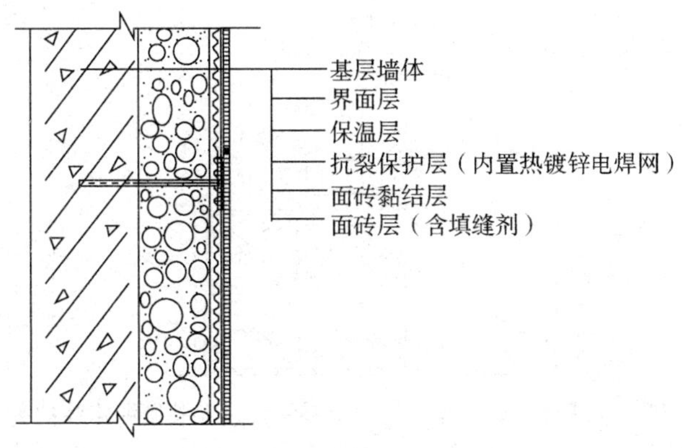

图 6.34　保温层墙面面积计算

2. 不计算建筑面积的范围

（1）与建筑内不相连通的建筑部件。

（2）骑楼、过街楼的底层的开放公共空间和建筑物通道。

（3）舞台及后台悬挂幕布和布景的天桥、挑台等，如图 6.35 所示。

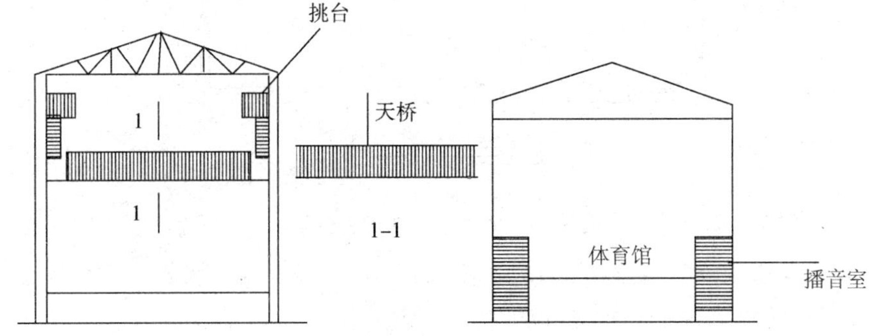

图 6.35　舞台及后台悬挂幕布和布景的天桥、挑台

（4）屋顶水箱、花架、凉棚、露台、露天游泳池及装饰性结构构件，如图 6.36 所示。

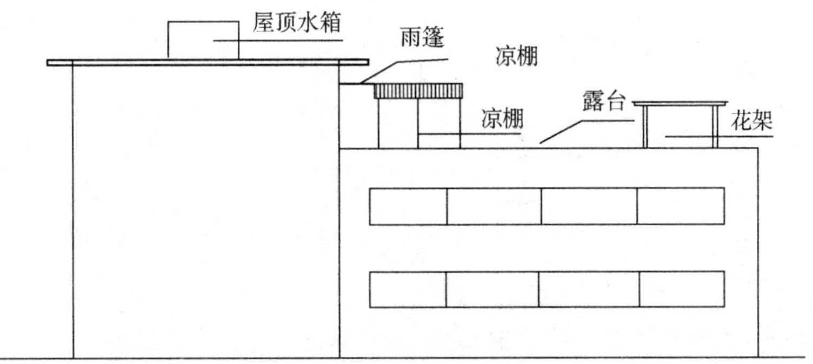

图 6.36　屋顶水箱、花架、凉棚、露台、露天游泳池及装饰性结构构件

（5）建筑物内的操作平台、上料平台、安装箱和罐体的平台，如图 6.37 所示。

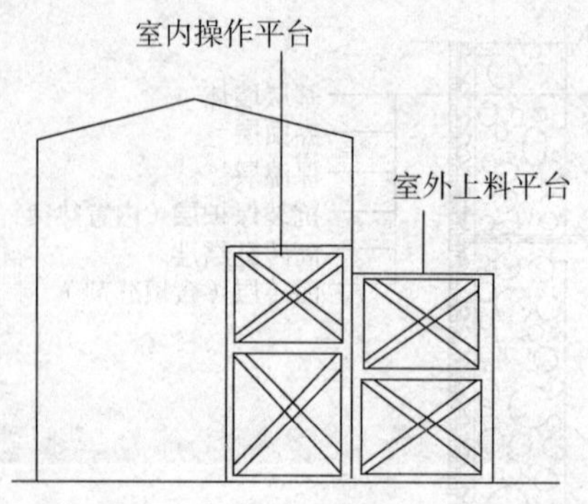

图 6.37 建筑物内的操作平台、上料平台、安装箱和罐体的平台

(6) 勒脚、附墙柱、垛、台阶、墙面抹灰、装饰面、镶贴块料面层、装饰性幕墙，主体结构外的空调室外机搁板（箱）、构件、配件，挑出宽度在 2.10 m 以下的无柱雨篷和顶盖高度达到或超过两个楼层的无柱雨篷，如图 6.38 所示。

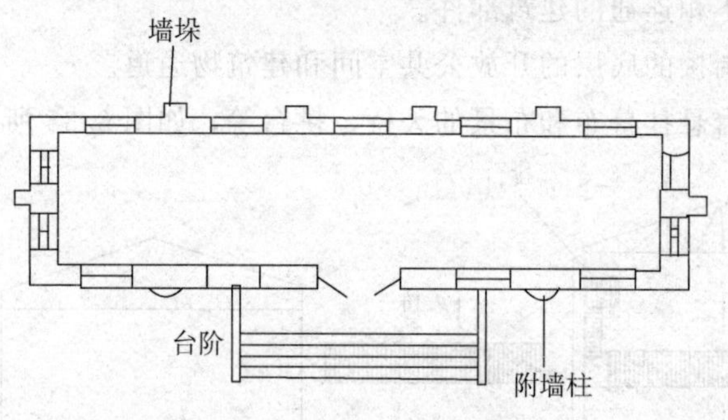

图 6.38 附墙柱、墙垛、台阶

(7) 窗台与室内地面高差在 0.45 m 及以上的凸（飘）窗；窗台与室内地面高差在 0.45 m 以下且结构净高在 2.10 m 以下的凸（飘）窗。

(8) 室外爬梯、室外专用消防钢楼梯、无围护结构的观光电梯，如图 6.39 所示。

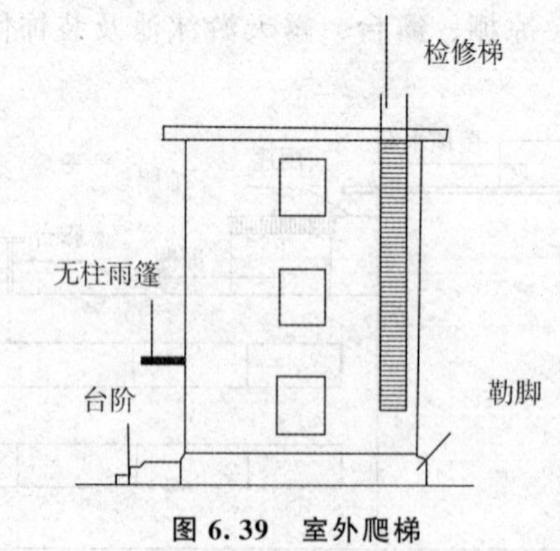

图 6.39 室外爬梯

(9) 建筑物以外的地下人防通道，独立的烟囱、烟道、地沟、油（水）罐、气柜、水塔、贮油（水）池、贮仓、栈桥等构筑物，如图 6.40 所示。

图 6.40　建筑物以外的地下人防通道

6.4　工程量计算示例

【例 6.1】　某单层建筑物内设有局部楼层，其平面图如图 6.41 所示，$L=9\ 240$ mm，$B=8\ 240$ mm，$a=4\ 240$ mm，$b=3\ 240$ mm，试计算该建筑物的建筑面积。

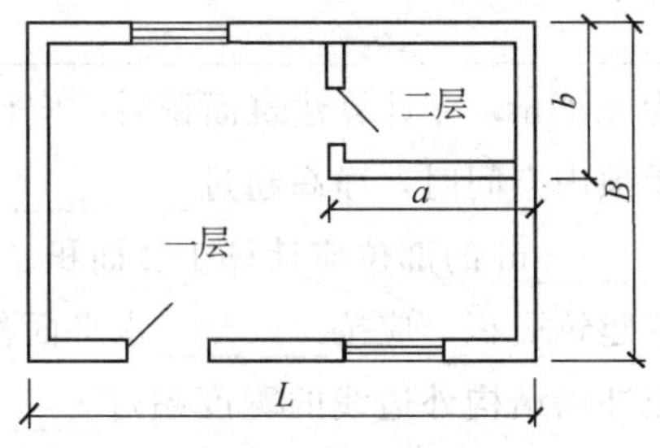

图 6.41　平面图

解　建筑面积 $S=LB+ab=9.24\times8.24+4.24\times3.24=89.88$（$m^2$）

【例 6.2】　某建筑物六层，建筑物内设有电梯，建筑物顶部设有围护结构的电梯机房，层高为 2.2 m，其平面图如图 6.42 所示，试计算该建筑物的建筑面积。

解　建筑面积 $S=78\times10\times6+4\times4=4\ 696$（$m^2$）

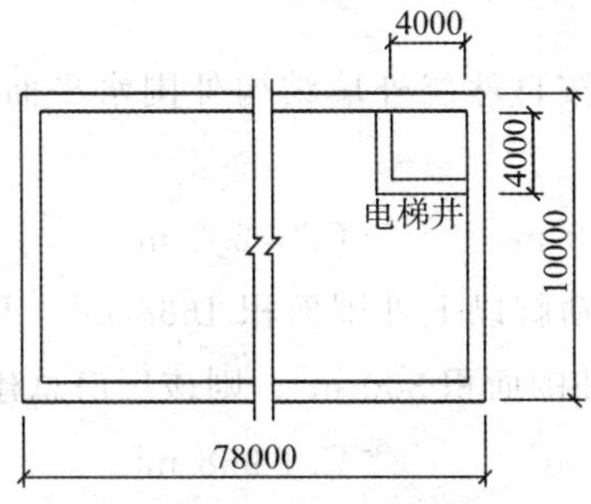

图 6.42　例 6.2 平面图

本章小结

建筑面积计算规则包含计算建筑面积的范围和规定、不计算建筑面积的范围和规定，应正确掌握建筑面积的规定与计算方法。广义的建筑面积是指房屋建筑物各层水平平面面积的总和，也就是建筑物外墙勒脚以上各层水平投影面积的总和。建筑面积包括使用面积、辅助面积和结构面积。对于住宅而言，使用面积也称为居住面积。

建筑面积＝使用面积＋辅助面积＋结构面积

有效面积＝使用面积＋辅助面积

习题

一、填空题

1. 建筑面积包括________、________和结构面积。

2. 某单层建筑物高度为 2.1 m，在计算建筑面积时，应计算______面积。

3. 单层建筑物利用坡屋顶内空间时，净高超过______ m 的部位应计算全面积，净高在 1.20 m 至______m 的部位应计算 1/2 面积。

4. 地下室、半地下室的建筑面积，应按______水平面积计算。

5. 雨篷结构的外边线至外墙结构外边线的宽度超过______m 者，应按雨篷结构板水平投影面积的 1/2 计算。

6. 建筑屋顶部有围护结构的楼梯间、水箱间、电梯机房等，层高在______m 及以上者应计算全面积，层高不足______m 者应计算 1/2 面积。

7. 建筑物外墙外侧有保温隔热层的，应按______外边线计算建筑面积。

二、选择题

1. 建筑物的建筑面积应按自然层外墙结构外围水平面积之和计算，层高（　　）计算全面积。

A. ≤2.10 m　　B. ≥2.10 m　　C. ≤2.2 m　　D. ≥2.2 m

2. 某单层工业厂房外墙勒脚以上外围面积 1668 m^2。厂房内设二层办公室，屋面作为指挥台，其围护结构的外围面积 300 m^2。则该厂房总建筑面积为（　　）。

A. 1 668 m^2　　B. 2 268 m^2　　C. 1 968 m^2　　D. 2 568 m^2

3. 建筑物外有永久性顶盖无围护结构的建筑面积按其（　　）计算。

A. 结构底板水平面积的 1/2　　B. 结构底板水平面积

C. 水平投影面积的 1/2　　D. 水平投影面积

4. 下列属于辅助面积的是（　　）。

A. 走廊　　B. 墙体　　C. 教室　　D. 卧室

5. 有柱雨篷和无柱雨篷的建筑面积（　　）。

A. 计算方法不同　　B. 有柱雨篷按柱外围面积计算建筑面积

C. 计算方法不同　　D. 无柱雨篷不计算建筑面积。

6. 一幢 6 层住宅楼，勒脚以上结构的外围水平面积，每层 448.38 m^2，六层无围护结构的挑阳台的水平投影面积之和为 108 m^2，则该工程的建筑面积为（　　）。

A. 556.38 m^2　　B. 2480.38 m^2　　C. 2744.28 m^2　　D. 2798.28 m^2

三、思考题

1. 简述建筑面积的概念及组成。
2. 简述建筑面积的作用。
3. 简述建筑面积计算的基本规定。
4. 哪些建筑构件不计入建筑面积？

四、计算题。

1. 请在图 6.43 上标注出各部分的尺寸。

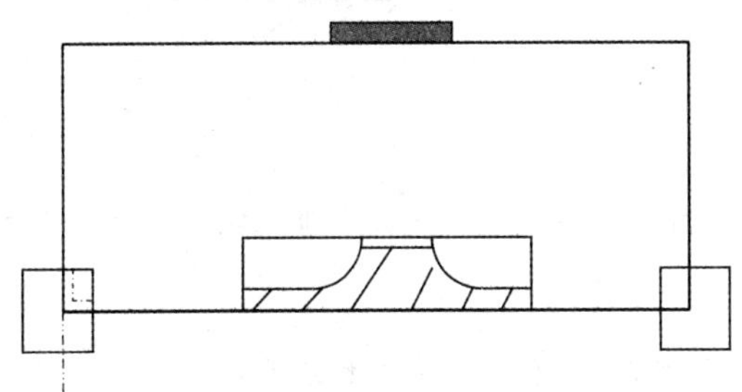

图 6.43　示例 1

2. 完成图 6.44 的尺寸标注。

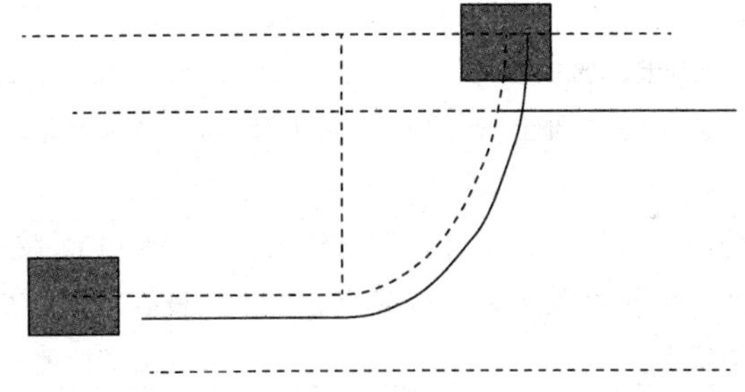

图 6.44　示例 2

3. 依据图纸，完整首层建筑面积计算。

第7章 土石方工程

土石方工程主要包括场地平整、挖土、凿石、回填土、土石方运输等项目。

计算土石方工程量前应确定下列技术资料：施工现场土壤及岩石类别；地下水位的标高和现场降排水的方法；挖运土方的施工方法（如采用人工还是机械挖运土方，土方开挖是否留工作面，是否放坡或支挡土板等）和取弃土的运距；施工场地自然地坪标高或设计标高。土方体积均以挖掘前的天然密实体积计算（除特殊说明外）。不同状态的土体应进行换算后计算工程量。挖土一律以设计室外地坪标高为准来计算。

7.1 定额说明

1. 定额

定额包括土方工程、石方工程、回填及其他、场内外土方运输四部分。

2. 土壤及岩石分类

(1) 土壤按一、二类土，三类土，四类土分类，其具体分类见表7-1。

表7.1 土壤分类表

土壤分类	土壤名称	开挖方法
一、二类土	粉土、砂土（粉砂、细砂、中砂、粗砂、砾砂）、粉质黏土、弱中盐渍土、软土（淤泥质土、泥炭、泥炭质土）、软塑红黏土、冲填土	用铁锹，少许用镐、条锄开挖；机械能全部直接铲挖满载者
三类土	黏土、碎石土（圆砾、角砾）、混合土、可塑红黏土、硬塑红黏土、强盐渍土、素填土、压实填土	主要用镐、条锄，少许用铁锹开挖；机械需部分刨松方能铲挖满载者，或可直接铲挖但不能满载者
四类土	碎石土（卵石、碎石、漂石、块石）、坚硬红黏土、超盐渍土、杂填土	全部用镐、条锄挖掘，少许用撬棍挖掘；机械须普遍刨松方能铲挖满载者

(2) 岩石按极软岩、软岩、较软岩、较硬岩、坚硬岩分类，其具体分类见表7.2。

表7.2 岩石分类表

<table>
<tr><th colspan="2">岩石分类</th><th>代表性岩石</th><th>开挖方法</th></tr>
<tr><td colspan="2">极软岩</td><td>1. 全风化的各种岩石；
2. 各种半成岩</td><td>部分用手凿工具，部分用爆破法开挖</td></tr>
<tr><td rowspan="2">软质岩</td><td>软岩</td><td>1. 强风化的坚硬岩或较硬岩；
2. 中等风化至强风化的较软岩；
3. 未风化至微风化的页岩、泥岩、泥质砂岩</td><td>用风镐和爆破法开挖</td></tr>
<tr><td>较软岩</td><td>1. 中等风化至强风化的坚硬岩或较硬岩；
2. 未风化至微风化的凝灰岩、千枚岩、泥灰岩、砂质泥岩等</td><td>用爆破法开挖</td></tr>
<tr><td rowspan="2">硬质岩</td><td>较硬岩</td><td>1. 微风化的坚硬岩；
2. 未风化至微风化的大理岩、板岩、石灰岩、白云岩、钙质砂岩等</td><td>用爆破法开挖</td></tr>
<tr><td>坚硬岩</td><td>未风化～微风化的花岗岩、闪长岩、辉绿岩、玄武岩、安山岩、片麻岩、石英砂岩、硅质砾岩、硅质石灰岩等</td><td>用爆破法开挖</td></tr>
</table>

3. 干土、湿土、淤泥的划分

干土、湿土的划分以地质勘测资料的地下常水位为准。地下常水位以上为干土，以下为湿土。地表水排出后，土壤含水率≥25%时为湿土。

含水率超过液限，土和水的混合物呈现流动状态时为淤泥。

温度在0 ℃及以下，并夹含有冰的土壤为冻土。

4. 沟槽、基坑、一般土石方的划分

底宽（设计图示垫层或基础的底宽，下同）≤7 m，且底长>3倍底宽为沟槽；底长≤3倍底宽，且底面积≤150 m^2 基坑；超出上述范围，又非平整场地的，为一般土石方工程。

5. 挖掘机（含小型挖掘机）挖土方项目

挖掘机（含小型挖掘机）挖土方项目，已综合了挖掘机挖土方和挖掘机挖土后，基底和边坡遗留厚度≤0.30 m的人工清理和修整。使用时不得调整，人工基底清理和边坡修整不另行计算。

6. 小型挖掘机

小型挖掘机是指斗容量≤0.30 m^3 的挖掘机，适用于基础（含垫层）底宽≤1.20 m的沟槽土方工程或底面积≤8 m^2 基坑土方工程。

7. 土石方工程执行定额

下列土石方工程执行定额相应项目时需乘以规定的系数。

8. 土石方运输

（1）本章土石方运输是按施工现场至弃土场考虑的，运输距离在

土石方工程执行定额

25 km 以内，若运距在 25 km 以上，则另行计算。

(2) 土石方运距按挖土区重心至填方区（或堆放区）重心间的最短距离计算。

(3) 人工、人力车、汽车的负载上坡（坡度≤15%）降效因素已综合在相应运输项目中，不另行计算。当推土机、装载机负载上坡时，其降效因素按坡道斜长乘以表 7.3 中相应系数计算。

表 7.3　重车上坡降效系数表

坡度/（%）	5～10	≤15	≤20	≤25
系数	1.75	2.00	2.25	2.50

9. 平整场地

平整场地（图 7.1）是指建筑物所在现场厚度≤±30 cm 的就地挖、填、平整和杂草、树根的清理，不发生土方的装运；当挖填土方厚度>±30 cm 时，全部厚度按一般土方相应的规定另行计算，但应计算平整场地。

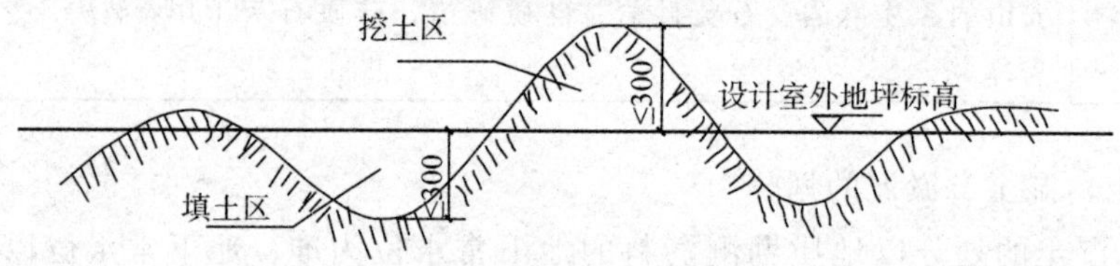

图 7.1　平整场地示意图

注：(1) 基础（地下室）周边回填材料时，执行“第 8 章　地基处理与基坑支护工程”第一节地基处理相应项目，人工、机械乘以系数 0.90。

(2) 本章未包括现场障碍物清除、地下常水位以下的施工降水、土石方开挖过程中的地表水排除与边坡支护，实际发生时，另按其他章节相应规定计算。

7.2　工程量计算规则

(1) 土石方的开挖、回填、运输均按开挖前的天然密实体积（m^3）计算，如果遇到必须以天然密实体积折算的情况，则应按表 7.4 规定数值换算。

表 7.4　土石方体积换算系数表

名称	虚方	松填	天然密实	夯填
土方	1.00	0.83	0.77	0.67
	1.20	1.00	0.92	0.80
	1.30	1.08	1.00	0.87
	1.50	1.25	1.15	1.00

（续表）

名称	虚方	松填	天然密实	夯填
石方	1.00 1.18 1.54	0.85 1.00 1.31	0.65 0.76 1.00	—
块石	1.75	1.43	1.00	（码方）1.67
砂夹石	1.07	0.94	1.00	—

（2）基础土石方的开挖深度应按基础（含垫层）底标高至设计室外地坪标高确定。交付施工场地标高与设计室外地坪标高不同时，应按交付施工场地底标高确定。图 7.2 所示为基础埋置深度图。图 7.3 所示为挖土方放坡示意图。沟槽深度指设计室外地坪至基础或垫层底面，如图 7.4 所示。

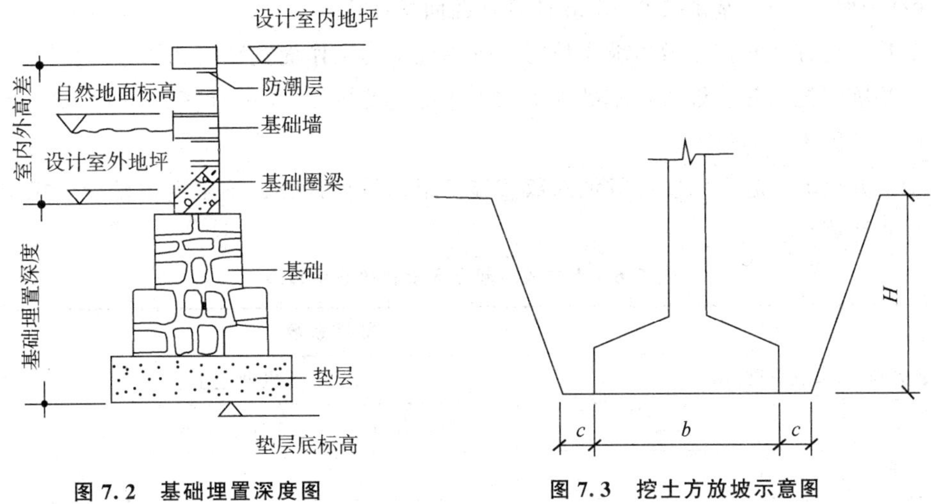

图 7.2　基础埋置深度图

图 7.3　挖土方放坡示意图

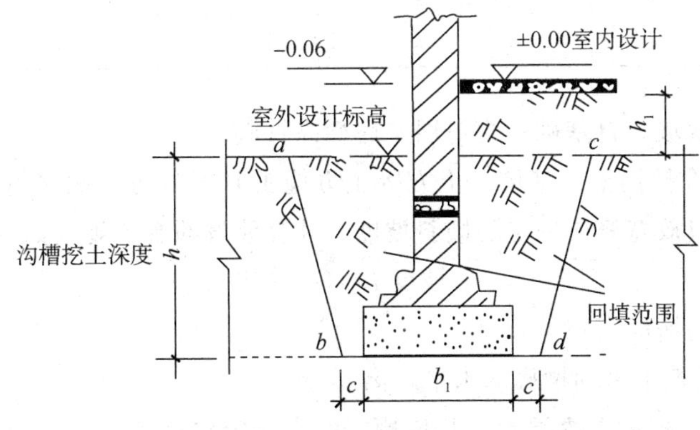

图 7.4　沟槽挖土深度示意图

（3）基础施工的工作面宽度按施工组织设计（经过批准，同下）计算；施工组织设计无规定时，按下列规定计算。

①当组成基础的材料不同或施工方式不同时，基础施工的工作面宽度按表 7.5 计算。

表 7.5　基础施工单位工作面宽度计算表

基础材料	每面增加工作面宽度/mm
砖基础	200
毛石、方整石基础	250
混凝土基础（支模板）	400
混凝土基础垫层（支模板）	150
基础垂直面做砂浆防潮层	400（自防潮层面）
基础垂直面做砂浆防水层或防腐层	1 000（自防水层或防腐层面）
支挡土板	100（另加）

②基础施工需要搭设脚手架时，基础施工的工作面宽度，条形基础按 1.50 m 计算（只计算一面）；独立基础按 0.45 m 计算（四面均计算）。

③基坑土方大开挖需做边坡支护时，基础施工的工作面宽度按 2.00 m 计算。

④基坑内施工各种桩时，基础施工的工作面宽度按 2.00 m 计算。

(4) 基础土方的放坡。

①土方放坡的起点深度和放坡系数按施工组织设计计算；施工组织设计无规定时，按表 7.6 计算。

表 7.6　土方放坡起点深度和放坡系数表

土壤类别	起点深度/m	放坡系数			
		人工挖土	机械挖土		
			基坑内作业	基坑上作业	沟槽上作业
一、二类土	1.20	1∶0.50	1∶0.33	1∶0.75	1∶0.5
三类土	1.50	1∶0.33	1∶0.25	1∶0.67	1∶0.33
四类土	2.00	1∶0.25	1∶0.1	1∶0.33	1∶0.25

②基础土方放坡，自基础（含垫层）底标高算起。

a. 放坡。即在挖沟槽、基坑、土方等土方施工时，为防止侧壁坍塌，确保安全操作，将槽、坑上口放宽修成一定的倾斜坡度。计算放坡的有关规定如下：

$$坡度\ i=H\div b$$

式中 H——沟槽深度；

B——沟槽上沿到槽底的水平距离。

b. 放坡起点。根据土壤类别，开挖槽、坑在一定深度内，其立壁可不加支撑也不放坡，这个深度称为放坡起点。若超过此深度，则计算土方工程量时按放坡计算。相关施工规范对放坡起点的规定如表 7.6 所示。放坡起点自槽、坑底开始计算，原槽、坑作基础垫层时，放坡起点自垫层底面开始计算。

c. 放坡系数。放坡后，槽、坑侧壁与垂直面形成一个坡（图 7.5），其坡度的大小可用放坡系数 k 表示，且有

$$\text{放坡系数 } k=b\div h$$

$$\text{放坡宽度 } b=k\cdot H$$

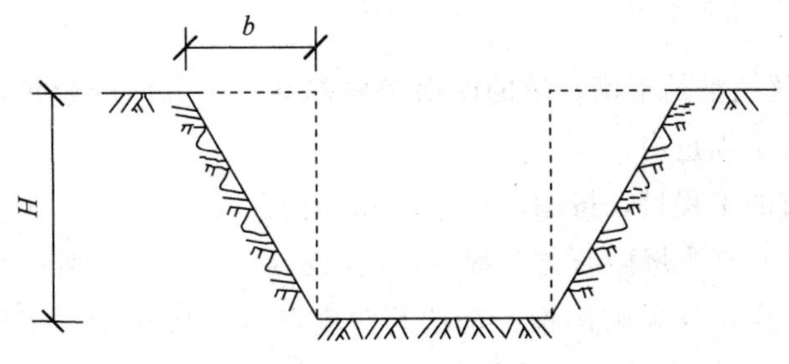

图 7.5　放坡示意图

③混合土质的基础土方，其放坡的起点深度和放坡坡度，按不同土类厚度加权平均计算，如图 7.6 所示。

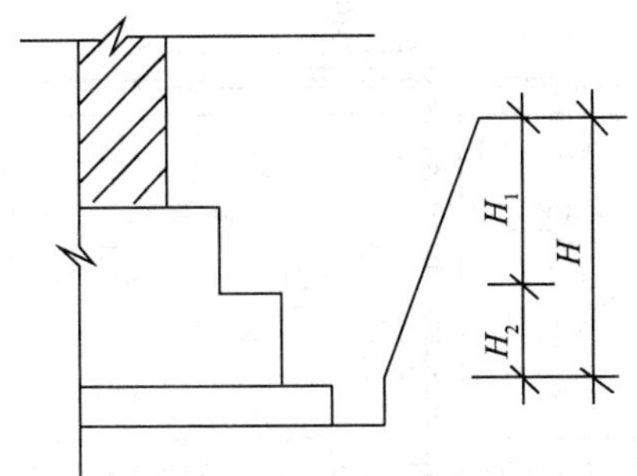

图 7.6　综合放坡示意图

$$K=\frac{K_1\times H+K_2\times H_2}{H}$$

式中　K——综合放坡系数；

K_1，K_2——不同土质的放坡系数；

H_1，H_2——不同放坡土质的对应深度。

④计算基础土方放坡时，不扣除放坡交叉处的重复工程量，如图 7.7 所示。

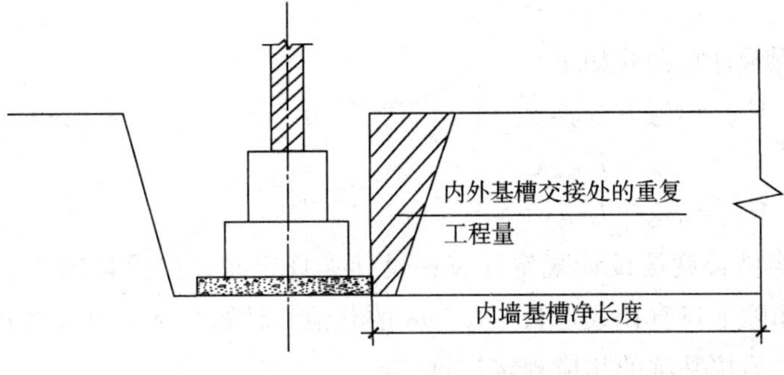

图 7.7　放坡交叉处示意图

如果实际工程中未放坡，或实际放坡系数小于定额规定，仍应按规定的放坡系数计算土方工程量。

⑤基础土方支挡土板时，土方放坡不另行计算。

(5) 爆破岩石的允许超挖量分别为极软岩、软岩 0.20 m，较软岩，较硬岩、坚硬岩 0.15 m。

【说明】允许超挖量是指槽、坑的四面及底部共五个方向的超挖量，其超挖体积并入槽坑相应土石方工程量内。

①人工凿岩石的工程量，按图示尺寸以 m^3 计算。

②人工（机械）打眼爆破石方工程量，按图示尺寸以 m^3 计算。因爆破施工不可能与图示尺寸完全一样，故爆破沟槽、基坑的深度和宽度尺寸允许超挖量为极软岩、软岩 0.20 m，较软岩、较硬岩、坚硬岩 0.15 m。超挖部分岩石并入爆破岩石工程量内。

(6) 沟槽土石方按设计图 7.8 所示的沟槽长度乘以沟槽断面面积，以体积（m^3）计算。

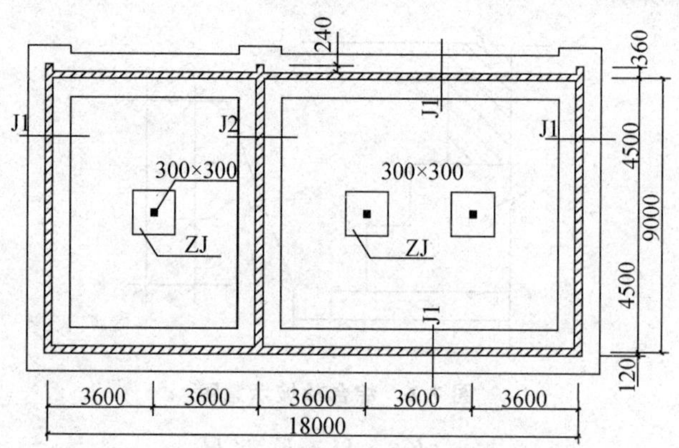

图 7.8　墙体挖沟槽基础平面图

①条形基础的沟槽长度按规定计算；设计无规定时，按下列规定计算。

a. 外墙沟槽按外墙中心线长度计算。凸出墙面的墙垛，按墙垛凸出墙面的中心线长度，并入相应工程量内计算。

b. 内墙沟槽、框架间墙沟槽，按基础（含垫层）之间垫层（或基础）的净长度计算。

挖沟槽工程量计算公式如下。

外墙沟槽：$V_{挖}=S_{断}\times L_{外中}$

内墙沟槽：$V_{挖}=S_{断}\times L_{基底净长}$

管道沟槽：$V_{挖}=S_{断}\times L_{中}$

②管道的沟槽长度按设计规定计算；设计无规定时，按设计图 7.8 所示的管道中心线长度（不扣除下口直径或边长≤1.5 m 的井池）计算。下口直径或边长＞1.5 m 的井池的土石方，另按基坑的相应规定计算。

③沟槽的断面面积应包扣工作面宽度（表 7.7）、放坡宽度或石方允许超挖量的

面积。

表 7.7　管道施工单面工作面宽度计算表

管道材质	管道基础外沿宽度（无基础时管道外径）/mm			
	≤500	≤1 000	≤2 500	>2 500
混凝土管、水泥管	400	500	600	700
其他管道	300	400	500	600

（7）基坑土石方按设计图 7.8 所示的基础（含垫层）尺寸，另加工作面宽度、土方放坡宽度或石方允许超挖量乘以开挖深度，以体积（m^3）计算。

【说明】工作面在基础施工中，有时所挖沟槽或基坑深而狭窄，为便于施工人员施工操作，在挖土时按基础垫层的尺寸向周边留出一定范围的操作面积。如图 7.9 中的 C 即为工作面宽度，工作面宽度取值可根据基础材料按表 7.5 的规定选用。

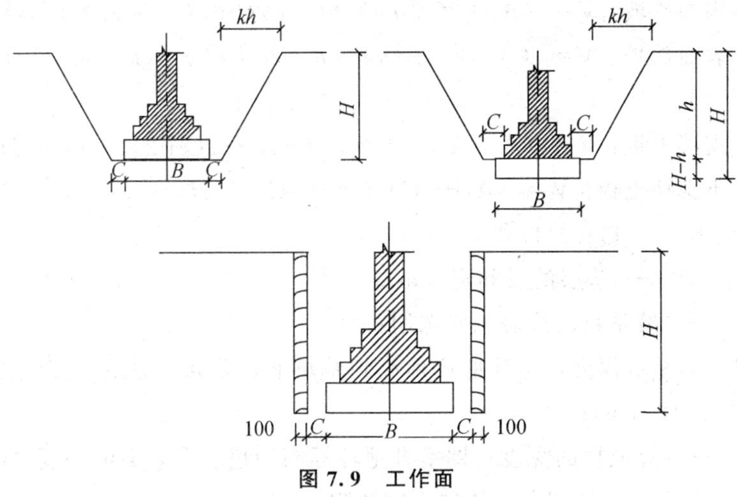

图 7.9　工作面

（a）自垫层下表面放坡；（b）自垫层上表面放坡；（c）不放坡，支挡土板

挖沟槽、基坑、土方的工程量均按图示尺寸以 m^3 计算，它们的工程量大小与土方开挖是否需要放坡或支挡土板、基础施工是否需留工作面等有关。

【说明】支挡土板后，就不再按放坡计算，但应按槽、坑垂直支撑面积计算挡土板的工程量。

①挖沟槽（沟槽断面如图 7.9 所示）时，工程量计算方法如下。

自垫层下表面放坡：$V=(B+2C+kh)\times H\times L$

自垫层上表面放坡：$V=[(B+2C+kh)\times h+B\times(H-h)]\times L$

不放坡，支挡土板：$V=(B+2C+2\times0.1)\times H\times L$

不放坡，不支挡土板：$V=(B+2C)\times H\times L$

式中　B——沟槽中基础或垫层的底部宽度（m）；

k——坡度系数，按表 7.6 选用，放坡时，交接处重复工程量（见图 7.7）不予扣除；

C——工作面宽度（m），根据基础材料按表 7.5 中规定选用；

H——沟槽深度，即室外地坪标高到槽底或管道沟底的深度，决定是否达到放坡的深度（m）；

h——计算放坡的深度，即室外地坪标高到垫层上表面的深度（m）；

L——沟槽的长度（m），外墙按图示中心线长度计算，内墙按图 7.9 所示的基础底面之间净长线的长度计算。

【说明】挖沟槽的工作内容包括挖土、装土、抛土于槽边 1 m 外自然堆放，修理边坡和槽底，用电动打夯机原土打夯。

内外凸出的垛、附墙烟囱等并入沟槽土方内计算。

②挖基坑土方。

a. 基底为矩形时，如图 7.10 所示。

自垫层下表面放坡：$V=(A_1+2C+kh)(B_1+2C+kh)\times H+1/3k^2H^3$

自垫层上表面放坡：$V=(A+2C+kh)(b+2c+kh)\times h+1/3k^2H^3+A_1\times B_1\times(H-h)$

不放坡，支挡土板：$V=(A_1+2C+2\times 0.1)(B_1+2C+2\times 0.1)\times H$

不放坡，不支挡土板：$V=(A_1+2C)(B_1+2C)\times H$

式中 A、B——基底的长和宽（m）；

A_1、B_1——垫层的长和宽（m）；

k——放坡系数，按表 7.6 选用；

H——基坑深度，室外地坪标高到基坑底的深度，决定是否达到放坡的深度（m）；

h——计算放坡的深度，即室外地坪标高到垫层上表面的深度（m）；

$1/3k^2H^3$——坑四角锥体的土方体积（m^3）；

C——工作面宽度（m）；

$A_1\times B_1\times(H-h)$——垫层部分的土方体积（m^3）。

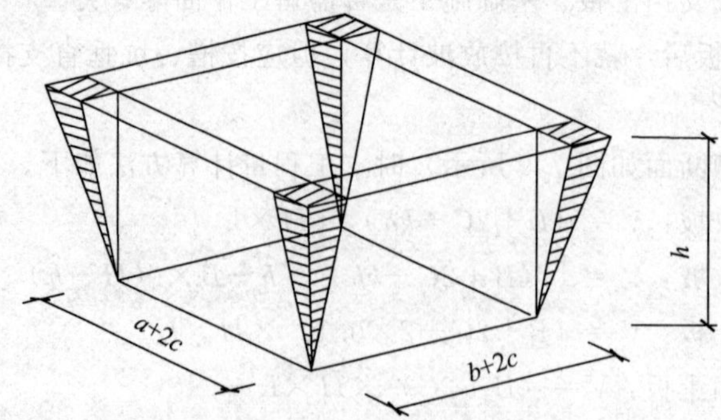

图 7.10 无垫层放坡基坑示意图

$$V=\frac{1}{3}(S_{底}+S_{顶}+\sqrt{S_{底}\times S_{顶}})$$

$$S_{底}=(A+2C)\times(B+2C)$$

$$S_{顶}=(A+2C+2kh)\times(B+2C+2kh)$$

b. 基底为圆形时，如图 7.11 所示。

圆形不放坡基坑：

$$V=\pi r^2 H$$

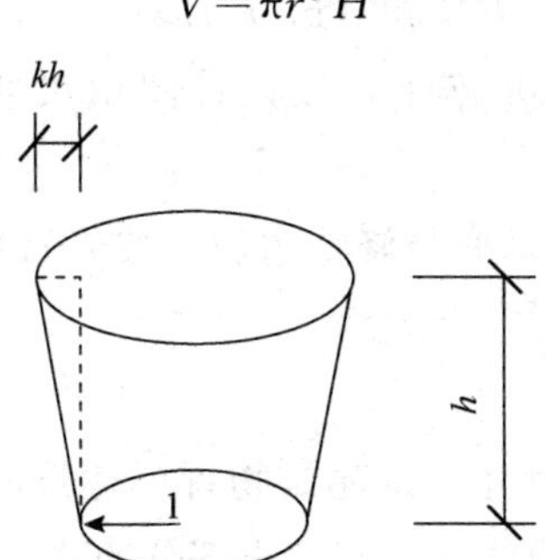

图 7.11　圆形基坑放坡示意图

圆形放坡基坑：

$$V=1/3\pi H\ (r^2+R^2+rR)$$

式中　R——基坑上口半径，$R=r+kH$。

③人工挖孔桩土方。人工挖孔桩土方量按图 7.12 所示的断面面积乘以设计桩孔中心线深度，以体积（m^3）计算。

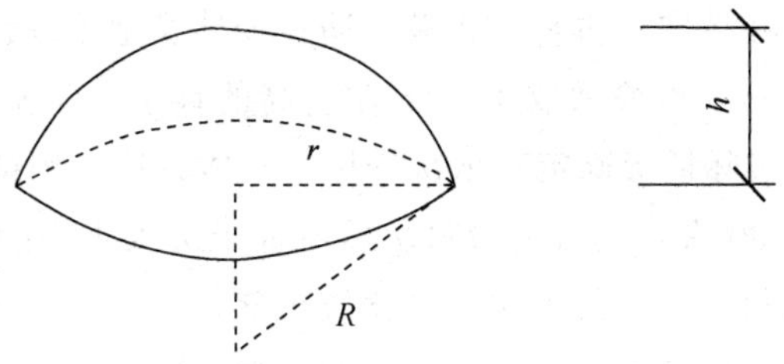

图 7.12　球冠示意图

挖孔桩的底部一般是球冠体，球冠体的体积计算公式为

$$V=\pi H\ (r^2+R^2+rR)$$

式中　R——基坑上口半径，$R=r+kH$。

【例 7.1】　某工程人工挖一基坑，混凝土基础垫层长为 1.50 m、宽为 1.20 m、深为 2.20 m，三类土，余土外运运距为 40 m。试计算人工挖基坑工作量，并确定定额项目。

解　根据定额计算规则，放坡系数 $k=0.33$，工作面每边宽 300 mm。

$V=(1.50+0.30\times2+0.33\times2.20)\times(1.20+0.30\times2+0.33\times2.20)\times 2.20+1/3\times0.33^2\times2.20^3=16.09\ (m^3)$

人工挖沟槽土方套用定额1-12。

定额基价＝552.41（元/10m³）

定额直接费＝552.41÷10×16.09＝888.83（元）

(8) 一般土石方按设计图示基础（含垫层）尺寸，另加工作面宽度、土方放坡宽度或石方允许超挖量乘以开挖深度，以体积（m³）计算。机械施工坡道的土石方工程量，并入相应工程量内计算。

(9) 挖淤泥流沙，以实际挖方体积（m³）计算。

(10) 人工挖（含爆破后挖）冻土，按设计图示尺寸，另加工作面宽度，以体积（m³）计算。

(11) 岩石爆破后人工清理基底与修整边坡，按岩石爆破的规定尺寸（含工作面宽度和允许超挖量），以面积（m²）计算。

(12) 回填及其他。

①平整场地，按设计图示尺寸，以建筑物首层建筑面积（m²）计算，建筑物地下室结构外边线凸出首层结构外边线时，其凸出部分的建筑面积合并计算。

【说明】按竖向布置进行人工平整的大型土方不另计算平整场地，但采用机械平整的应计算平整场地。

打桩工程只计算一次平整场地。

机械平整场地与人工平整场地不同的是使用推土机施工。

②基底钎探，以垫层（或基础）底面积（m²）计算。

【说明】基底钎探就是在基础开挖达到设计标高后，按规定对基础底面以下的土层进行探察，探察是否存在坑穴、古墓、古井、防空掩体及地下埋设物等。

一般钎探采用ϕ25 mm钢筋做成1.5 m左右高的钎子，从基坑内部按照一定的距离（1 m左右或者根据实际情况确定）依次钎探。具体方法：用锤子自由落下捶击钎子顶部，每个点自由落锤30次，然后记录每次捶击钎子沉入土中的深度，如果每次沉入深度相比正常数值差殊都不大，就说明基底比较正常。

③原土夯实与碾压，按施工组织设计规定的尺寸，以面积（m²）计算。

【说明】原土碾压是指自然地面的碾压，工程量按碾压场地面积以m²计算；填土碾压是指挖至原土后分层回填碾压，工程量按填土体积以m³计算。原土碾压和填土碾压的工作内容包括推平、碾压、填土洒水和工作面内排水。

④回填，按下列规定，以体积（m³）计算。

a. 沟槽、基坑回填，按挖土体积减去设计室外地坪以下建筑物、基础（含垫层）的体积计算。即

$$V_{填}=V_{挖}-\text{室外地坪标高以下埋设砌筑物的体积}$$

式中：室外地坪标高以下埋设砌筑物的体积是指基础、基础垫层、地圈梁或基础梁以及地下建筑物、构筑物等所占体积之和，如图7.13和图7.14所示。

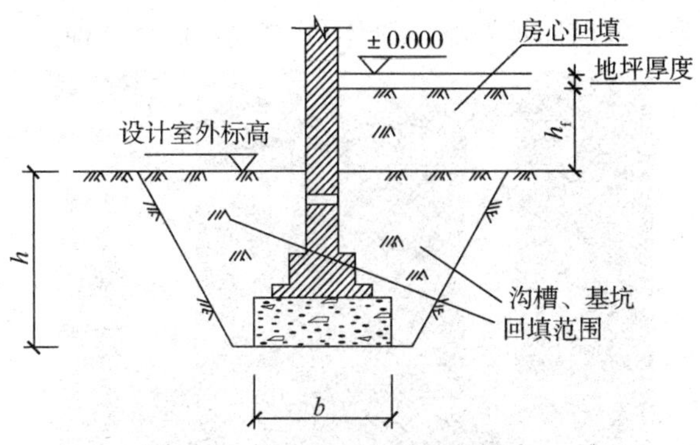

图 7.13　沟槽、基坑回填示意图

图 7.14　基础回填

【说明】基础工程完成后，应按设计要求进行土方回填，根据不同部位对回填土的密实度要求不同，分为松填和夯填，按图示回填体积以 m^3 计算。松填是指将回填土自然堆积或摊平。夯填是指松土分层铺摊，每层厚度为 20～30 cm，初步整平后，用人工或电动打夯机夯密实，但没有密实度要求。一般槽坑和室内回填土采用夯填。回填土的工作内容包括 5 m 内取土、碎土、平土、找平、洒水和打夯。

b. 管道沟槽回填。按挖方体积减去管道基础和表 7.8 管道折合回填体积计算。即

$$V_{填}=V_{挖}-管径所占体积$$

式中：管径所占体积指超过 500 mm 的管径所占体积，小于 500 mm 的管径所占体积不予扣除，超过 500 mm 管径所占体积按表 7.8 进行折合。

表 7.8　管道折合回填体积表　　单位：m^3/m

管道	公称直径					
	500 mm	600 mm	800 mm	1 000 mm	1 200 mm	1 500 mm
混凝土及钢筋混凝土管道	—	0.33	0.60	0.92	1.15	1.45
其他材质管道	—	0.22	0.46	0.74	—	—

c. 房心（含地下室内）回填（见图 7.15），按主墙间净面积（扣除连续底面积 2

m^2 以上的设备基础等）乘以回填厚度，以体积（m^3）计算。即

图 7.15　房心回填

$$V_{填}=底层主墙间净面积-（室内外高差-地坪的厚度）$$

式中：主墙为砖墙、砌块墙的墙厚大于或等于 180 mm，钢筋混凝土墙的墙厚大于或等于 100 mm 的墙。

底层主墙间净面积＝底层建筑面积－（$L_{中}$×外墙厚＋$L_{内}$×内墙厚）

式中　$L_{中}$、$L_{内}$——外墙中心线总长和内墙净长线总长。

d. 场区（含地下室顶板以上）回填，按回填面积乘以平均回填厚度，以体积（m^3）计算。

（13）土方运输，以天然密实体积（m^3）计算。挖土总体积减去回填体积（折合天然密实体积），总体积为正，则为余土外运；总体积为负，则为取土内运。

【说明】土方运输是指土方开挖后，把不能用于回填或用于回填后多余的土运至指定地点；或是所挖土方量不能满足回填用量，需从购土地点将外购土运到现场。

$$V_{运土}=挖土总体积-回填土总体积$$

式中：计算结果正值时为余土外运体积，负值时为需取土体积。

土方运距按以下规定计算。

①推土机推土运距：按挖方区重心至回填区重心之间的直线距离计算。

②铲运机运土距离：按挖方区重心至卸土区重心加转向距离 45 m 计算。

③自卸汽车运土距离：按挖方区重心至填土区（或推土地点）重心的最短距离计算。

挖掘机挖土方是挖土方单项定额，自卸汽车运土方是运土方单项定额，挖掘机挖土、自卸汽车运土方是挖、运综合定额。

挖土、运土定额包括正铲或反铲挖掘机 1 m^3 挖土、装土，自卸汽车（8 t）运土、卸土，推土机（75 kW）配合推土、摊平、压实，洒水车（4 000 L）配合场内运输道路洒水养护。机械推土、挖土、运土按天然密实体积计算。

【例 7.2】　某建筑物基础平面图和剖面图如图 7.16 所示，已知室外设计地坪以下各种工程量：混凝土垫层体积为 15.12 m^3，砖基础体积为 43.13 m^3，钢筋混凝土地梁

体积为 8.83 m³。试求该建筑物平整场地、挖土方、回填土、房心回填土、余土运输工程。（土壤类别为三类土，采用人工开挖）

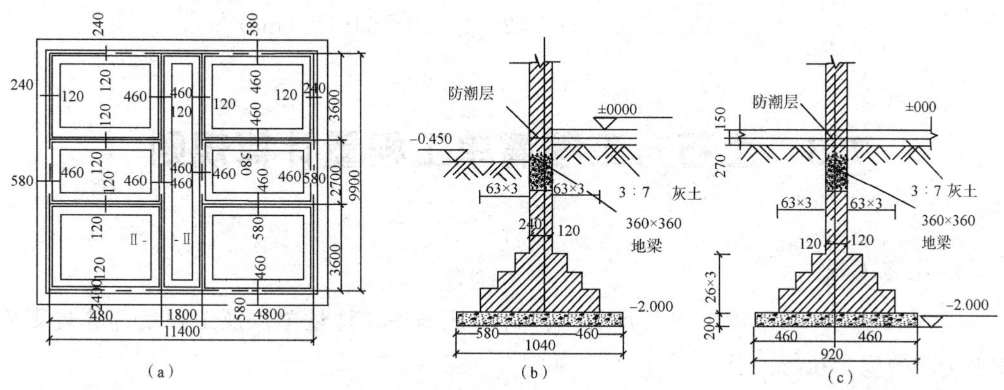

图 7.16　某建筑基础平面图和剖面图

基础平面图；Ⅰ－Ⅰ剖面图；Ⅱ－Ⅱ剖面图

解　（1）计算平整场地工程量：

$$S_{平整场地}=S_{底}$$
$$=(11.40+0.24\times2)\times(9.90+0.24\times2)$$
$$=123.31\ (\mathrm{m}^2)$$

（2）挖土方应按放坡、有工作面的人工挖地槽计算工程量。

工作面宽度 C：查表 7.5 得混凝土基础垫层（支模板）取 $C=150$ mm。

放坡系数 k：挖土深度为 $2-0.45=1.55$ m$>$1.5 m　查表 7.6 取 $k=0.33$。

外墙挖地槽：

$V_{外}=(B+2C+kH)\times H\times L_{外墙中心线}$

$=(1.04+0.3+0.33\times1.55)\times1.55\times(11.4+0.12+9.9+0.12)\times2$

$=123.64\ (\mathrm{m}^3)$

内墙挖地槽：

$V_{内}=(B+2C+kH)\times H\times L_{内墙基底净长线}=(0.92+0.30+0.33\times1.55)\times1.55\times[(4.8-2\times0.46)\times4+(9.9-2\times0.46)\times2]=89.78\ (\mathrm{m}^3)$

故挖土体积：

$$V_{挖}=V_{外}+V_{内}=123.64+89.78=213.42\ (\mathrm{m}^3)$$

（3）计算回填土体积：

$V_{槽填}=V_{挖}-$室外地坪标高以下埋设砌筑物的体积

$=213.42-(15.12+43.13+8.83)=146.34\ (\mathrm{m}^3)$

$V_{房心填}=[(4.8-0.24)\times(3.6-0.24)\times4+(4.8-0.24)\times(2.7-0.24)\times2+(1.8-0.24)\times(9.9-0.24)]\times(0.45-0.27-0.15)$

$=2.96\ (\mathrm{m}^3)$

故回填土总体积：

$$V_{填}=V_{槽填}+V_{房心填}=146.34+2.96=149.3\ (m^3)$$

（4）计算余土运输体积：

$$V_{运}=V_{挖}-V_{填}=213.42-149.3=64.12\ (m^3)$$

7.3 土石方工程清单工程量计算规则

1. 土方工程

土方工程的工程量清单项目设置、项目特征描述、计量单位及工程量计算规则应按表 7.9 的规定执行。

表 7.9 土方工程（编号：010101）

<table>
<tr><th>项目编码</th><th>项目名称</th><th>项目特征</th><th>计量单位</th><th>工程量计算规则</th><th>工作内容</th></tr>
<tr><td>010101001</td><td>平整场地</td><td>1. 土壤类别
2. 弃土运距
3. 取土运距</td><td>m^2</td><td>按设计图示尺寸以建筑物首层建筑面积计算</td><td>1. 土方挖填
2. 场地找平
3. 运输</td></tr>
<tr><td>010101002</td><td>挖一般土方</td><td rowspan="3">1. 土壤类别
2. 挖土深度</td><td rowspan="5">m^3</td><td>按设计图示尺寸以体积计算</td><td rowspan="3">1. 排地表水
2. 土方开挖
3. 围护（挡土板）支撑
4. 基底钎探
5. 运输</td></tr>
<tr><td>010101003</td><td>挖沟槽土方</td><td rowspan="2">1. 房屋建筑按设计图示尺寸以基础垫层底面积乘以挖土深度以体积计算
2. 构筑物按最大水平投影面积乘以挖土深度（原地面平均标高至坑底高度）以体积计算</td></tr>
<tr><td>010101004</td><td>挖基础土方</td></tr>
<tr><td>010101005</td><td>冻土开挖</td><td>1. 冻土厚度</td><td>按设计图示尺寸开挖面积乘厚度以体积计算</td><td>1. 爆破
2. 开挖
3. 清理
4. 运输</td></tr>
<tr><td>010101006</td><td>挖淤泥、流沙</td><td>1. 挖掘深度
2. 弃淤泥、流沙距离</td><td>按设计图示位置、界限以体积计算</td><td>1. 开挖
2. 运输</td></tr>
</table>

（续表）

项目编码	项目名称	项目特征	计量单位	工程量计算规则	工作内容
010101007	管沟土方	1. 土壤类别 2. 管外径 3. 挖沟深度 4. 回填要求	1. m 2. m^3	1. 以米计量，按设计图示以管道中心线长度计算 2. 以立方米计量，按设计图示管底垫层面积乘以挖土深度计算；无管底垫层，按管外径的水平投影面积乘以挖土深度计算	1. 排地表水 2. 土方开挖 3. 围护（挡土板）支撑 4. 运输 5. 回填

1）挖沟槽土方（010101003）

工程量按设计图示尺寸以基础垫层底面积乘以挖土深度以体积计算。挖沟槽土方包括带形基础等的挖方。带形基础应按断面面积乘以深度计算。

挖沟槽体积计算公式：

$$V_{沟槽}=aHL$$

式中　$V_{沟槽}$——挖沟槽土方工程量，m^3；

a——基础垫层宽度，m；

H——沟槽开挖深度，m；

L——沟槽长度，m。

沟槽长度 L：外墙沟槽按图示中心线长度计算；内墙沟槽按图示基础底面之间净长度计算（有垫层的指垫层底面之间的净长）。内、外凸出部分（垛、附墙烟囱等）体积并入沟槽土方工程量内计算。

基础土方、石方开挖深度应按基础垫层底面标高至交付施工场地标高确定，无交付施工场地标高时，应按自然地面标高确定。

2）挖基坑土方（010101004）

工程量按设计图示尺寸以基础垫层底面积乘以挖土深度以体积计算。挖基坑土方包括独立基础、满堂基础（包括地下室基础）及设备基础、人工挖孔桩等的挖方。独立基础和满堂基础应按不同底面积和深度分别编码列项。

挖基坑体积计算公式：

$$V_{基坑}=基坑垫层底面积\times挖土深度=abH$$

式中　$V_{基坑}$——挖基坑土方工程量，m^3；

a——基础垫层底长度，m；

b——基础垫层底宽度，m；

H——基坑挖土深度，m。

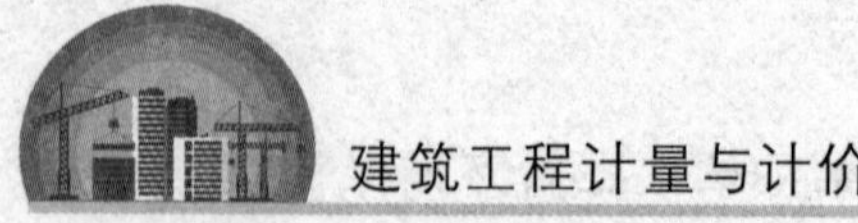

【说明】"挖基础土方"项目使用于基础土方开挖，并包括指定范围内的土方运输，编制清单项目应描述弃土运距。

【例 7.3】 某工程需人工挖一基坑，混凝土基础垫层长 1.50 m、宽 1.20 m、深为 2.20 m，三类土，余土外运距 40 m。计算挖基坑的清单工程量并编制该项目工程量清单。

解 （1）计算清单工程量：

$$V=1.5\times1.2\times2.2=3.96\ (\mathrm{m}^3)$$

（2）编制工程量清单，如表 7.10 所示。

表 7.10 分部分项工程量清单与计价表

工程名称：×××× 第 页 共 页

序号	项目编码	项目名称	项目特征	计量单位	工程量	金额/元		
						综合单价	合价	其中：暂估价
1	010101004001	挖基础土方	三类土，独立基础，垫层底面积 1.5 m×1.2 m，挖土深度 2.2 m，弃土运距：40 m	m^3	3.96			

2. 石方工程

石方工程的工程量清单项目设置、项目特征描述、计量单位及工程量计算规则应按表 7.11 的规定执行。

表 7.11 石方工程（编号：010102）

项目编码	项目名称	项目特征	计量单位	工程量计算规则	工作内容
010102001	挖一般石方	1. 岩石类别 2. 开凿深度 3. 弃碴运距	m^3	按设计图示尺寸以体积计算	1. 排地表水 2. 凿石 3. 运输
010102002	挖沟槽石方			按设计图示尺寸沟槽底面积乘以挖石深度以体积计算	
010102003	挖基坑石方			按设计图示尺寸基坑底面积乘以挖石深度以体积计算	
010102004	基底摊座		m^2	按设计图示尺寸以展开面积计算	

（续表）

项目编码	项目名称	项目特征	计量单位	工程量计算规则	工作内容
010102005	管沟石方	1. 岩石类别 2. 管外径 3. 挖沟深度	1. m 2. m^2	1. 以米计量，按设计图示以管道中心线长度计算 2. 以立方米计量，按设计图示截面面积乘以长度计算	1. 排地表水 2. 凿石 3. 回填 4. 运输

注：①挖石应按自然地面测量标高至设计地坪标高的平均厚度确定。基础石方开挖深度应按基础垫层底表面标高至交付施工场地标高确定，无交付施工场地标高时，应按自然地面标高确定。

②厚度＞±300mm 的竖向布置挖石或山坡凿石应按本表中挖一般石方项目编码列项。

③沟槽、基坑、一般石方的划分：底宽≤7 m、底长＞3 倍底宽为沟槽；底长≤3 倍底宽、底面积≤150 m^2 为基坑；超出上述范围则为一般石方。

④弃碴运距可以不描述，但应注明由投标人根据施工现场实际情况自行考虑，决定报价。

⑤岩石的分类应按表 7.2 确定。

⑥石方体积应按挖掘前的天然密实体积计算。如需按天然密实体积折算时，应按表 7.4 系数计算。

⑦管沟石方项目适用于管道（给水排水、工业、电力、通信）、电缆沟及连接井（检查井）等。

3. 回填

回填的工程量清单项目设置、项目特征描述、计量单位及工程量计算规则应按表 7.12 的规定执行。

表 7.12　回填：(编号：010103)

项目编码	项目名称	项目特征	计量单位	工程量计算规则	工作内容
010103001	回填方	1. 密实度要求 2. 填方材料品种 3. 填方粒径要求 4. 填方来源、运距	m^3	按设计图示尺寸以体积计算。 1. 场地回填：回填面积乘以平均回填厚度 2. 室内回填：主墙间面积乘以回填厚度，不扣除间隔墙 3. 基础回填：挖方体积减去自然地坪以下埋设的基础体积（包括基础垫层及其他构筑物）	1. 运输 2. 回填 3. 压实
010103002	余方弃置	1. 废弃料品种 2. 运距		按挖方清单项目工程量减利用回填方体积（正数）计算	自余方点装料运输至弃置点
010103003	缺方内运	1. 填方材料品种 2. 运距		按挖方清单项目工程量减利用回填方体积（负数）计算	自取料点装料运输至缺方点

注：①填方密实度要求，在无特殊要求情况下，项目特征可描述为满足设计和规范的要求。

②填方材料品种可以不描述，但应注明由投标人根据设计要求验方后方可填入，并符合相关工程的质量规范要求。

③填方粒径要求，在无特殊要求情况下，项目特征可以不描述。

【说明】土石方回填（编码 010103001）工程量按设计图示尺寸以体积（m^3）计算。

（1）场地回填土：按回填面积乘以平均回填厚度计算。

（2）室内回填土：按主墙间净面积乘以回填厚度计算。即

室内回填土＝室内净面积×回填土厚度

回填土厚度＝设计室内外地坪高差－地面面层和垫层的厚度

（3）基础回填土：按挖方体积减去设计室外地坪以下埋设的基础体积（包括基础垫层及其他构筑物）计算。工程量清单应描述回填土的土质要求、回填方式、取土运距等。其计算公式为

清单基础回填土体积＝清单槽、坑挖土体积－设计室外地坪标高以下埋设的基础体积

【例 7.4】 土石方综合单价分析。

（1）确定工程内容：该项目发生的工程内容。

（2）计算定额工程量：根据《内蒙古自治区房层建筑与装饰工程预算定额》（DNM3-101—2017）的规定，分别计算工程量清单项目所包含的每项工程内容的工程量。

定额工程量＝655.68（m^3）

（3）计算单位含量：分别计算工程量清单项目每计量单位应包含的各项工程内容的工程量。

数量＝定额量/清单量

（4）选择定额编号。

（5）选择单价：人工、材料、机械台班单价选用内蒙古自治区信息价或市场价。

（6）选定费率：根据企业情况确定管理费费率和利润率（假定管理费费率为 10%，利润率为 8%，计算基础为人工费）。

以上分析具体见表 7.13 至表 7.21。

表 7.13 综合单价分析表

项目编码		010101001001		项目名称	平整场地	计量单位	m^2	工程量	655.68		
清单综合单价组成明细											
定额编号	定额名称	定额单位	数量	单价				合价			
				人工费	材料费	机械费	管理费和利润	人工费	材料费	机械费	管理费和利润
1-121	场地平整	$100m^2$	0.01	223.09	—	—	40.16	2.23	—	—	0.40

（续表）

项目编码		010101001001		项目名称	平整场地	计量单位	m^2	工程量	655.68	
人工单价		小　　计					2.23	—	—	0.40
98.02 元/工日		未计价材料费					—			
清单项目综合单价							2.23+0.40=2.63			

材料费明细	主要材料名称、规格、型号	单位	数量	单价（元）	合价（元）	暂估单价（元）	暂估合价（元）
	其他材料费			—		—	
	材料费小计			—		—	

表 7.14　分部分项工程和单价措施项目清单与计价表

工程名称：某工程　标段：　　　　　　　　　　　　第 1 页　共 1 页

序号	项目编码	项目名称	项目特征	计量单位	工程量	金额（元）			
						综合单价	合价	其中：暂估价	人
1	010101001001	平整场地	1. 土壤类别：三类土 2. 取土运距：就近 3. 弃土运距：就近	m^2	655.68	2.63	1724.44		

表 7.15　综合单价分析表

项目编码	010101002001	项目名称	挖一般土方	计量单位	m^3	工程量	1255.399				
清单综合单价组成明细											
定额编号	定额名称	定额单位	数量	单价				合价			
				人工费	材料费	机械费	管理费和利润	人工费	材料费	机械费	管理费和利润
1-44	挖掘机挖土不装车四类土	10 m^3	0.1	26.07	—	21.80	4.69	2.61	—	2.18	0.50

（续表）

项目编码	010101002001		项目名称	挖一般土方		计量单位	m³	工程量		1255.399	
1-123	基础钎探	100 m²	0.002	349.93	45.26	60.42	62.99	0.70	—	—	0.12
人工单价		小　计						3.31			
98.02 元/工日		未 计 价 材 料 费						—			
清单项目综合单价											

材料费明细	主要材料名称、规格、型号	单位	数量	单价（元）	合价（元）	暂估单价（元）	暂估合价（元）
	钢钎ϕ22～25 mm	kg	0.016	2.92	0.05		
	水	m³	0.0001	5.27	0		
	砂子中粗砂	m³	0.0005	48.50	0.02		
	烧结煤矸石普通砖 240 mm×115 mm×53 mm	千块	0.00006	308.88	0.02		
	其他材料费			—		—	
	材料费小计			—	0.09	—	

表 7.16　分部分项工程和单价措施项目清单与计价表

名称：某工程　标段：　　　　　　　　第 1 页　共 1 页

序号	项目编码	项目名称	项目特征	计量单位	工程量	金额（元）			
						综合单价	合价	其中：暂估价	人
2	010101002001	挖一般土方		m³	1255.399			—	3.31

表 7.17　综合单价分析表

项目编码	010103001001			项目名称	回填方	计量单位		m³	工程量		1198.26
清单综合单价组成明细											
定额编号	定额名称	定额单位	数量	单价				合价			
				人工费	材料费	机械费	管理费和利润	人工费	材料费	机械费	管理费和利润
1-137	回填土	10 m³	0.01	175.46	631.21	26.04	31.58	1.75	6.31	0.26	0.32
1-127	机械原土夯实	100 m²	0.007	53.13	—	17.25	9.56	0.37	—	0.12	0.07
人工单价		小　计						2.12	6.31	0.38	0.39
元/工日		未 计 价 材 料 费						—			
清单项目综合单价								9.2			

（续表）

项目编码	010103001001		项目名称	回填方	计量单位	m^3	工程量	1198.26
材料费明细	主要材料名称、规格、型号	单位	数量	单价（元）	合价（元）	暂估单价（元）		暂估合价（元）
	水	m^3		5.27				
	灰土 3∶7	m^3		60.85				
	其他材料费			—		—		
	材料费小计			—		—		

表 7.18　分部分项工程和单价措施项目清单与计价表

工程名称：某工程　标段：　　　　　　　　　第 1 页　共 1 页

序号	项目编码	项目名称	项目特征	计量单位	工程量	金额（元）			
						综合单价	合价	其中：暂估价	人
3	010103001001	回填方	1. 密实度要求 2. 填方材料；3∶7 灰土 3. 填方来源、运距	m^3	1198.26	9.2	11023.99		

表 7.19　综合单价分析表

项目编码	010103002001		项目名称	余方弃置		计量单位		m^3	工程量		57.139
清单综合单价组成明细											
定额编号	定额名称	定额单位	数量	单价				合价			
				人工费	材料费	机械费	管理费和利润	人工费	材料费	机械费	管理费和利润
1-41	装载机装运土方运距 20 m 以内	10 m^3	0.001	5.00	—	20.22	0.90				
1-141	自卸汽车运土 5 km以内	10 m^3	0.001	2.55	—	83.07	0.46				
人工单价		小　计									
元/工日		未计价材料费						—			
清单项目综合单价								12.17＋0.3×0.56＝12.38			

（续表）

项目编码	010103002001		项目名称	余方弃置	计量单位	m^3	工程量	57.139
材料费明细	主要材料名称、规格、型号	单位	数量	单价（元）	合价（元）	暂估单价（元）	暂估合价（元）	
	其他材料费			—		—		
	材料费小计			—		—		

表 7.20　分部分项工程和单价措施项目清单与计价表

工程名称：某工程　标段：　　　　第 1 页　共 1 页

序号	项目编码	项目名称	项目特征	计量单位	工程量	金额（元）			
						综合单价	合价	其中：暂估价	人
4	010103002001	余方弃置		m^3	57.139	12.38	707.38		

表 7.21　总价措施项目清单与计价表

序号	项目编码	项目名称	计算基础	费率（%）	金额（元）
		安全文明施工费			
		临时设施费			
		雨季施工增加费			
		已完未完工程及设备保护费			

本章小结

通过本章的学习，要求掌握以下内容：

1. 土石方工程的定额说明；
2. 土石方工程工程量计算规则及计算方法；
3. 土石方工程的清单计价规则及计算方法。

习题

一、选择题

1. 底宽度≤7 m 以内，且长大于 3 倍宽的为（　　）。

A. 基坑　　B. 沟槽　　C. 一般土石方

2. 混凝土基础（支模板）工作面宽度为（　　）。

A. 0.25 m　　B. 0.20 m　　C. 0.15 m　　D. 0.40 m

3. 土方工程量应按（　　）为准计算。

A. 挖掘前的天然密实体积　　B. 松填体积

C. 夯实体积　　D. 虚方体积

4. 余土运输体积等于挖土总体积减去回填土（　　）总体积。

A. 松填土　　B. 天然密实土　　C. 夯填土

5. 平整场地是指厚度在（　　）mm 以内的就地挖填找平。

A. ±30　　B. +300　　C. −300　　D. ±300

6. 在建筑工程中，沟槽底宽 7.1 m，槽长 20 m，槽深 0.40 m，执行的定额子目为（　　）。

A. 平整场地 B. 挖沟槽　　C. 挖基坑　　D. 挖一般土石方

二、思考题

1. 什么是平整场地？
2. 如何区分挖沟槽与挖基坑？
3. 如何确定挖沟槽时是否需要放坡？
4. 如何计算挖沟槽的工程量？（列出计算式）
5. 如何计算回填土工程量？
6. 如何计算余土（取土）工程量？

三、计算题

依据附录图纸计算土石方的工程量，如图 7.17 和图 7.18 所示。

1. 计算挖土方的工程量。（按照施工组织设计，采用大开挖的方式。）
2. 计算埋设构件的体积及基础回填方。
3. 计算室内回填方及土方运输。

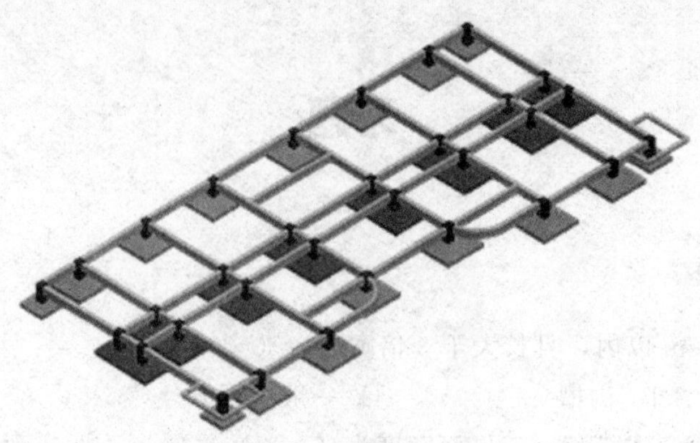

图 7.17　基础层三维示意图

图 7.18　独立基础的形式

第8章　地基处理与基坑支护工程

地基处理是为了提高地基强度，改善其变形性质或渗透性质而采取的技术措施。地基处理除应满足设计要求外，还应做到因地制宜、就地取材、保护环境和节约资源等。地基处理方法就是按照上部结构对地基的要求，对地基进行必要的加固或改良，提高地基承载力，保证地基稳定，减少上部结构的沉降或不均匀沉降，消除湿陷性及提高抗液化能力的方法。常用的地基处理方法有换填垫层法、强夯法、水泥搅拌桩、高压喷射注浆桩、振冲碎石桩、碎石桩、砂石桩、灰土挤密桩等。

基坑支护是为了保证地下结构施工及基坑周边环境的安全，对基坑侧壁及周围环境采取的支挡、加固与保护措施。常用的地基支护方法有地下连续墙、钢板桩、土钉与锚喷联合支护、挡土板、钢支撑等。

8.1　定额说明

本定额包括地基处理和基坑支护两节。

8.1.1　地基处理

（1）填料加固。

①填料加固项目用于软弱地基挖土后的换填材料加固工程。

②填料加固夯填灰土就地取土时，应扣除灰土配比中的黏土。

（2）强夯。

①强夯项目中每单位面积夯点数，指设计文件规定单位面积内的夯点数量，若设计文件夯点数量与定额不同，采用内插法计算消耗量。

②强夯的夯击击数指强夯机械就位后，夯锤在同一夯点上下起落的次数。

③强夯工程量应区别不同夯击能量和夯点密度，按设计图示夯击范围及夯击遍数分别计算。

强夯设备如图8.1所示。

图 8.1 强夯设备

(3) 填料桩、碎石桩与砂石桩。

填料柱、碎石柱、砂石柱的充盈系数为 1.30，损耗率为 2%。实测砂石配合比及充盈系数不同时可以调整。其中，灌注砂石桩除上述充盈系数和损耗率外，还包括级配密实系数 1.334。

(4) 搅拌桩。

①深层搅拌水泥桩项目按 1 喷 2 搅施工编制，实际施工为 2 喷 4 搅时，项目的人工、机械乘以系数 1.43；实际施工为 2 喷 2 搅、4 喷 4 搅时分别按 1 喷 2 搅、2 喷 4 搅计算。

②水泥搅拌桩的水泥掺入量按加固土重（1 800 kg/m^3）的 13% 考虑，如设计不同，按每增减 1% 定额计算。

③深层水泥搅拌桩项目已综合了正常施工工艺需要的重复喷浆（粉）和搅拌。空搅部分按相应项目的人工及搅拌桩机械台班乘以系数 0.50 计算。

④三轴水泥搅拌桩项目水泥掺入量按加固土重（1 800 kg/m^3）的 18% 考虑，如设计不同，按深层水泥搅拌桩每增减 1% 定额计算；按 2 喷 2 搅施工工艺考虑，设计不同时，每增（减）1 喷 1 搅按相应项目人工和机械费增（减）40% 计算。空搅部分按相应项目的人工及搅拌桩机械台班乘以系数 0.50 计算。

⑤三轴水泥搅拌桩设计要求全断面套打时，相应项目的人工及机械乘以系数 1.50，其余不变。

(5) 注浆桩。

高压旋喷桩项目已综合接头处的复喷工料；高压喷射注浆桩的水泥设计用量与定额不同时，应予调整。

(6) 注浆地基所用的浆体材料用量应按照设计含量调整。

(7) 注浆项目中注浆管消耗量为摊销量，若为一次性使用，可进行调整。废浆处理及外运执行建筑工程预算定额“第一章　土石方工程”相应项目。

(8) 打桩工程按陆地打垂直桩编制。设计要求打斜桩时，斜度≤1∶6 时，相应项目的人工、机械乘以系数 1.25；斜度＞1∶6 时，相应项目的人工、机械乘以系

数 1.43。

(9) 桩间补桩或在地槽（坑）中及强夯后的地基上打桩时，相应项目的人工、机械乘以系数 1.15。

(10) 单独打试桩、锚桩，相应项目的打桩人工及机械乘以系数 1.50。

(11) 若单位工程的碎石桩、砂石桩的工程量≤60 m^2，相应项目的人工、机械消耗量按乘以系数 1.25 计算。

(12) 本章凿桩头适用于深层水泥搅拌桩、三轴水泥搅拌桩、高压旋喷水泥桩等项目。

8.1.2　基坑支护

(1) 地下连续墙未包括导墙挖土方、泥浆处理及外运、钢筋加工，实际发生时，按相应规定另行计算。

(2) 钢制桩。

①打拔槽钢或钢轨，按钢板桩项目，其机械乘以系数 0. 77，其他不变。

②现场制作的型钢桩、钢板桩，其制作执行定额“第六章金属结构制作工程”中钢柱制作相应项目。

③定额内未包括型钢桩、钢板桩的制作、除锈、刷油。

(3) 挡土板项目分为疏板和密板。疏板是指间隔支挡土板，且板间净空≤150 cm 的情况；密板是指满堂支挡土板或板间净空≤30 cm 的情况。

(4) 若单位工程的钢板桩的工程量≤50 t 时，其人工、机械量按相应项目乘以系数 1.25 计算。

(5) 钢支撑仅适用于基坑开挖的大型支撑安装、拆除。

(6) 注浆项目中注浆管消耗量为摊销量，若为一次性使用，可进行调整。

8.2　工程量计算规则

8.2.1　地基处理

1. 填料加固

按设计图示尺寸以体积（m^3）计算。

垫层与填料加固的区别如下。

(1) 平面尺寸：垫层平面尺寸比基础略大（一般比基础每边宽 100～200 mm），总是伴随着基础的发生；填料加固用于软弱地基整体或局部大开挖后的换填，其平面尺寸由建筑物地基的整体或局部尺寸以及地基的承载力决定。

（2）厚度：垫层厚度较填料加固小（一般小于或等于 500 mm），垫层与槽（坑）边有一定的间距（不呈填满状态），填料加固总体厚度较大（一般大于 500 mm），呈填满状态。

2. 强夯

按设计图示强夯处理范围，以面积（m^2）计算。

$$地基强夯工程量=设计图示面积$$

设计无规定时，按建筑外围轴线每边各加 4 m 计算。

$$地基强夯工程量=S_{底}+L_{外}\times4+4\times16=S_{底}+L_{外}\times4+64\ (m^2)$$

式中：$S_{底}$——建筑物首层建筑面积。

$L_{外}$——外墙外边线长度之和。

3. 灰土桩、砂石桩、碎石桩、水泥粉煤灰碎石桩

它们都按设计桩长（包括桩尖）乘以设计桩外径截面面积，以体积（m^3）计算。

砂石桩地基属于挤密桩地基处理的一种。它是通过振动、冲击或水冲等方式在软弱地基中成孔后，再将砂石或砂卵石（砾石、碎石）挤压入孔中，形成大直径的由砂或砂卵石（砾石、碎石）所构成的密实桩体。它是处理软弱地基的一种常见的方法。

水泥粉煤灰碎石桩（简称 CFG 桩）是在砂石桩的基础上发展起来的，它是以一定配合比例的石屑、粉煤灰和少量的水泥加水拌和后制成的一种具有一定胶结强度的桩体，并使之形成复合地基的处理方法。这种桩是一种低强度混凝土桩，由它组成的复合地基能够较大幅度的提高承载力。

4. 搅拌桩

（1）深层水泥搅拌桩、三轴水泥搅拌桩、高压旋喷水泥桩按设计桩长加 50 cm 乘以设计桩外径截面面积，以体积（m^3）计算。

（2）三轴水泥搅拌桩中的插、拔型钢工程量按设计图示型钢以质量（kg）计算。三轴搅拌桩具体施工工艺如图 8.2 所示。

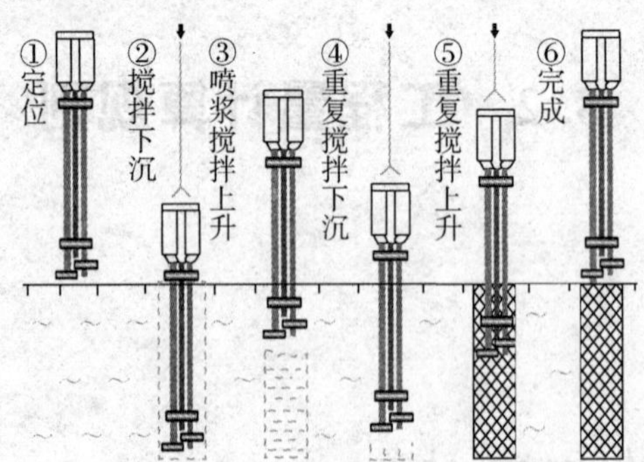

图 8.2　三轴搅拌桩具体施工工艺图

5. 高压喷射水泥桩成孔

按设计图示尺寸，以桩长（m）计算。高压喷射水泥桩是采用钻孔将装有特制合金喷嘴的注浆管下到预定位置，然后用高压水泵或高压泥浆泵（20～40 MPa）将水泥浆

通过喷嘴喷射出来，冲击破坏土体，使土粒与浆液搅拌混合，待浆液凝固以后，在土内形成一定形状的固结体，使之形成复合地基的地基处理方法。

6. 分层注浆钻孔数量

按设计图示，以钻孔深度（m）计算。注浆数量按设计图纸注明加固土体的体积（m^3）计算。

7. 压密注浆钻孔数量

按设计图示，以钻孔深度（m）计算。注浆数量按下列规定计算：

（1）设计图纸明确加固土体体积的，按设计图纸注明的体积（m^3）计算；

（2）设计图纸以布点形式图示土体加固范围的，则按两孔间距的一半作为扩散半径，以布点边线各加扩散半径形成计算平面，计算注浆体积。

（3）如果设计图纸注浆点在钻孔灌注桩之间，按两注浆孔的一半作为每孔的扩散半径，依此圆柱体积计算注浆体积。

8. 凿桩头

按凿桩长度乘以桩断面面积，以体积（m^3）计算。凿桩头如图 8.3 所示。

图 8.3　凿桩头

8.2.2　基坑支护

1. 地下连续墙

地下连续墙是在地面上用挖槽机械沿着深开挖工程的周边轴线，挖出一条狭长的深槽，在槽内放钢筋笼，浇筑混凝土，筑成的连续钢筋混凝土墙壁，作为截水、防渗、承重、挡土结构。地下连续墙适用于建造建筑物的地下室、挡土墙，高层建筑的深基础，工业建筑的深池、坑、竖井，地铁边坡支护等。

（1）现浇导墙混凝土按设计图示以体积（m^3）计算。现浇导墙混凝土模板按混凝土与模板接触面的面积，以面积（m^2）计算。

【说明】一般地下连续墙均有导墙，地下连续墙顶标高位于导墙中部。

（2）成槽工程量按设计长度乘以墙厚度及成槽深度（设计室外地坪至连续墙底），以体积（m^3）计算。

V＝设计长度×墙厚度×成槽深度

(3) 锁口以“段”为单位（段指槽壁单元槽段），锁口管吊拔按连续墙段数计算，定额中已包括锁口管的摊销费用。锁口管接头施工顺序和锁口管实物如图 8.4 所示。

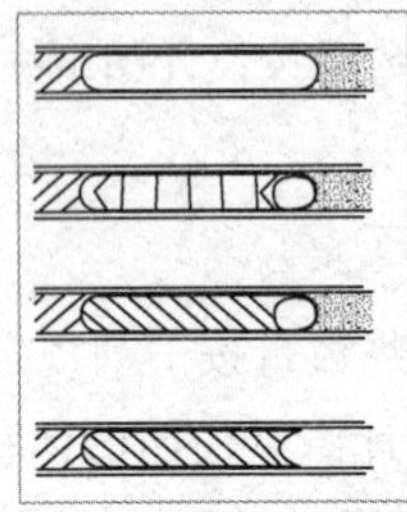

图 8.4　锁口管接头施工顺序

(a) 锁口管接头施工顺序；(b) 锁口管实物

(4) 清底置换以“段”为单位（段指槽壁单元槽段）。

(5) 浇筑连续墙混凝土工程量按设计长度乘以墙厚及墙深加 0.50 m，以体积（m³）计算。

(6) 凿地下连续墙超灌混凝土，设计无规定时，其工程量按墙体断面面积乘以 0.50 m，以体积（m³）计算。

2. 钢板桩

打拔钢板桩按设计桩体以质量（kg）计算。安拆导向夹具按设计图示尺寸以长度（m）计算。钢板桩支护和围堰如图 8.5 所示。

图 8.5　钢板桩支护和围堰

钢板桩按生产工艺划分有冷弯薄壁钢板桩和热轧钢板桩两种类型。冷弯薄壁钢板桩是对钢带进行连续冷弯变形，形成截面为 Z 形、U 形或其他形状，可通过锁口互相连接的建筑基础支护用板材。以辊压冷弯成型方法生产的钢板桩是土木工程中应用冷弯型钢的主要产品中的一种，将钢板桩用打桩机打（压）入地基，使其互相连接成钢板桩墙，用来挡土和挡水。常用断面形式有 U 形、Z 形及直腹板式。钢板桩适用于柔软地基及地下水位较高的深基坑支护，其优点是施工简便，止水性能好，可以重复使用。

3. 砂浆土钉、砂浆锚杆的钻孔、灌浆

按设计文件或施工组织设计规定（设计图示尺寸）以钻孔深度，按长度（m）计

算。喷射混凝土护坡区分土层与岩层，按设计文件（或施工组织设计）规定尺寸，以面积（m^2）计算。钢筋、钢管锚杆按设计图示以质量（kg）计算。锚头制作、安装、张拉、锁定按设计图示以套计算。

土层锚杆简称土锚杆，是在深基础土壁未开挖的土层内钻孔，达到一定深度后，在孔内放入钢筋、钢管、钢丝束、钢绞线等材料，再灌入泥浆或化学浆液，使其与土层结合成为抗拉（拔）力强的锚杆。锚杆端部与护壁桩连接，防止土壁坍塌或滑坡。土层锚杆一般由锚头、自由段和锚固段三部分组成，其中锚固段用水泥浆或水泥砂浆将杆体（预应力筋）与土体黏结在一起形成锚杆的锚固体。根据土体类形、工程特性与使用要求，土层锚杆锚固体结构可设计为圆柱型、端部扩大头型或连续球体型三类。

在基坑开挖坡面，用机械钻孔或洛阳铲成孔，孔内放钢筋并注浆，在坡面安装钢筋网，喷射厚 80～100 mm 的 C20 混凝土，使 土体、钢筋与喷射混凝土面板结合，成为深基坑。其优点是施工设备较简单；比用挡土桩锚杆施工简便；施工速度较快，节省工期，造价较低。其适用于地下水位较低的黏土、砂土、粉土地基，基坑深度一般在 15 m 以内。土钉支护如图 8.6 所示。

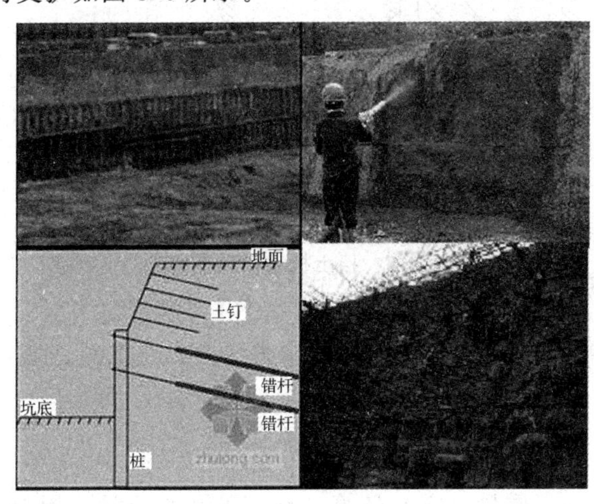

图 8.6　土钉支护

4. 挡土板

按设计文件（或施工组织设计）规定的支挡范围，以面积（m^2）计算。

挡土板（图 8.7）是为了防止沟槽、基坑土方坍塌而采取的一种临时性的挡土结构，一般由撑板和横撑组成，常用钢、木、竹制作。按横撑所使用的材质可分为木支撑和铁支撑。木支撑用圆木或方木制作横撑，铁支撑用专用的铁撑脚作横撑。钢制桩挡土板支撑是在沟槽、基坑开挖前用打桩机械打入槽型钢板桩，打好桩后，在开挖土方的同时，设置横撑对槽型钢板桩进行加固。

按撑板的排列方式有横板密撑、横板疏撑、竖板密撑、竖板疏撑等，如图 8.8 所示。

按撑板的材质可分为木挡土板、竹挡土板、钢挡土板。

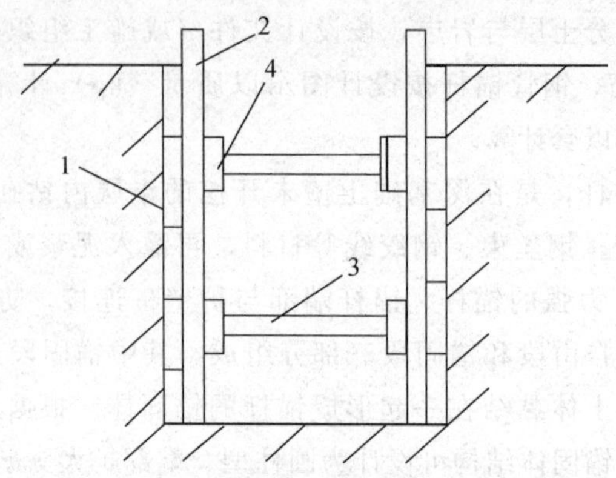

图 8.7　挡土板

1—水平挡土板；2—竖枋木；3—撑木；4—木楔

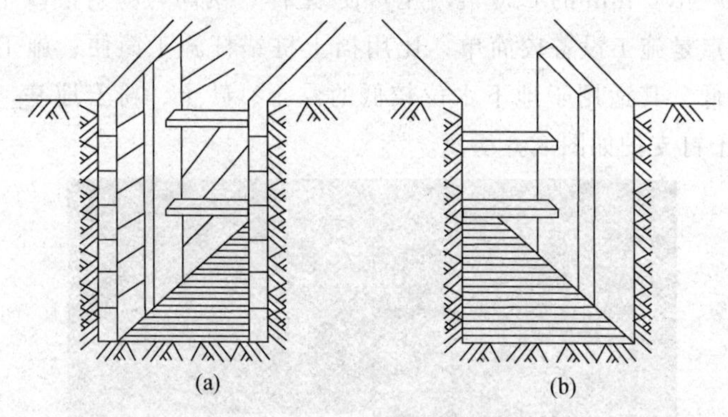

图 8.8　挡土板密撑和梳撑

(a) 密撑；(b) 疏撑

支挡土板挖沟槽、基坑时，其挖土宽度按图示沟槽、基坑底宽，单面加 10 cm，双面加 20 cm 计算。

5. 钢管支撑

按设计图示尺寸，以质量（kg）计算，不扣除孔眼质量，焊条、铆钉、螺栓等也不另增加质量，如图 8.9 所示。

图 8.9　钢管支撑

【例 8.1】　某工程采用拉森式钢板桩用于基坑支护，深度为 6 m，长度为 80 m。已知该产品规格为单根 76.99 kg/m，每米宽为 192.58 kg/m。试求其工程量及定额项目。

解　钢板桩工程量＝80×6×192.58＝92438（kg）＝92.438（t）

套桩长≤6m，定额 2-77：

定额基价＝14 360.50（元/10t）

定额直接费＝92.438×14 360.50÷10＝132 745.59（元）

8.3　工程量清单计价规范

8.3.1　地基处理

工程量清单项目设置、项目特征描述、计量单位及工程量计算规则应按表 8.1 的规定执行。

表 8.1　地基处理（编号：010201）

项目编码	项目名称	项目特征	计量单位	工程量计算规则	工作内容
010201001	换填垫层	1. 材料种类及配比 2. 压实系数 3. 掺加剂品种	m^3	按设计图示尺寸以体积计算	1. 分层铺填 2. 碾压、振密或夯实 3. 材料运输

（续表）

<table>
<tr><th>项目编码</th><th>项目名称</th><th>项目特征</th><th>计量单位</th><th>工程量计算规则</th><th>工作内容</th></tr>
<tr><td>010201002</td><td>铺设土工合成材料</td><td>1. 部位
2. 品种
3. 规格</td><td rowspan="4">m^2</td><td>按设计图示尺寸以面积计算</td><td>1. 挖填锚固沟
2. 铺设
3. 固定
4. 运输</td></tr>
<tr><td>010201003</td><td>预压地基</td><td>1. 排水竖井种类、断面尺寸、排列方式、间距、深度
2. 预压方法
3. 预压荷载、时间
4. 砂垫层厚度</td><td rowspan="3">按设计图示尺寸以加固面积计算</td><td>1. 设置排水竖井、盲沟、滤水管
2. 铺设砂垫层、密封膜
3. 堆载、卸载或抽气设备安拆、抽真空
4. 材料运输</td></tr>
<tr><td>010201004</td><td>强夯地基</td><td>1. 夯击能量
2. 夯击遍数
3. 地耐力要求
4. 夯填材料种类
5. 夯填材料种类</td><td>1. 铺设夯填材料
2. 强夯
3. 夯填材料运输</td></tr>
<tr><td>010201005</td><td>振冲密实（不填料）</td><td>1. 地层情况
2. 振密深度
3. 孔距</td><td>1. 振冲加密
2. 泥浆运输</td></tr>
<tr><td>010201006</td><td>振冲桩（填料）</td><td>1. 地层情况
2. 空桩长度、桩长
3. 桩径
4. 填充材料种类</td><td rowspan="2">1. m
2. m^3</td><td>1. 以米计量，按设计图示尺寸以桩长计算
2. 以立方米计量，按设计桩截面面积乘以桩长以体积计算</td><td>1. 振冲成孔、填料、振实
2. 材料运输
3. 泥浆运输</td></tr>
<tr><td>010201007</td><td>砂石桩</td><td>1. 地层情况
2. 空桩长度、桩长
3. 桩径
4. 成孔方法</td><td>1. 以米计量，按设计图示尺寸以桩长（包括桩尖）计算
2. 以立方米计量，按设计桩截面面积乘以桩长（包括桩尖）以体积计算</td><td>1. 成孔
2. 填充、振实
3. 材料运输</td></tr>
</table>

（续表）

项目编码	项目名称	项目特征	计量单位	工程量计算规则	工作内容
010201008	水泥粉煤灰碎石桩	1. 地层情况 2. 空桩长度、桩长 3. 桩径 4. 成孔方法 5. 混合料强度等级	m	按设计图示尺寸以桩长（包括桩尖）计算	1. 成孔 2. 混合料制作、灌注、养护 3. 材料运输

注：①地层情况按相应的规定，并根据岩土工程勘察报告按单位工程各地层所占比例（包括范围值）进行描述。对无法准确描述的地层情况，可注明由投标人根据岩土工程勘察报告自行决定报价。

②项目特征中的桩长应包括桩尖，空桩长度＝孔深－桩长，孔深为自然地面至设计桩底的深度。

③高压喷射注浆类型包括旋喷、摆喷、定喷，高压喷射注浆方法包括单管法、双重管法、三重管法。

④复合地基的检测费用按国家相关取费标准单独计算，不在本清单项目中。

⑤如采用泥浆护壁成孔，工作内容包括土方、废泥浆外运；如采用沉管灌注成孔，工作内容包括桩尖制作、安装。

⑥弃土（不含泥浆）清理、运输按相关项目编码列项。

8.3.2　基坑与边坡支护

工程量清单项目设置、项目特征描述的内容、计量单位及工程量计算规则应按表 8.2 的规定执行。

表 8.2　基坑与边坡支护（编号：010202）

项目编码	项目名称	项目特征	计量单位	工程量计算规则	工作内容
010202001	地下连续墙	1. 地层情况 2. 导墙类型、截面 3. 墙体厚度 4. 成槽深度 5. 混凝土类别、强度等级 6. 接头形式	m^3	按设计图示墙中心线长乘以厚度乘以槽深以体积计算	1. 导墙挖填、制作、安装、拆除 2. 挖土成槽、固壁、清底置换 3. 混凝土制作、运输、 灌注、养护 4. 接头处理 5. 土方、废泥浆外运 6. 打桩场地硬化及泥浆池、泥浆沟

（续表）

项目编码	项目名称	项目特征	计量单位	工程量计算规则	工作内容
010202002	咬合灌注桩	1. 地层情况 2. 桩长 3. 桩径 4. 混凝土类别、强度等级 5. 部位	1. m 2. 根	1. 以米计量，按设计图示尺寸以桩长计算 2. 以根计量，按设计图示数量计算	1. 成孔、固壁 2. 混凝土制作、运输、灌注、养护 3. 套管压拔 4. 土方、废泥浆外运 5. 打桩场地硬化及泥浆池、泥浆沟
010202004	预制钢筋混凝土板桩	1. 地层情况 2. 送桩深度、桩长 3. 桩截面 4. 混凝土强度等级 5. 连接方式 6. 混凝土强度等级	1. m 2. 根	1. 以米计量，按设计图示尺寸以桩长（包括桩尖）计算 2. 以根计量，按设计图示数量计算	1. 工作平台搭拆 2. 桩机竖拆、移位 3. 沉桩 4. 接桩
010202005	型钢桩	1. 地层情况或部位 2. 送桩深度、桩长 3. 规格型号 4. 桩倾斜度 5. 防护材料种类 6. 是否拔出	1. t 2. 根	1. 以吨计量，按设计图示尺寸以质量计算 2. 以根计量，按设计图示数量计算	1. 工作平台搭拆 2. 桩机竖拆、移位 3. 打（拔）桩 4. 接桩 5. 刷防护材料
010202006	钢板桩	1. 地层情况 2. 桩长 3. 板桩厚度	1. t 2. m^2	1. 以吨计量，按设计图示尺寸以质量计算 2. 以平方米计量，按设计图示墙中心线长乘以桩长以面积计算	1. 工作平台搭拆 2. 桩机竖拆、移位 3. 打拔钢板桩

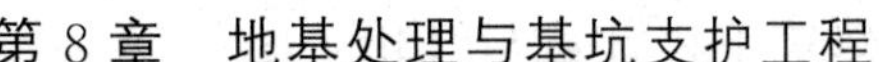

（续表）

<table>
<tr><th>项目编码</th><th>项目名称</th><th>项目特征</th><th>计量单位</th><th>工程量计算规则</th><th>工作内容</th></tr>
<tr><td>010202007</td><td>预应力锚杆、锚索</td><td>1. 地层情况
2. 锚杆（索）类型、部位
3. 钻孔深度
4. 钻孔直径
5. 杆体材料品种、规格、数量
6. 浆液种类、强度等级
7. 浆液种类、强度等级</td><td rowspan="2">1. m
2. 根</td><td rowspan="2">1. 以米计量，按设计图示尺寸以钻孔深度计算
2. 以根计量，按设计图示数量计算</td><td>1. 钻孔、浆液制作、运输、压浆
2. 锚杆、锚索索制作、安装
3. 张拉锚固
4. 锚杆、锚索施工平台搭设、拆除</td></tr>
<tr><td>010202008</td><td>其他锚杆、土钉</td><td>1. 地层情况
2. 钻孔深度
3. 钻孔直径
4. 置入方法
5. 杆体材料品种、规格、数量
6. 浆液种类、强度等级</td><td>1. 钻孔、浆液制作、运输、压浆
2. 锚杆、土钉制作、安装
3. 锚杆、土钉施工平台搭设、拆除</td></tr>
<tr><td>010202009</td><td>喷射混凝土、水泥砂浆</td><td>1. 部位
2. 厚度
3. 材料种类
4. 混凝土（砂浆）类别、强度等级</td><td>m^2</td><td>按设计图示尺寸以面积计算</td><td>1. 修整边坡
2. 混凝土（砂浆）制作、运输、喷射、养护
3. 钻排水孔、安装排水管
4. 喷射施工平台搭设、拆除</td></tr>
</table>

（续表）

项目编码	项目名称	项目特征	计量单位	工程量计算规则	工作内容
010202010	钢筋混凝土支撑	1. 部位 2. 混凝土强度等级 3. 混凝土强度等级	m^3	按设计图示尺寸以体积计算	1. 模板（支架或支撑）制作、安装、拆除、堆放、运输及清理模内杂物、刷隔离剂等 2. 混凝土制作、运输、浇筑、振捣、养护
010202011	钢支撑	1. 部位 2. 钢材品种、规格 3. 探伤要求	t	按设计图示尺寸以质量计算；不扣除孔眼质量，焊条、铆钉、螺栓等不另增加质量	1. 支撑、铁件制作（摊销、租赁） 2. 支撑、铁件安装 3. 探伤 4. 刷漆 5. 拆除 6. 运输

注：①地层情况按相应的规定，并根据岩土工程勘察报告按单位工程各地层所占比例（包括范围值）进行描述。对无法准确描述的地层情况，可注明由投标人根据岩土工程勘察报告自行决定报价。

②其他锚杆指不施加预应力的土层锚杆和岩石锚杆。置入方法包括钻孔置入、打入或射入等。

③基坑与边坡的检测、变形观测等费用按国家相关取费标准单独计算，不在本清单项目中。

④地下连续墙和喷射混凝土的钢筋网及咬合灌注桩的钢筋笼制作、安装，按相关项目编码列项。

本章小结

通过本章的学习，要求掌握以下内容：

1. 地基处理与边坡支护工程的定额说明；
2. 地基处理与边坡支护工程工程量计算规则及计算方法；
3. 地基处理与边坡支护工程的清单计价规则。

习题

一、选择题

1. 对局部存在较厚软土的地基，一般可采用（　　）。

   A. 灰土换填 B. 重锤夯实　　　C．堆载预压　　　D. 钻孔灌注桩

2. 根据《建设工程工程量清单计价规范》（GB 50500—2013），地下连续墙工程量应（　　）计算。

   A. 按设计图示槽横断面面积乘以槽深以体积计算

   B. 按设计图示尺寸以支护面积计算

   C. 按设计图示以墙中心线长度计算

   D. 按设计图示以墙中心线长度乘以槽深以体积计算

3. 根据《建设工程工程量清单计价规范》（GB 50500—2013），下列关于基坑支护工程量计算正确的是（　　）。

   A. 地下连续墙按设计图示墙中心线长度以 m 计算

   B. 预制钢筋混凝土板桩按设计图示数量以根计算

   C. 钢板桩按设计图示数量以根计算

   D. 喷射混凝土按设计图示面积乘以喷层厚度以体积计算

二、思考题

1. 地基强夯工程量应如何计算?

2. 钢支撑工程量应如何计算?

第 9 章　桩基工程

本章桩基础工程部分适用于一般工业与民用建筑工程，不适用于水工建筑、公路桥梁工程。桩基础分部主要包括预制钢筋混凝土桩和现场灌注桩两个项目。混凝土桩是目前应用最广泛的桩，具有制作方便，桩身强度高，能承受较大的荷载，坚固耐久，施工速度快，价格低等优点，但其施工对周围环境影响较大。

预制桩主要包括打预制钢筋混凝土桩、预应力钢筋混凝土管桩，预制管桩接桩，打预制板桩、钢桩（主要有钢管桩和 H 管桩）。预制混凝土方桩多为钢筋混凝土桩，断面尺寸一般为 200 mm×200 mm～500 mm×500 mm，限于桩架高度和运输条件，桩长一般不超过 12 m，否则应分节制作，然后在打桩过程中予以接长，但接头不宜超过 3 个。预制混凝土空心管桩断面直径一般为 350～600 mm，壁厚为 80～100 mm，每节长 8 m、10 m、12 m 不等，接桩时接头数量不宜超过 4 个。混凝土管桩各节之间的连接方法有角钢焊接，法兰螺栓连接。图 9.1 所示为桩的焊接。图 9.2 所示为由法兰盘连接接桩。

图 9.1　桩的焊接

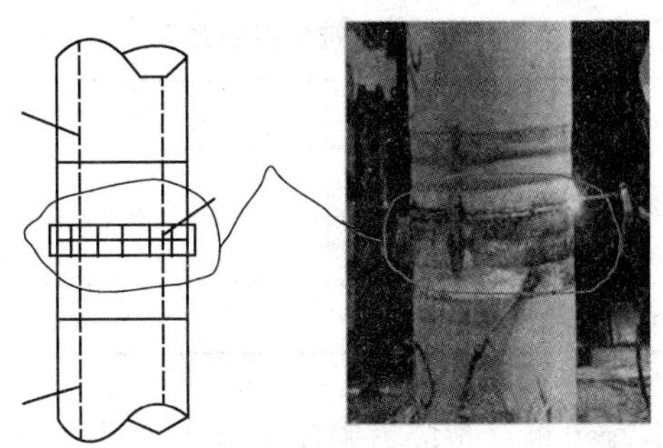

图 9.2　法兰盘连接接桩

灌注桩按施工方法划分主要包括人工挖孔灌注桩、钻孔灌注桩、沉管灌注桩。

9.1　定额说明

(1) 本章定额包括打桩和灌注桩。

(2) 本章定额适用于陆地上桩基工程，所列打桩机械的规格和型号是按常规施工工艺和方法综合取定，施工现场的土质级别也进行了综合取定。

(3) 桩基施工前场地平整、地表压实、地下障碍处理等定额均未考虑，发生时另行计算。

(4) 探桩位已综合考虑在各类桩基定额内，不另行计算。

(5) 单位工程的桩基工程量少于表 9.1 对应数量时，相应项目人工、机械乘以系数 1.25。灌注桩单位工程的桩基工程量指灌注混凝土量。

表 9.1　单位工程的桩基工程量表

项目	单位工程的工程量	项目	单位工程的工程量
预制钢筋混凝土方桩	200 m^3	钻孔、旋挖成孔灌注桩	150 m^3
预应力钢筋混凝土管桩	1 000 m	沉管、冲孔成孔灌注桩	100 m^3
预制钢筋混凝土板桩	100 m^3	钢管桩	50 t

(6) 打桩。

①单独打试桩、锚桩，按相应定额的打桩人工及机械乘以系数 1.50。

②打桩工程按陆地打垂直桩编制。设计要求打斜桩时，斜度≤1∶6 时，相应项目人工、机械乘以系数 1.25；斜度>1∶6 时，相应项目人工、机械乘以系数 1.43。

③打桩工程以平地（坡度≤15°）打桩为准，坡度>15°打桩时，按相应人工、机械乘以系数 1.15。如在基坑内（基坑深度>1.50 m，基坑面积≤500 m^2）打桩或在地坪上打坑槽（坑槽深度>1.00 m）内桩，按相应项目人工、机械乘以系数 1.11。

④在桩间补桩或在强夯后的地基上打桩时，相应项目人工、机械乘以系数 1.15。

⑤打桩工程，如遇送桩，可按打桩相应项目人工、机械乘以表 9.2 中的系数。

表 9.2　送桩深度系数表

送桩深度	系数
≤2 m	1.25
≤4 m	1.43
>4 m	1.67

⑥打、压预制钢筋混凝土桩、预应力钢筋混凝土管桩，定额按购入成品构件考虑，其中已包含桩位半径在 15 m 范围内的移动、起吊、就位；超过 15 m 的场地内运输，按本定额的相应项目计算。

⑦本章定额内不包括预应力钢筋混凝土管桩钢桩尖制作安装项目，实际发生时按预埋铁件项目执行。

⑧预应力钢筋混凝土管桩桩头灌芯部分按人工挖孔桩灌桩芯项目执行。

(7) 灌注桩。

①钻孔、冲孔、旋挖成孔等灌注桩设计要求进入岩石层时执行入岩子目。入岩指钻入中风化的坚硬岩。

②旋挖成孔、冲孔桩机带冲抓锤成孔灌注桩项目按湿作业成孔考虑，如果采用干作业成孔工艺，则扣除定额项目中的黏土、水和机械中的泥浆泵。

③定额各种灌注桩的材料用量中，均已包括充盈系数和材料损耗率，见表 9.3。

表 9.3　灌注桩充盈系数和材料损耗率表

项目名称	充盈系数	损耗率/%
冲孔桩机成孔灌注混凝土桩	1.30	1
旋挖、冲击钻机钻孔灌注混凝土桩	1.25	1
回旋、螺旋钻机钻孔灌注混凝土桩	1.20	1
沉管桩机成孔灌注混凝土桩	1.15	1

④人工挖孔桩土石方子目中，已综合考虑孔内照明、通风。人工挖孔桩，桩内垂直运输方式按人工考虑，深度超过 16 m 时，相应定额乘以系数 1.20；深度超过 20 m 时，相应定额乘以系数 1.50。

⑤人工清桩孔石碴子目适用于岩石被松动后的挖除和清理。

⑥桩孔空钻部分回填应根据施工组织设计要求套用相应定额，填土者按本定额松填土方项目计算，填碎石者按本定额碎石垫层项目乘以系数 0.70 计算。

⑦旋挖桩、螺旋桩、人工挖孔桩等干作业成孔桩的土石方场内、场外运输，执行本定额相应的土石方装车、运输项目。

⑧本章定额内不包括泥浆池制作，实际发生时按本定额的相应项目执行。

⑨本章定额内不包括泥浆场外运输，实际发生时按本定额泥浆罐车运淤泥流沙相

应项目执行。

⑩本章定额内不包括桩钢筋笼、铁件制作安装项目，实际发生时按本定额的相应项目执行。

⑪本章定额内不包括沉管灌注桩的预制桩尖制作安装项目，实际发生时按本定额的小型构件项目执行。

⑫灌注桩后压浆注浆管、声测管埋设，注浆管、声测管如遇材质、规格不同，可以换算，其余不变。

⑬注浆管埋设定额按桩底注浆考虑，如设计采用侧向注浆，则人工、机械乘以系数 1.20。

9.2 工程量计算规则

9.2.1 打桩

1. 预制钢筋混凝土桩

打、压预制钢筋混凝土桩按设计桩长（包括桩尖长度）乘以桩截面面积，以体积（m^3）计算，如图 9.3 所示。

【说明】打桩、压桩、送桩均按“桩长”划分子目。施工中，可分段预制，然后连接成一整根桩，这里的桩长是指整根桩的设计长度，而不是指预制的每段桩的长度。打桩、压桩、送桩的工作内容包括准备打桩机具、打桩机移位、预制桩起吊就位、安装桩帽、校正垂直度、沉桩。

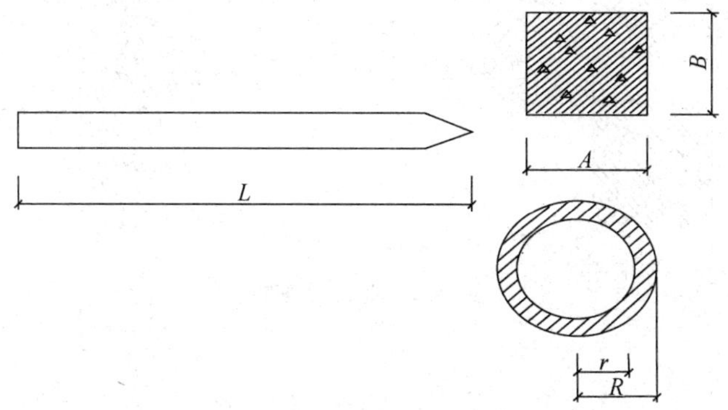

图 9.3 预制钢筋混凝土桩

方桩：

$$V=A\times B\times L$$

式中 V——预制钢筋混凝土桩工程量，m^3；

A、B——方桩断面尺寸，m；

L——设计桩长（包括桩尖长度，不扣除桩尖部分虚体积），m。

2. 预应力钢筋混凝土管桩

(1) 打、压预应力钢筋混凝土管桩按设计桩长（不包括桩尖长度）乘以桩截面面积，以体积（m³）计算，如图 9.3 所示。

管桩： $V=\pi(R^2-r^2)\times(L-\text{桩尖长度})$

式中：V——预应力钢筋混凝土管桩工程量，m³；

R、r——管桩外半径、内半径，m；

L——设计桩长（包括桩尖长度，不扣除桩尖部分虚体积），m。

（2）预应力钢筋混凝土管桩钢桩尖按设计图示尺寸，以质量计算。

（3）预应力钢筋混凝土管桩，如设计要求加注填充材料，填充部分另按本章钢管桩芯相应项目执行。

（4）桩头灌芯按设计尺寸以灌注体积计算。

3. 钢管桩

（1）钢管桩按设计要求的桩体以质量计算。

（2）钢管桩内切割、精割盖帽按设计要求以数量计算。

（3）钢管桩管内钻孔取土、填芯按设计桩长（包括桩尖长度）乘以填芯截面面积，以体积计算。

4. 打桩工程的送桩

送桩均按设计桩顶标高至打桩前的自然地坪标高另加 0.50 m 计算相应的送桩工程量。

在打预制钢筋混凝土桩中，有时要求将桩顶面打到低于桩架操作平台以下，或打入自然地坪以下。此时，桩锤不能直接锤击到桩头，而必须将另一根桩接到桩的上端，以便把桩送至设计标高，此过程即为送桩。送桩示意图如图 9.4 所示。

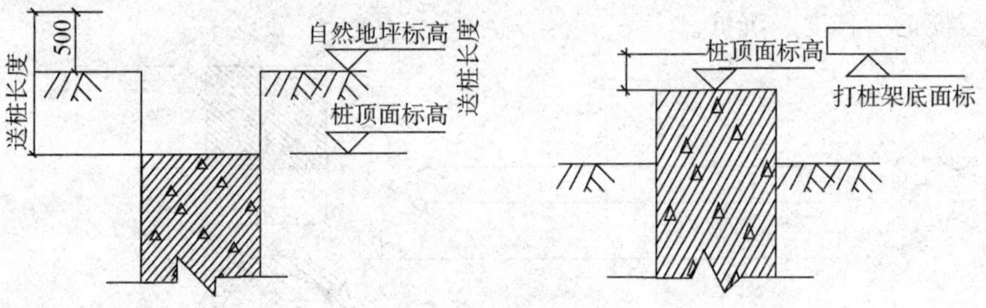

图 9.4　送桩示意图

送桩工程量：

$$V_{\text{送桩}}=S\times(h+0.5)\ (\text{m}^3)$$

式中　S——预制桩截面面积（m²）；

h——自设计室外地面标高至设计桩顶面标高的距离（m）。

5. 预制混凝土桩、钢管桩电焊接桩

按设计要求接桩头的数量计算。

定额按实际应用接桩方法考虑以电焊接桩为主，如图 9.5 所示。接桩工程量计算应根据电焊接桩按设计接头，以个计算，角钢、钢板含量可按设计重量调整。

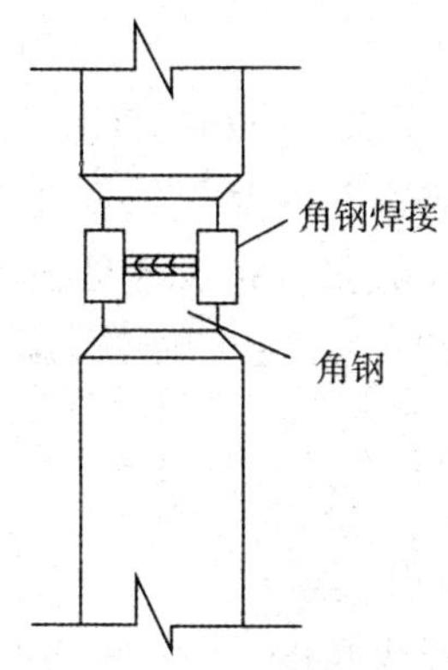

图 9.5　电焊接桩示意图

6. 预制混凝土桩截桩

按设计要求截桩的数量计算。截桩长度≤1 m 时，不扣减相应桩的打桩工程量；截桩长度＞1 m 时，其超过部分按实扣减打桩工程量，但桩体的价格不扣除。

7. 预制混凝土桩凿桩头

按设计图示桩截面面积乘以凿桩头长度，以体积计算。凿桩头长度设计无规定时，凿桩头长度按桩体高度 $40d$（d 为桩体主筋直径，主筋直径不同时取大者）计算；灌注混凝土桩凿桩头按设计超灌高度（设计有规定按设计要求，设计无规定按 0.50m）乘以桩身设计截面积以体积计算。

8. 桩头钢筋整理

按所整理的桩的数量计算。

9.2.2　灌注桩

灌注桩指在工程现场通过机械钻孔、钢管挤土或人力挖掘等手段在地基土中形成桩孔，并在其内放置钢筋笼、灌注混凝土而形成的桩。依照成孔方法不同，灌注桩可分为沉管灌注桩、钻孔灌注桩和挖孔灌注桩等。

现场灌注桩包括钻（冲）孔桩、旋挖桩、夯扩桩等。其工作内容包括准备打桩机具、打桩过程中桩机的移动、安放桩尖或埋设及拆除护筒、打拔钢管或钻孔清孔、泥浆制备、钢筋笼制安、导管安拆、灌注混凝土以及泥浆外运等。一般成孔深度大于设计桩长，其上部空孔部分已综合考虑自然地面高低不平的情况，单桩浇灌时（不复打），不另行计取空段人工、机械费用。

1. 打孔灌注桩

(1) 灌注桩分混凝土灌注桩和砂石灌注桩两种。其工程量按设计规定的桩长（包括桩尖，不扣除桩尖部分虚体积）乘以钢管管箍外径截面面积，以体积（m^3）计算，即

$$V = S \times L$$

式中：S——钢管管箍外径截面积，m^2；

L——设计桩长（包括桩尖长度，不扣除桩尖部分虚体积），m。

（2）使用预制混凝土桩尖，再灌注混凝土桩者，其桩尖的工程量按钢筋混凝土模块计算体积；灌注混凝土部分的工程量，按设计桩长（不包括桩尖长度，为自桩尖的顶面至桩顶面的高度）乘以钢管管箍外径断面面积，以 m^3 计算。灌注混凝土部分工程量为

$$V=S\times L_0$$

式中：S——钢管管箍外径断面面积，m^2；

L_0——设计桩长（不包括桩尖长度，为自桩尖的顶面至桩顶面的高度），m。

2. 钻孔桩、旋挖桩成孔工程量

按打桩前自然地坪标高至设计桩底标高的成孔长度乘以设计桩径截面面积，以体积（m^3）计算。入岩增加工程量按实际入岩深度乘以设计桩径截面面积，以体积（m^3）计算。

3. 冲孔桩基冲击（抓）锤冲孔工程量

分别按进入土层、岩石层的成孔长度乘以设计桩径截面面积，以体积（m^3）计算。

4. 钻孔桩、旋挖桩、冲孔桩灌注混凝土工程量

按设计桩径截面面积乘以设计桩长（包括桩尖长度）另加加灌长度，以体积（m^3）计算。加灌长度设计有规定者，按设计要求计算；无规定者，按 0.50 m 计算。

钻孔灌注桩的施工，因其所选护壁形成的不同，有泥浆护壁施工法和全套管施工法两种。

冲击钻孔、冲抓钻孔和回转钻削成孔等均可采用泥浆护壁施工法。该施工法的过程：平整场地→制备泥浆→埋设护筒→铺设工作平台→安装钻机并定位→钻进成孔→清孔并检查成孔质量→下放钢筋笼→灌注水下混凝土→拔出护筒→检查质量。

全套管施工法一般的施工过程：平整场地→铺设工作平台→安装钻机→压套管→钻进成孔→安放钢筋笼→放导管→浇注混凝土→拉拔套管→检查成桩质量。

旋挖桩工艺流程：旋挖钻机就位→埋设护筒→钻头轻着地后旋转开钻；当钻头内装满土砂料时提升出孔外→旋挖钻机旋回，将其内的土砂料倾倒在土方车或地上→关上钻头活门，旋挖钻机旋回到原位，锁上钻机旋转体→放下钻头→钻孔完成，清孔并测定深度→放入钢筋笼和导管→进行混凝土灌注→拔出护筒并清理桩头→沉淤回填，成桩。

5. 沉管成孔工程量

按打桩前自然地坪标高至设计桩底标高（不包括预制桩尖）的成孔长度乘以钢管外径截面面积，以体积（m^3）计算。

沉管灌注

6. 沉管桩灌注混凝土工程量

按钢管外径截面面积乘以设计桩长（不包括预制桩尖）另加加灌长

度，以体积（m^3）计算。加灌长度设计有规定者，按设计要求计算，无规定者，按 0.50 m 计算。

7. 人工挖孔桩挖孔工程量

分别按进入土层、岩石层的成孔长度乘以设计护壁外围截面面积，以体积（m^3）计算。

8. 人工挖孔桩模板工程量

按现浇混凝土护壁与模板的实际接触面积（m^2）计算。

9. 人工挖孔灌注桩混凝土护壁和桩芯工程量

人工挖孔灌注桩

分别按设计图示截面面积乘以设计桩长另加加灌长度，以体积（m^3）计算。加灌长度设计有规定者，按设计要求计算；无规定者，按 0.25 m 计算。

10. 钻（冲）孔灌注桩、人工挖孔桩

设计要求扩底工程量按设计尺寸，以体积（m^3）计算，并入相应的工程量内。

11. 泥浆护壁成孔灌注桩施工

当潜水钻头钻入土中时，要向孔内注入泥浆，这些泥浆与钻屑形成混合液，再通过中空钻杆或胶管送到地表面，这就是需要运输的泥浆。泥浆运输按成孔工程量，以体积（m^3）计算。

12. 桩孔回填工程量

按打桩前自然地坪标高至桩加灌长度的顶面的深度乘以桩孔截面面积，以体积（m^3）计算。

13. 钻孔压浆桩工程量

按设计桩长，以长度（m）计算。

14. 注浆管、声测管埋设工程量

按打桩前的自然地坪标高至设计桩底标高的深度另加 0.50 m，以长度（m）计算。

15. 桩底（侧）后压浆工程量

按设计注入水泥用量，以质量计算。如果水泥用量差别大，则允许换算。

【例 9.1】　某桩基础工程，设计为预制方桩 300 mm×300 mm，每根工程桩长 18 m（6 m+6 m+6 m），共 200 根。桩顶标高为－2.150 m，设计室外地面标高为－0.600 m，柴油打桩机施工，硫胶泥接头。试计算场内运方桩、打桩、接桩及送桩工程量。

解　定额中不包括钢筋混凝土桩的制作废品率、运输堆放损耗及安装（打桩损耗）。

(1) 打预制方桩:(打桩损耗率为 2%)

$V=18\times0.3\times0.3\times200\times1.02=330.48\ (m^3)$

(2) 场内运方桩:(应包括打桩损耗率 1.5%)

$V=18\times0.3\times0.3\times200\times1.015=328.86\ (m^3)$

(3) 硫胶泥接桩:按每根桩 2 个接头计算接头面积,不计算损耗。

$S=0.3\times0.3\times200\times2=36\ (m^2)$

(4) 送方桩:

送桩深度$=2.15-0.6+0.5=2.05$ (m)

$V=0.3\times0.3\times200\times2.05=36.9\ (m^3)$

【例 9.2】 试计算图 9.6 所示柴油打桩机预制钢筋混凝土管桩 20 根的工程量。

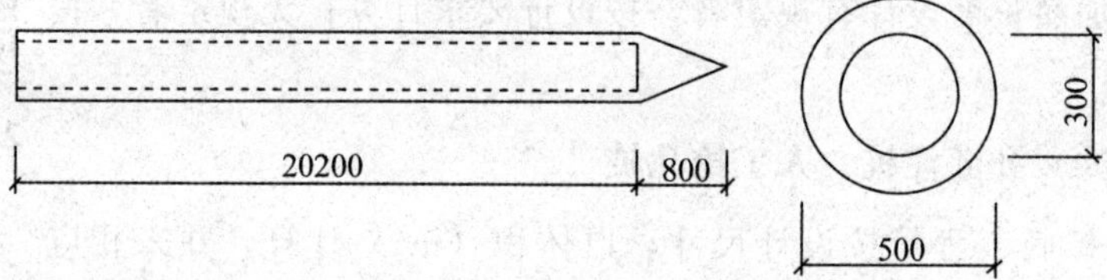

图 9.6 预制钢筋混凝土管桩

解 打桩工程量$=(3.14\times0.25^2\times21-3.14\times0.15\times20.2)\times20=53.88\ (m^3)$

9.3 工程量清单计算规范

9.3.1 打桩

工程量清单项目设置、项目特征描述、计量单位及工程量计算规则应按表 9.4 的规定执行。

表 9.4　打桩（编号：010301）

项目编码	项目名称	项目特征	计量单位	工程量计算规则	工作内容
010301001	预制钢筋混凝土方桩	1. 地层情况 2. 送桩深度、桩长 3. 桩截面 4. 桩倾斜度 5. 混凝土强度等级 6. 接桩方式 7. 混凝土强度等级	1. m 2. 根	1. 以米计量，按设计图示尺寸以桩长（包括桩尖）计算 2. 以根计量，按设计图示数量计算	1. 工作平台搭拆 2. 桩机竖拆、移位 2. 沉桩 3. 接桩 4. 送桩
010301002	预制钢筋混凝土管桩	1. 地层情况 2. 送桩深度、桩长 3. 桩外径、壁厚 4. 桩倾斜度 5. 混凝土强度等级 6. 填充材料种类 7. 防护材料种类 8. 填充材料种类 9. 防护材料种类			1. 工作平台搭拆 2. 桩机竖拆、移位 3. 沉桩 4. 接桩 5. 送桩 6. 填充材料、刷防护材料
010301003	钢管桩	1. 地层情况 2. 送桩深度、桩长 3. 材质 4. 管径、壁厚 5. 桩倾斜度 6. 填充材料种类 7. 防护材料种类	1. t 2. 根	1. 以吨计量，按设计图示尺寸以质量计算 2. 以根计量，按设计图示数量计算	1. 工作平台搭拆 2. 桩机竖拆、移位 3. 沉桩 4. 接桩 5. 送桩 6. 切割钢管、精割盖帽 7. 管内取土 8. 填充材料、刷防护材料
010301004	截（凿）桩头	1. 桩头截面、高度 2. 混凝土强度等级 3. 有无钢筋 4. 桩类型	1. m^3 2. 根	1. 以立方米计量，按设计桩截面面积乘以桩头长度以体积计算 2. 以根计量，按设计图示数量计算	

注：①地层情况按相关规定，并根据岩土工程勘察报告按单位工程各地层所占比例（包括范围值）进行描述。对无法准确描述的地层情况，可注明由投标人根据岩土工程勘察报告自行决定报价。

②项目特征中的桩截面、混凝土强度等级、桩类型等可直接用标准图代号或设计桩型进行描述。

③打桩项目包括成品桩购置费，如果用现场预制桩，应包括现场预制的所有费用。

④打试验桩和打斜桩应按相应项目编码单独列项，并应在项目特征中注明试验桩或斜桩（斜率）。

⑤桩基础的承载力检测、桩身完整性检测等费用按国家相关取费标准单独计算，不在本清单项目中。

【例 9.3】 某桩基础工程，设计为预制方桩 400 mm×400 mm，每根工程桩长 12 m（桩尖部分长 500 mm），共 108 根。试计算预制桩的清单工程量。若土壤级别为三类，打垂直桩，桩的强度等级 C30，试编制该项目的工程量清单。

解 （1）计算预制桩的清单工程量：

单根方桩的工程量＝12＋0.50＝12.50（m）

所有预制桩的工程量＝108×12.50＝1 350（m）

（2）编制该项目的工程量清单，见表 9.5。

表 9.5 项目工程量清单与计价

序号	项目编码	项目名称	项目特征描述	计量单位	工程量	金额		
						综合单价	合价	暂估价
1	010301001001	预制钢筋混凝土方桩	1. 地层情况：三类土 2. 桩截面：400 mm×400 mm 4. 桩倾斜度：垂直桩 5. 混凝土强度等级：C30	m	1350			

9.3.2 灌注桩

工程量清单项目设置、项目特征描述、计量单位及工程量计算规则应按表 9.6 的规定执行。

表 9.6　灌注桩（编号：010302）

<table>
<tr><th>项目编码</th><th>项目名称</th><th>项目特征</th><th>计量单位</th><th>工程量计算规则</th><th>工作内容</th></tr>
<tr><td>010302001</td><td>泥浆护壁成孔灌注桩</td><td>1. 地层情况
2. 空桩长度、桩长
3. 桩径
4. 成孔方法
5. 护筒类型、长度
6. 混凝土类别、强度等级</td><td rowspan="3">1. m
2. m^3
3. 根</td><td rowspan="3">1. 以米计量，按设计图示尺寸以桩长（包括桩尖）计算
2. 以立方米计量，按不同截面在桩上范围内以体积计算
3. 以根计量，按设计图示数量计算</td><td>1. 护筒埋设
2. 成孔、固壁
3. 混凝土制作、运输、灌注、养护
4. 土方、废泥浆外运
5. 打桩场地硬化及泥浆池、泥浆沟</td></tr>
<tr><td>010302002</td><td>沉管灌注桩</td><td>1. 地层情况
2. 空桩长度、桩长
3. 复打长度
4. 桩径
5. 沉管方法
6. 桩尖类型
7. 混凝土类别、强度等级</td><td>1. 打（沉）拔钢管
2. 桩尖制作、安装
3. 混凝土制作、运输、灌注、养护</td></tr>
<tr><td>010302003</td><td>干作业成孔灌注桩</td><td>1. 地层情况
2. 空桩长度、桩长
3. 桩径
4. 扩孔直径、高度
5. 成孔方法
6. 混凝土类别、强度等级</td><td>1. 成孔、扩孔
2. 混凝土制作、运输、灌注、振捣、养护</td></tr>
<tr><td>010302004</td><td>挖孔桩土（石）方</td><td>1. 土（石）类别
2. 挖孔深度
3. 弃土（石）运距</td><td>m^3</td><td>按设计图示尺寸截面积乘以挖孔深度以立方米计算。</td><td>1. 排地表水
2. 挖土、凿石
3. 基底钎探
4. 运输</td></tr>
<tr><td>010302005</td><td>人工挖孔灌注桩</td><td>1. 桩芯长度
2. 桩芯直径、扩底直径、扩底高度
3. 护壁厚度、高度
4. 护壁混凝土类别、强度等级
5. 桩芯混凝土类别、强度等级</td><td>1. m^3
2. 根</td><td>1. 以立方米计量，按桩芯混凝土体积计算
2. 以根计量，按设计图示数量计算</td><td>1. 护壁制作
2. 混凝土制作、运输、灌注、振捣、养护</td></tr>
</table>

（续表）

项目编码	项目名称	项目特征	计量单位	工程量计算规则	工作内容
010302006	钻孔压浆桩	1. 地层情况 2. 空钻长度、桩长 2. 钻孔直径 3. 水泥强度等级	1. m 2. 根	1. 以米计量，按设计图示尺寸以桩长计算 2. 以根计量，按设计图示数量计算	钻孔、下注浆管、投放骨料、浆液制作、运输、压浆
010302007	桩底注浆	1. 注浆导管材料、规格 2. 注浆导管长度 3. 单孔注浆量 4. 水泥强度等级	孔	按设计图示以注浆孔数计算	1. 注浆导管制作、安装 2. 浆液制作、运输、压浆

注：①地层情况按相关的规定，并根据岩土工程勘察报告按单位工程各地层所占比例（包括范围值）进行描述。对无法准确描述的地层情况，可注明由投标人根据岩土工程勘察报告自行决定报价。

②项目特征中的桩长应包括桩尖，空桩长度＝孔深-桩长，孔深为自然地面至设计桩底的深度。

③项目特征中的桩截面（桩径）、混凝土强度等级、桩类型等可直接用标准图代号或设计桩型进行描述。

④泥浆护壁成孔灌注桩是指在泥浆护壁条件下成孔，采用水下灌注混凝土的桩。其成孔方法包括冲击钻成孔、冲抓锥成孔、回旋钻成孔、潜水钻成孔、泥浆护壁的旋挖成孔等。

⑤沉管灌注桩的沉管方法包括捶击沉管法、振动沉管法、振动冲击沉管法、内夯沉管法等。

⑥干作业成孔灌注桩是指不用泥浆护壁和套管护壁的情况下，用钻机成孔后，下钢筋笼，灌注混凝土的桩，适用于地下水位以上的土层使用。其成孔方法包括螺旋钻成孔、螺旋钻成孔扩底、干作业的旋挖成孔等。

⑦桩基础的承载力检测、桩身完整性检测等费用按国家相关取费标准单独计算，不在本清单项目中。

⑧混凝土灌注桩的钢筋笼制作、安装，按相关项目编码列项。

本章小结

通过本章的学习，要求掌握以下内容：

1. 桩基础项目的定额说明；
2. 桩基础的工程量要按照设计和定额有关规定计算，熟练定额套项运用；
3. 桩基础工程量清单编制。

习题

一、思考题

1. 桩基定额计算规则与清单计算规则有什么区别？
2. 什么是打桩？如何计算打桩工程量？

二、计算题

如图 9.7 所示，设有 16 根 250 mm×250 mm 预制钢筋混凝土方桩，需要送入土中 1.2 m，试计算送桩的定额工程量。

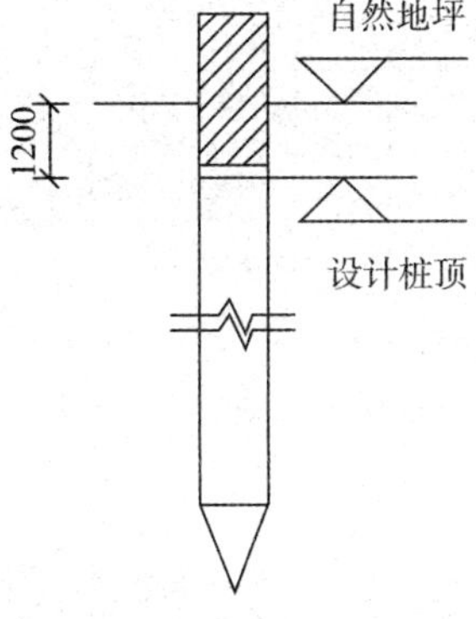

图 9.7　送桩

第10章 砌筑工程

砌筑工程包括砌筑基础、砌筑墙体、砌筑零星砌体和砌筑构筑物等，如图10.1所示。

图10.1 砌筑墙体实物

10.1 定额说明

10.1.1 本章定额内容

本章定额包括砖砌体、砌块砌体、轻质隔墙、石砌体、垫层和构筑物。

10.1.2 砖砌体、砌块砌体、石砌体

(1) 定额中砖、砌块和石料。按标准或常用规格编制，设计规格与定额不同时，砌体材料和砌筑（黏结）材料用量应调整换算。砌筑砂浆按干混预拌砌筑砂浆编制。定额所列砌筑砂浆种类和强度等级、砌筑专用黏结剂品种，如果设计与定额不同，则应调整换算。

(2) 基础与墙（柱）身的划分。

①基础与墙（柱）身使用同一种材料时，以设计室内地面为界（有地下室者，以地下室室内设计地面为界），以下为基础，以上为墙（柱）身。

②基础与墙（柱）身使用不同材料时，位于设计室内地面≤±300 mm时，以不同材料为分界线，高度>±300 mm时，以设计室内地面为分界线。

③砌筑地沟不分墙基和墙身，按不同材质合并工程量套用相应项目。

基础与墙身的划分如图 10.2 所示。

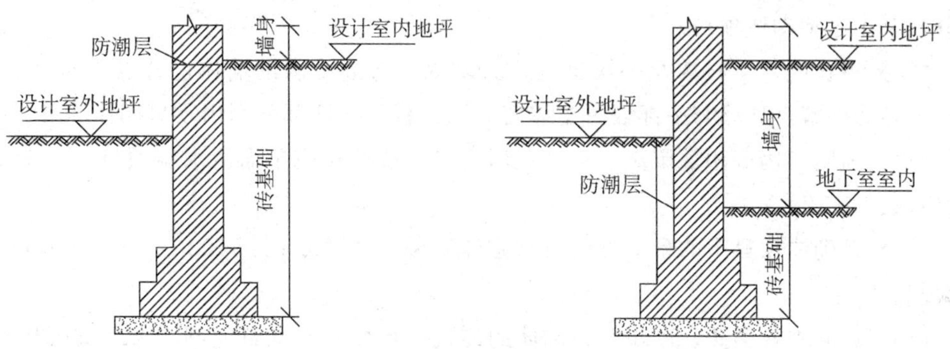

图 10.2　基础与墙身的划分

④围墙以设计室外地坪为界，以下为基础，以上为墙身，如图 10.3 所示。

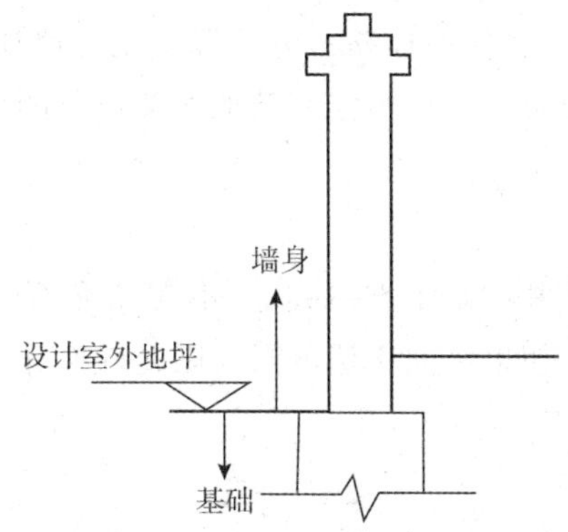

图 10.3　基础与墙身的分界线

(3) 石基础、石勒脚、石墙的划分。基础与勒脚应以设计室外地坪为界，勒脚与墙身应以设计室内地坪为界。石围墙内外地坪标高不同时，应以较低地坪标高为界，以下为基础；内外标高之差为挡土墙时，挡土墙以上为墙身。

(4) 砖基础。砖基础不分砌筑宽度及是否有大放脚，均执行对应品种及规格砖的同一项目。地下混凝土构件所用砖模及砖砌挡土墙套用砖基础定额。

(5) 砖砌体和砌块砌体不分内外墙，均执行对应品种的砖和砌块项目，其中：

①定额中均已包括立门窗框的调直以及腰线、窗台线、挑檐等一般出线用工。

②清水砖砌体均包括原浆勾缝用工，设计需要加浆勾缝时，应另行计算。

③轻集料混凝土小型空心砌块墙的门窗洞口等镶砌的同类实心砖部分已包含在定额内，不单独另行计算。

(6) 填充墙，以填炉渣、炉渣混凝土为准，如设计与定额不同应换算，其余不变。

(7) 加气混凝土类砌块墙项目，已包括砌块零星切割改锯的损耗及费用。

(8) 零星砌体指台阶、台阶挡墙、梯带、锅台、炉灶、蹲台、池槽、池槽腿、花台、花池、楼梯栏板、阳台栏板、地垄墙、不大于 0.30 m^2 孔洞填塞、凸出屋面的烟

囱、屋面伸缩缝砌体、隔热板砖墩等。

(9) 贴砌砖项目。适用于地下室外墙保护墙部位的贴砌砖：框架外表面的镶贴砖部分，套用零星砌体项目。

(10) 多孔砖、空心砖及砌块砌筑，有防水、防潮要求的墙体，若以普遍（实心）砖作为导墙砌筑，导墙与上部墙身主体需分别计算，导墙部分套用零星砌体项目。

(11) 围墙套用墙相关定额项目，双面清水围墙按相应单面清水墙项目，人工用量乘以系数 1.15 计算。

(12) 石砌体项目中的粗、细料石（砌体）墙，按 400 mm×220 mm×200 mm 规格编制。

(13) 定额中各类砖、砌块及石砌体的砌筑，均按直形砌筑编制，如为圆弧形砌筑者，按相应定额人工用量乘以系数 1.10，砖、砌块及石砌体及砂浆（黏结剂）用量乘以系数 1.03 计算。

(14) 砖砌体钢筋加固，砌体内加筋、灌注混凝土，墙体拉结筋的制作、安装，墙基、墙身的防潮、防水、抹灰等，按本定额其他相关章节的项目及规定执行。

10.1.3 垫层

人工级配砂石垫层是按中（粗）砂 15%（不含填充石子空隙)、砾石 85%（含填充砂）的级配比例编制的。如果级配比例不同，则允许换算。

10.1.4 构筑物

砖烟筒

(1) 构筑物的挖土、垫层、抹灰、铁梯、围墙、平台等项目，按本定额其他章节有关项目执行。

(2) 砖烟筒。

(3) 砖砌化粪池依据标准图集《12 系列建筑标准设计图集》DBJ03—22—2014 编制。实际设计与定额不同时，可按本章节相应项目另行计算。

(4) 砖砌检查井执行《内蒙古自治区市政工程预算定额》相关项目。

(5) 玻璃钢化粪池土方挖、运、填、垫层、挡墙等按相关章节相应项目另行计算。

10.2 工程量计算规则

10.2.1 砖砌体、砌块砌体

(1) 砖基础工程量按设计图示尺寸以体积计算。

①附墙垛基础（图 10.4）宽出部分体积按折加长度合并计算，扣除地梁（圈梁)、构造柱所占体积，不扣除基础大放脚 T 形接头处的重叠部分及嵌入基础内的钢筋、铁件、管道、基础砂浆防潮层和单个面积不大于 0.30 m^2 的孔洞所占体积，靠墙暖气沟

的挑檐不增加。

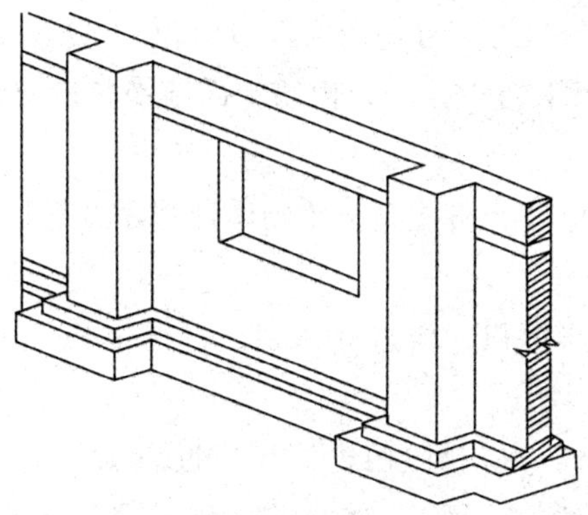

图 10.4　附墙垛基础

②条形基础。外墙按设计外墙中心线长度、内墙按墙基最上一步退台净长度计算。(按设计内墙净长度乘以设计断面计算)。

$$条形基础工程量=L\times 基础断面积$$

式中　L——外墙长为中心线长，内墙为内墙净长，m。

注：计算条形砖（石）基础与垫层长度时，附墙垛凸出部分按折加长度合并计算，不扣除搭接重叠部分的长度，垛的加深部分也不增加。

基础大放脚 T 形接头处如图 10.5 所示。

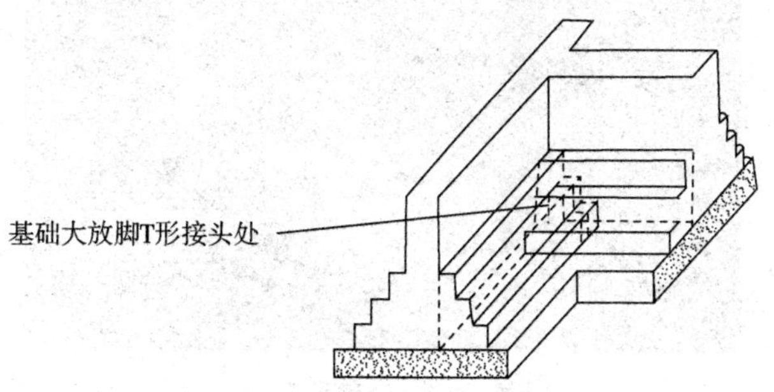

图 10.5　基础大放脚 T 形接头处

③独立基础按设计图示尺寸计算，如图 10.6 所示。

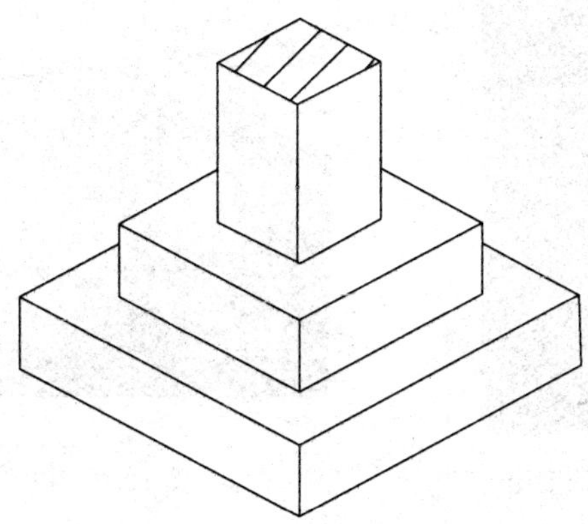

图 10.6　柱下独立基础

（2）砖墙、砌块墙按设计图示尺寸以体积计算，即

$$墙体工程量=（L\times H-门窗洞口面积）\times h-\Sigma 构件体积$$

式中 L——外墙为中心线长度（$L_{中}$），内墙为内墙净长度（$L_{内}$），框架间墙为柱间净长度（$L_{净}$）。

h ——墙厚，砖墙厚度严格按黏土砖砌体计算厚度表计算；

H——墙高。

Σ 构件体积——圈梁体积、构造柱体积、过梁体积等混凝土构件或其他材料构件的总体积。

特别提示：计算墙体时，应扣除门窗洞口、过人洞、空圈、嵌入墙身的钢筋混凝土柱、梁（包括过梁、圈梁、挑梁）、砖平碹、砖过梁、暖气包壁龛及内墙板头的体积；不扣除梁头、外墙板头、檩头、垫木、木楞头、沿椽木、木砖、门窗走头、墙内加固钢筋、木筋、铁件、钢管及每个面积在 0.3 m^2 以内的孔洞等所占体积；凸出墙面的窗台虎头砖、压顶线、山墙泛水、烟囱根、门窗套及三皮砖以内的腰线和挑檐等体积亦不增加；墙垛、三皮砖以上的腰线和挑檐等体积，并入墙身体积内计算。图 10.7 所示为砖砌承重墙，图 10.8 所示为非承重墙，图 10.9 所示为构造柱。

图 10.7 砖砌承重墙

图 10.8 砖砌非承重墙

图 10.9 构造柱

①扣除门窗、洞口、嵌入墙内的钢筋混凝土柱、梁、圈梁、挑梁、过梁及凹进墙内的壁龛、管槽、暖气槽、消火栓箱所占体积，不扣除梁头、板头、檩头、垫木、木楞头、沿椽木、木砖、门窗走头、砖墙内加固钢筋、木筋、铁件、钢管及单个面积≤0.30 m^2 的孔洞所占体积。凸出墙面的砖垛并入墙体体积内计算。

②墙长度：外墙按设计外墙中心线长度、内墙按设计墙间净长度计算。

③墙高度：

a. 外墙：斜（坡）屋面无檐口顶棚者算至屋面板底；有屋架且室内、外均有顶棚者算至屋架下弦底另加 200 mm（图 10.11）；无顶棚者算至屋架下弦底另加 300 mm，出檐宽度超过 600 mm 时按实砌高度计算；有钢筋混凝土楼板隔层者算至板顶；平屋顶算至钢筋混凝土板底。

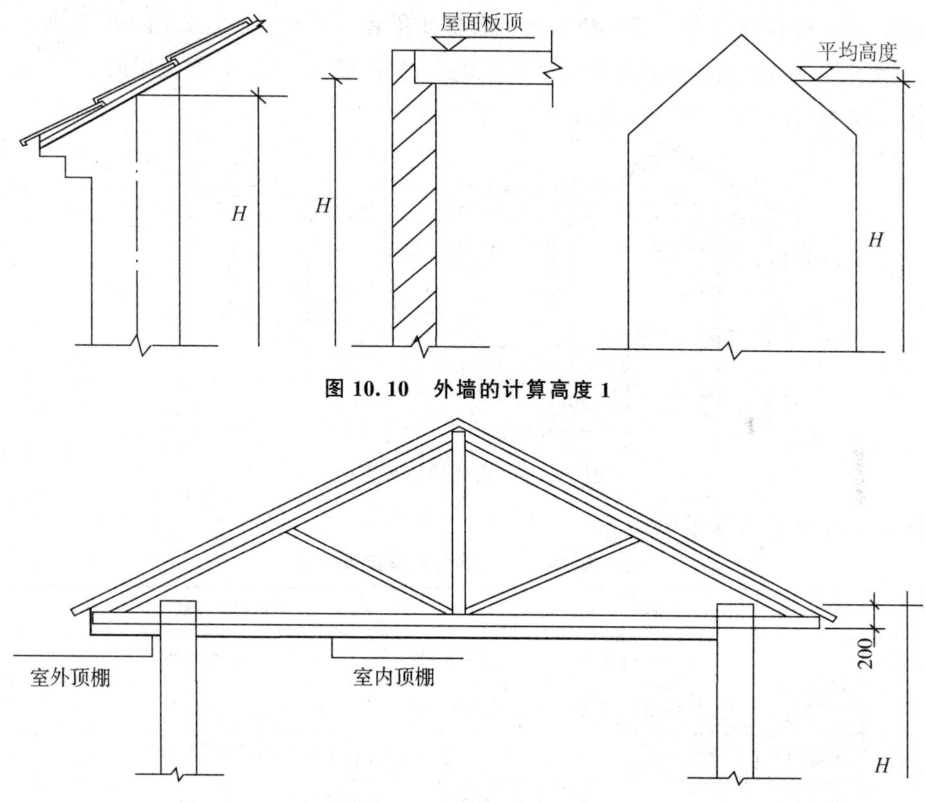

图 10.10　外墙的计算高度 1

图 10.11　外墙的计算高度 2

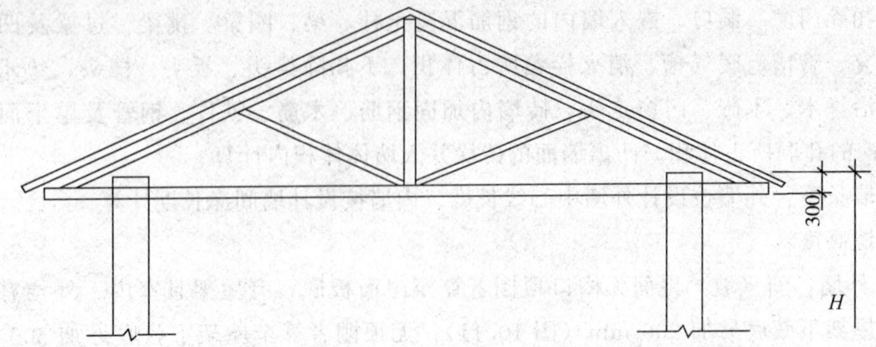

图 10.12　外墙的计算高度 3

b. 内墙：位于屋架下弦者，算至屋架下弦底；无屋架者算至顶棚底另加 100 mm；有钢筋混凝土楼板隔层者，算至楼板底；有框架梁者，算至梁底，如图 10.13 所示。

c. 女儿墙：从屋面板上表面算至女儿墙顶面（如有混凝土压顶，算至压顶下表面）。

d. 内外山墙：按其平均高度计算。

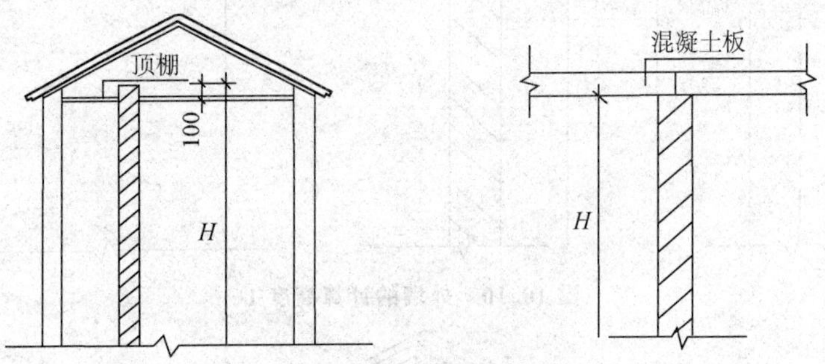

图 10.13　内墙的计算高度

砖墙高度确定可参考 10.1。

表 10.1　砖墙高度确定表

墙类别	屋面类型		墙高计算方法
外墙	坡屋面	无檐口顶棚	以外墙中心线为准，算至屋面坡底面
		有檐口顶棚	算至屋架下弦底面，另加 200 mm
	平屋面		以外墙中心线为准，算至屋面板底面
	无顶棚		算至屋架下弦底面，另加 300 mm
	出檐高度超过 600 mm		按实砌高度计算
内墙	又下弦者		算至屋架下弦底面
	无下弦者		算至顶棚底面，另加 100 mm
	有钢筋混凝土隔层者		算至楼板底面
	有框架梁时		算至框架梁底面
山墙	内、外山墙		按山墙平均高度计算

④墙厚度。

a. 标准砖以240 mm×115 mm×53 mm为准，其砌体计算厚度按表10.2计算。

表10.2　标准砖砌体计算厚度表

砖数（厚度）	1/4	1/2	3/4	1	1.5	2	2.5	3
计算厚度（mm）	53	115	178	240	365	490	615	740

b. 使用非标准砖时，其砌体厚度应按实际规格和设计厚度计算；如设计厚度与实际规格不同，按实际规格计算。

⑤框架间墙：不分内外墙按墙体净尺寸以体积计算。框架间墙高度，内外墙自框架梁顶面算至上一层框架梁底面；有地下室者，自基础底板（或基础梁）顶面算至上一层框架梁底面。框架间墙长度按设计框架柱间净长线计算。具体如图6.9所示。

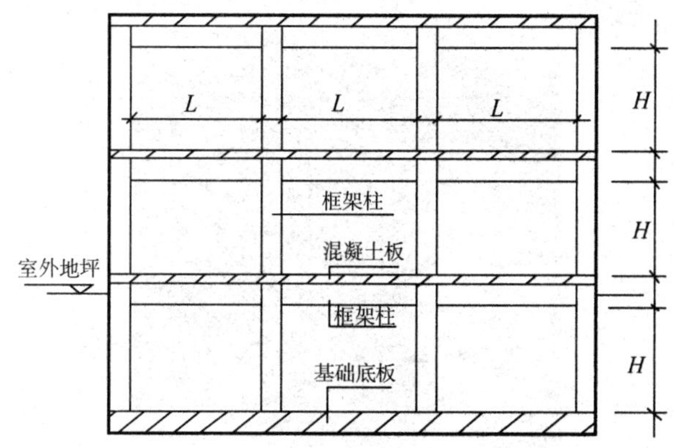

图10.14　框架结构墙体的计算高度及计算长度

⑥围墙：高度算至压顶上表面（如有混凝土压顶，算至压顶下表面），围墙柱并入围墙体积内。

(3) 空斗墙按设计图示尺寸以空斗墙外形体积计算。

①墙角、内外墙交接处、门窗洞口立边、窗台砖、屋檐处的实砌部分体积已包括在空斗墙体积内。

②空斗墙的窗间墙、窗台下、楼板下、梁头下等的实砌部分应另行计算，套用零星砌体项目。

(4) 空花墙按设计图示尺寸以空花部分外形体积计算，不扣除空花部分体积。

(5) 填充墙按设计图示尺寸以填充墙外形体积计算。

(6) 砖柱按设计图示尺寸以体积计算，扣除混凝土及钢筋混凝土梁垫、梁头、板头所占体积，如图10.15和图10.16所示。

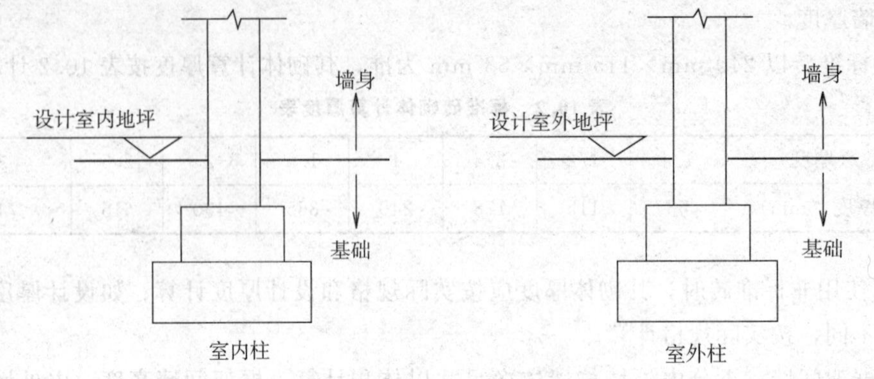

图 10.15　基础与柱身的分界线

图 10.16　砖柱实物

(7) 零星砌体、地沟、砖碹按设计图示尺寸以体积计算。

(8) 砖散水、地坪按设计图示尺寸以面积计算。

(9) 砌体砌筑设置导墙时，砖砌导墙需单独计算，厚度与长度按墙身主体计算，高度以实际砌筑高度计算，墙身主体的高度相应扣除。

(10) 附墙烟囱、通风道、垃圾道应按设计图示尺寸以体积（扣除孔洞所占体积）计算并入所依附的墙体体积内。当设计规定孔洞内所需抹灰时，另按本定额相应项目计算。

(11) 炉灶、锅台、房上烟筒按外形体积计算，不扣除各种孔洞所占体积。

(12) 轻质砌块 L 形专用连接件的工程量按设计数量计算。

10.2.2　轻质

隔墙轻质隔墙按设计图示尺寸以面积计算。

10.2.3　石砌体

石基础、石墙的工程量计算规则参照砖砌体相应规定。石勒脚、石挡土墙、石护

坡、石台阶按设计图示尺寸以体积计算，石坡道按设计图示尺寸以水平投影面积计算，墙面勾缝按设计图示尺寸以面积计算。

10.2.4　垫层工程量

垫层工程量按设计图示尺寸以体积计算。

10.3　工程量计算规范

10.3.1　砖砌体

工程量清单项目设置、项目特征描述、计量单位及工程量计算规则应按表10.3的规定执行。

表10.3　砖砌体（编号：010401）

项目编码	项目名称	项目特征	计量单位	工程量计算规则	工作内容
010401001	砖基础	1. 砖品种、规格、强度等级 2. 基础类型 3. 砂浆强度等级 4. 防潮层材料种类	m^3	按设计图示尺寸以体积计算，包括附墙垛基础宽出部分体积，扣除地梁（圈梁）、构造柱所占体积，不扣除基础大放脚T形接头处的重叠部分及嵌入基础内的钢筋、铁件、管道、基础砂浆防潮层和单个面积≤0.3 m^2 的孔洞所占体积，靠墙暖气沟的挑檐不增加 基础长度：外墙按外墙中心线，内墙按内墙净长线计算	1. 砂浆制作、运输 2. 砌砖 3. 防潮层铺设 4. 材料运输
010401002	砖砌挖孔桩护壁	1. 砖品种、规格、强度等级 2. 砂浆强度等级	m^3	按设计图示尺寸以立方米计算	1. 砂浆制作、运输 2. 砌砖 3. 材料运输

（续表）

项目编码	项目名称	项目特征	计量单位	工程量计算规则	工作内容
010401003	实心砖墙	1. 砖品种、规格、强度等级 2. 墙体类型 3. 砂浆强度等级、配合比	m^3	按设计图示尺寸以体积计算，扣除门窗洞口、过人洞、空圈、嵌入墙内的钢筋混凝土柱、梁、圈梁、挑梁 、过梁及凹进墙内的壁龛、管槽、暖气槽、消火栓箱所占体积，不扣除梁头、板头、檩头、垫木、木楞头、沿椽木、木砖、门窗走头、砖墙内加固钢筋、木筋、铁件、钢管及单个面积≤0.3 m^2 的孔洞所占的体积，凸出墙面的腰线、挑檐、压顶、窗台线、虎头砖、门窗套的体积亦不增加，凸出墙面的砖垛并入墙体体积内计算 1. 墙长度：外墙按中心线、内墙按净长计算； 2. 墙高度： (1) 外墙：斜（坡）屋面无檐口顶棚者算至屋面板底；有屋架且室内外均有顶棚者算至屋架下弦底另加 200 mm；无顶棚者算至屋架下弦底另加 300 mm，出檐宽度超过 600 mm 时按实砌高度计算；有钢筋混凝土楼板隔层者算至板顶。平屋顶算至钢筋混凝土板底 (2) 内墙：位于屋架下弦者，算至屋架下弦底；无屋架者算至顶棚底另加 100 mm；有钢筋混凝土楼板隔层者算至楼板顶；有框架梁者算至梁底 (3) 女儿墙：从屋面板上表面算至女儿墙顶面（如有混凝土压顶，算至压顶下表面） (4) 内外山墙：按其平均高度计算 3. 框架间墙：不分内外墙按墙体净尺寸以体积计算 4. 围墙：高度算至压顶上表面(如有混凝土压顶，算至压顶下表面)，围墙柱并入围墙体积内	1. 砂浆制作、运输 2. 砌砖 3. 刮缝 4. 砖压顶砌筑 5. 材料运输
010401004	多孔砖墙				
010401005	空心砖墙				

（续表）

项目编码	项目名称	项目特征	计量单位	工程量计算规则	工作内容
010404008	填充墙	1. 砖品种、规格、强度等级 2. 墙体类型 3. 填充材料种类及厚度 4. 砂浆强度等级、配合比	m^3	按设计图示尺寸以填充墙外形体积计算。	1. 砂浆制作、运输 2. 砌砖 3. 装填充料 4. 刮缝 5. 材料运输
010404009	实心砖柱	1. 砖品种、规格、强度等级 2. 柱类型 3. 砂浆强度等级、配合比	m^3	按设计图示尺寸以体积计算，扣除混凝土及钢筋混凝土梁垫、梁头、板头所占体积	1. 砂浆制作、运输 2. 砌砖 3. 刮缝 4. 材料运输
010404010	多孔砖柱				
010404011	砖检查井	1. 井截面、深度 2. 砖品种、规格、强度等级 3. 垫层材料种类、厚度 4. 底板厚度 5. 井盖安装 6. 混凝土强度等级 7. 砂浆强度等级 8. 防潮层材料种类	座	按设计图示数量计算	1. 砂浆制作、运输 2. 铺设垫层 3. 底板混凝土制作、运输、浇筑、振捣、养护 4. 砌砖 5. 刮缝 6. 井池底、壁抹灰 7. 抹防潮层 8. 材料运输
010404013	零星砌砖	1. 零星砌砖名称、部位 2. 砂浆强度等级、配合比	1. m^3 2. m^2 3. m 4. 个	1. 以立方米计量，按设计图示尺寸截面面积乘以长度计算 2. 以平方米计量，按设计图示尺寸水平投影面积计算 3. 以米计量，按设计图示尺寸长度计算 4. 以个计量，按设计图示数量计算	1. 砂浆制作、运输 2. 砌砖 3. 刮缝 4. 材料运输

注：①“砖基础”项目适用于各种类型砖基础，如柱基础、墙基础、管道基础等。

②基础与墙（柱）身使用同一种材料时，以设计室内地面为界（有地下室者，以地下室室内设计地面为界），以下为基础，以上为墙（柱）身。基础与墙身使用不同材料时，位于设计室内地面高度≤±300 mm时，以不同材

料为分界线；高度＞±300 mm 时，以设计室内地面为分界线。

③砖围墙以设计室外地坪为界，以下为基础，以上为墙身。

④框架外表面的镶贴砖部分，按零星项目编码列项。

⑤附墙烟囱、通风道、垃圾道，应按设计图示尺寸以体积（扣除孔洞所占体积）计算，并入所依附的墙体体积内。当设计规定孔洞内需抹灰时，应按零星抹灰项目编码列项。

⑥空斗墙的窗间墙、窗台下、楼板下、梁头下等的实砌部分，按零星砌砖项目编码列项。

⑦“空花墙”项目适用于各种类型的空花墙，使用混凝土花格砌筑的空花墙，实砌墙体与混凝土花格应分别计算，混凝土花格按混凝土及钢筋混凝土中预制构件相关项目编码列项。

⑧台阶、台阶挡墙、梯带、锅台、炉灶、蹲台、池槽、池槽腿、砖胎模、花台、花池、楼梯栏板、阳台栏板、地垄墙、≤0.3 m^2 的孔洞填塞等，应按零星砌砖项目编码列项。砖砌锅台与炉灶可按外形尺寸以个计算，砖砌台阶可按水平投影面积以平方米计算，小便槽、地垄墙可按长度计算，其他工程按立方米计算。

⑨砖砌体内钢筋加固，应按相关项目编码列项。

⑩砖砌体勾缝按相关项目编码列项。

⑪检查井内的爬梯按相关项目编码列项；井、池内的混凝土构件按混凝土及钢筋混凝土预制构件编码列项。

⑫如施工图设计标注做法见标准图集，应注明标注图集的编码、页号及节点大样。

10.3.2 砌块砌体

工程量清单项目设置、项目特征描述、计量单位及工程量计算规则应按表 10.4 的规定执行。

表 10.4　砌块砌体（编码：010402）

项目编码	项目名称	项目特征	计量单位	工程量计算规则	工作内容
010402001	砌块墙	1. 砌块品种、规格、强度等级 2. 墙体类型 3. 砂浆强度等级	m^3	按设计图示尺寸以体积计算，扣除门窗洞口、过人洞、空圈、嵌入墙内的钢筋混凝土柱、梁、圈梁、挑梁、过梁及凹进墙内的壁龛、管槽、暖气槽、消火栓箱所占体积，不扣除梁头、板头、檩头、垫木、木楞头、沿椽木、木砖、门窗走头、砌块墙内加固钢筋、木筋、铁件、钢管及单个面积≤0.3 m^2 的孔洞所占的体积，凸出墙面的腰线、挑檐、压顶、窗台线、虎头砖、门窗套的体积亦不增加，凸出墙面的砖垛并入墙体体积内计算 1. 墙长度：外墙按中心线、内墙按净长线计算 2. 墙高度： (1) 外墙：斜（坡）屋面无檐口顶棚者算至屋面板底；有屋架且室内外均有顶棚者算至屋架下弦底另加 200 mm；无顶棚者算至屋架下弦底另加 300 mm，出檐宽度超过 600 mm 时按实砌高度计算；有钢筋混凝土楼板隔层者算至板顶；平屋面算至钢筋混凝土板底 (2) 内墙：位于屋架下弦者算至屋架下弦底；无屋架者算至顶棚底另加 100 mm；有钢筋混凝土楼板隔层者算至楼板顶；有框架梁者算至梁底 (3) 女儿墙：从屋面板上表面算至女儿墙顶面（如有混凝土压顶，算至压顶下表面） (4) 内外山墙：按其平均高度计算 3. 框架间墙：不分内外墙按墙体净尺寸以体积计算 4. 围墙：高度算至压顶上表面（如有混凝土压顶，算至压顶下表面），围墙柱并入围墙体积内	1. 砂浆制作、运输 2. 砌砖、砌块 3. 勾缝 4. 材料运输

注：①砌体内加筋、墙体拉结的制作、安装，应按相关项目编码列项。

②砌块排列应上下错缝搭砌，如果搭错缝长度不能满足规定的压搭要求，应采取压砌钢筋网片的措施，具体构造要求按设计规定。若设计无规定，应注明由投标人根据工程实际情况自行考虑。

③砌体垂直灰缝宽＞30 mm 时，采用 C20 细石混凝土灌实。灌注的混凝土应按相关项目编码列项。

10.3.3 垫层

工程量清单项目设置、项目特征描述、计量单位及工程量计算规则应按表 10.5 的规定执行。

表 10.5 垫层（编号：010404）

项目编码	项目名称	项目特征	计量单位	工程量计算规则	工作内容
010404001	垫层	1. 垫层材料种类、配合比、厚度	m^3	按设计图示尺寸以立方米计算	1. 垫层材料的拌制 2. 垫层铺设 3. 材料运输

注：除混凝土垫层应按附录 E 中相关项目编码列项外，没有包括垫层要求的清单项目应按本表垫层项目编码列项。

【例 10.1】 某房屋平面及基础剖面如图 10.17 所示，内外墙基础上均设圈梁，体积为 1.96 m^3。试计算砖基础工程量。

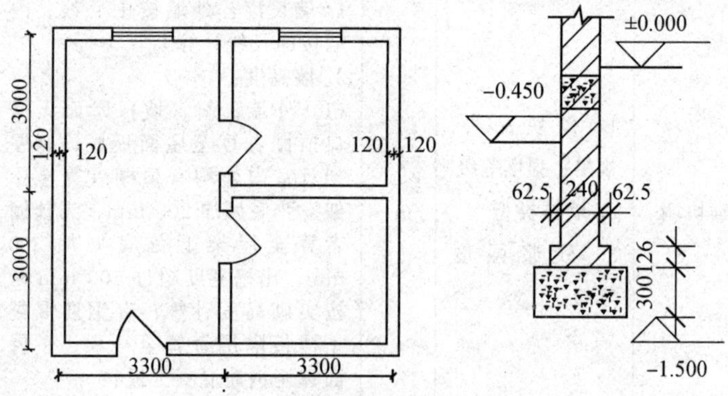

图 10.17 某房屋平面及基础剖面图

解 1. 计算工程量：

外墙中心线长度 =（3.3×2+3×2）×2 = 25.2（m）

内墙净长线长度 = 6−0.24+3.3−0.24 = 8.82（m）

砖基础断面面积 = 基础墙墙厚×基础高度+大放脚增加的面积

= 0.24×（1.5−0.3）+（0.062 5×2）×0.126 = 0.30（m^2）

砖基础工程量 = 基础长度×基础断面面积+应增加的体积−应扣除的体积

=（25.2+8.82）×0.30−1.96 = 8.25（m^3）

（2）计算定额基价：

砖基础，套定额 4-1 砖基础

定额基价 = 3 823.19 元/10m^3

定额直接费 = 3 823.19 元/10m^3×8.25 m^3/10 = 3 154.13 元

【例 10.2】 根据图 10.18 所示基础施工图，试计算砖基础定额工程量。已知基础墙厚 240 mm，采用标准红砖，M5 水泥砂浆砌筑，垫层为 C10 混凝土。

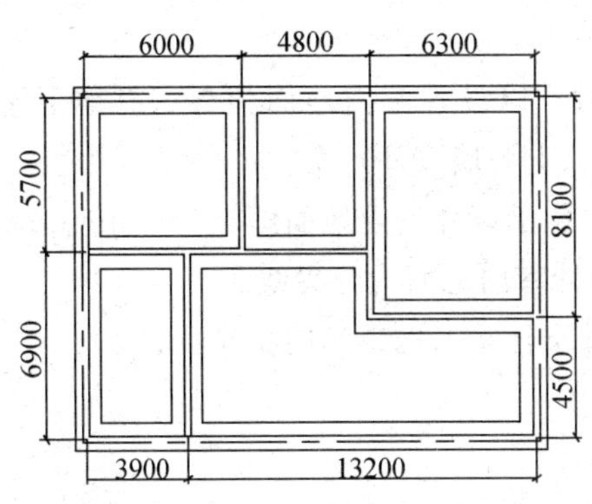

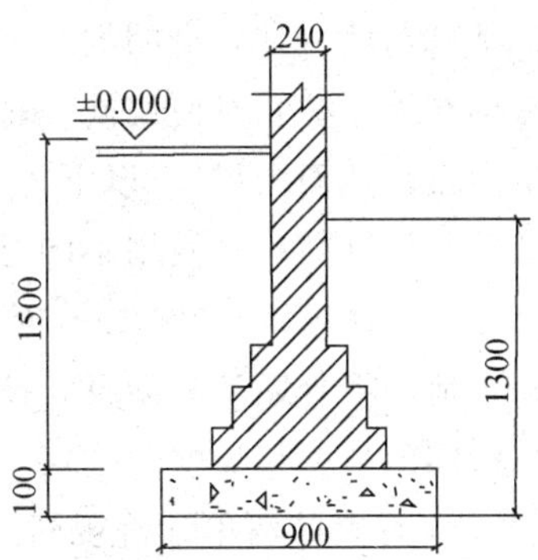

图 10.18　某基础施工图

解　(1) 外墙砖基础长：$L_{中}$＝［(6.90＋5.7)＋(3.9＋13.20)］×2＝59.40 (m)

内墙砖基础净长：$L_{内}$＝(5.7－0.24)＋(8.1－0.12)＋(6.90－0.24)＋(6.0＋4.8－0.24)＋(6.3－0.12)＝36.84 (m)

(2) 定额砖基础工程量：

V＝(0.24×1.5＋0.062 5×0.126×12)×(59.4＋36.84)＝43.74 (m^3)

(3) 计算清单工程量：同定额工程量，为 43.74 m^3。

(4) 编制工程量清单如表 10.6 所示。

表 10.6　分部分项工程量清单与计价表

工程名称：　　　　　　　　　　　　　　　　　　　　第　页　　共×页

序号	项目编码	项目名称	项目特征描述	计量单位	工程量	金额（元）		
						综合单价	合价	其中：暂估价
1	010401001001	砖基础	标准红砖，带形基础；基础深 1.30 m；M5 水泥砂浆砌筑；20 mm 厚 1∶2 防水砂浆防潮层	m^3	43.74			

本章小结

本章主要介绍了砌筑工程的常见材料、主要形式、做法及相应的工程量计算，其中基础、墙体的计算是本章的重点。通过本章的学习，要求掌握以下内容。

1. 砌筑工程的定额说明。

2. 砌筑工程工程量计算规则及计算方法。

(1) 基础与墙(柱)身的划分。

①基础与墙(柱)身使用同一种材料时,以设计室内地面为界(有地下室者,以地下室室内设计地面为界),以下为基础,以上为墙(柱)身。

②基础与墙(柱)身使用不同材料时,位于设计室内地面≤±300 mm 时,以不同材料为分界线;高度>±300 mm 时,以设计室内地面为分界线。

③砌筑地沟不分墙基和墙身,按不同材质合并工程量套用相应项目。

(2) 墙体的高度与长度的确定。

3. 砌筑工程量的清单计价规则。

学习时应注意砌筑工程各分部分项工程的定额项目划分与清单项目划分的区别与联系,注意定额计算规则与清单计算规则的区别与联系。

习题

一、选择题

1. 附墙烟囱、通风道、垃圾道按外形体积计算,不扣除每个面积在(　　)m^2 以内的孔洞体积,但孔内的抹灰工料亦不增加。

   A. 0.1　　B. 0.3　　C. 0.2　　D. 0.5

2. 内墙工程量应按(　　)计算。

   A. 外边线　B. 中心线　C. 内边线　D. 净长线

3. 按规定,计算墙身工程量时不扣除(　　)。

   A. 壁龛　　B. 门窗走头
   C. 混凝土构造柱、圈梁　　D. 过人洞、空圈
   E. 梁头

4. 在计算墙的高度时,(　　)。

   A. 外墙:斜(坡)屋面无檐口顶棚者算至屋面板底
   B. 女儿墙(砖压顶):从屋面板上表面算至女儿墙顶面
   C. 山墙:按其最高处高度计算
   D. 内墙:位于屋架下弦者,算至屋架下弦底,另加 100 mm。
   E. 内墙:有钢筋混凝土楼板隔层者算至楼板顶

5. 砌筑墙体按长度乘以厚度,再乘以高度,以体积计算,应扣除以下构件所占的体积(　)。

   A. 混凝土柱、过梁、圈梁　　B. 外墙板头、梁头
   C. 过人洞、空圈　　D. 门窗洞口
   E. 每个面积在 0.3 m^2 以下的孔洞

二、简答题

1. 条形基础如何计算工程量？
2. 框架墙体如何计算工程量？

三、计算题

依据（广联达实训指导）图纸完成墙体工程量的计算。

1. 砖基础工程量。
2. 女儿墙砌筑工程量。
3. 内墙（首层）砌筑工程量。
4. 外墙（首层）砌筑工程量。
5. 砌块墙工程量。

第11章　混凝土和钢筋工程

11.1　定额说明

11.1.1　本章定额内容

本章定额包括混凝土、钢筋、混凝土构件运输及安装三节。

11.1.2　混凝土

(1) 混凝土按预拌混凝土编制，采用现场搅拌时，执行相应的预拌混凝土项目，再执行现场搅拌混凝土调整费项目。现场搅拌混凝土调整费项目中，仅包含冲洗搅拌机用水量，如需冲洗石子，用水量另行处理。

(2) 预拌混凝土是指在混凝土厂集中搅拌，再用混凝土罐车运输到施工现场并入模的混凝土（圈过梁及构造柱项目中已综合考虑因施工条件限制不能直接入模的因素）。固定泵、泵车项目适用于将混凝土送到施工现场未入模的情况，泵车项目仅适用于高度在 15 m 以内，固定泵项目适用所有高度。

(3) 混凝土按常用强度等级考虑，设计强度等级不同时可以换算；混凝土各种外加剂统一在配合比中考虑；图纸设计要求增加的外加剂另行计算。

(4) 毛石混凝土按毛石占混凝土体积 20%计算，如设计要求不同，可以换算。

(5) 混凝土结构物实体积最小几何尺寸大于 1m，且按规定需进行温度控制的大体积混凝土，温度控制费用按照经批准的专项施工方案另行计算。

(6) 独立桩承台执行独立基础项目，带形承台执行带形基础项目，与满堂基础相连的桩承台执行满堂基础项目。

(7) 二次灌浆，如灌注材料与设计不同，可以换算；空心砖内灌注混凝土，执行小型构件项目。

(8) 现浇钢筋混凝土柱、墙项目，均综合了每层底部灌注水泥砂浆的消耗量。地下室外墙执行直形墙项目。

(9) 钢管柱制作、安装执行本定额“金属结构工程”相应项目；钢管柱浇筑混凝土使用反顶升浇筑法施工时，增加的材料、机械另行计算。

(10) 斜梁（板）按坡度>10°且≤30°综合考虑。斜梁（板）坡度在 10°以内的执行梁、板项目；坡度在 30°以上且 45°以内时，人工乘以系数 1.05；坡度在 45°以上且 60°以内时人工乘以系数 1.10；坡度在 60°以上时人工乘以系数 1.20。

(11) 叠合梁、板，分别按梁、板相应项目执行。

(12) 压型钢板上浇捣混凝土，执行平板项目，人工乘以系数 1.10。

(13) 型钢组合混凝土构件，执行普通混凝土相应构件项目，人工、机械乘以系数 1.2。

(14) 挑檐、天沟壁高度≤40 m，执行挑檐项目：挑檐、天沟壁高度>400 mm，按全高执行栏板项目；单体体积在 0.1 m^3 以内，执行小型构件项目。

(15) 阳台不包括阳台栏板及压顶内容。

(16) 预制板间补现浇板缝，适用于板缝小于预制板的模数，但需支模才能浇筑的混凝土板缝。

(17) 楼梯是按建筑物一个自然层双跑楼梯考虑，如单跑直行楼梯（即一个自然层、无休息平台）按相应项目定额乘以系数 1.2；三跑楼梯（即一个自然层、两个休息平台）按相应项目定额乘以系数 0.9；四跑楼梯（即一个自然层、三个休息平台）按相应项目定额乘以系数 0.75。

当图纸设计板式楼梯段底板（不含踏步三角部分）厚度大于 150 mm 或梁式楼梯段底板（不含踏步三角部分）厚度大于 80 mm 时，混凝土消耗量按实调整，人工按相应比例调整。

弧形楼梯是指一个自然层旋转弧度小于 180°的楼梯；螺旋楼梯是指一个自然层旋转弧度大于 180°的楼梯

(18) 散水混凝土按厚度 60 mm 编制，如设计厚度不同，可以换算。散水包括混凝土浇筑、表面压实抹光及嵌缝内容，未包括基础夯实、垫层内容。

(19) 台阶混凝土含量是按 1.22 m^3/10 m^2 综合编制的，如设计含量不同，可以换算。台阶包括混凝土浇筑及养护内容，未包括基础夯实、垫层及面层装饰内容，发生时执行其他章节相应项目。

(20) 厨房、卫生间等处墙体下部的现浇混凝土翻边执行圈梁相应项目。

(21) 凸出混凝土柱、梁的线条，并入相应柱、梁构件内；凸出混凝土外墙面、阳台梁栏板外侧≤300 mm 的装饰线条，执行扶手、压顶项目凸出混凝土外墙、梁外侧>300 mm 的板，按伸出外墙的梁、板体积合并计算，执行悬挑板项目。

(22) 外形尺寸体积在 1 m 以内的独立池槽执行小型构件项目，1 m^3 以上的独立池槽及与建筑物相连的梁、板、墙结构式水池，分别执行梁、板、墙相应项目。

(23) 小型构件是指单件体积在 0.1 m^3 以内且本节未列项目的小型构件。

(24) 后浇带包括与原混凝土接缝处的钢丝网用量。

(25) 本节仅按预拌混凝土编制施工现场预制的小型构件项目，其他混凝土预制构件定额均按外购成品考虑。

(26) 预制混凝土隔板，执行预制混凝土架空隔热板项目。

(27) 混凝土模块式化粪池按国家建筑标准设计图集《混凝土模块式化粪池》08SS704 中有覆盖、可过汽车类编制。模块类别如下。

Ⅰ类：MY7、MY8、MY9、MY11、MY13、MY15、MY18、30M、40M、40M-L、40M-R。

Ⅱ类：30M-L、30M-R、30M-30L、30M-30R、40M-22.5L、40M-22.5R。

Ⅲ类：40M-6。

(28) 构筑物工程中钢筋混凝土定型检查井执行《内蒙古自治区市政工程预算定额》相应子目，非定型化粪池、检查井等执行本章相应定额项目。

(29) 钢筋混凝土蒙古包穹顶项目适用于直径 3 m 以上的蒙古包，直径 3 m 以下的蒙古包穹顶执行薄壳板定额项目。

(30) 钢筋混凝土蒙古包穹顶厚度小于 10 cm 时人工乘以系数 1.2，超过 20 cm 时人工乘以系数 0.85。

11.1.3 钢筋

(1) 钢筋工程按钢筋的不同品种和规格以现浇构件、预制构件、预应力构件以及箍筋分别列项，钢筋的品种、规格比例按常规工程设计综合考虑。

(2) 除定额规定单独列项计算外，各类钢筋、铁件的制作成型、绑扎、安装、接头固定所用人工材料、机械消耗均已综合在相应项目内；设计另有规定者，按设计要求计算。直径 25 mm 以上的钢筋连接，按机械连接考虑。

(3) 钢筋工程中措施钢筋，按设计图纸规定及施工验收规范要求计算，按品种、规格执行相应项目。如采用其他材料，另行计算。

(4) 现浇构件冷拔钢丝按直径 10 mm 以内钢筋制安项目执行。

(5) 型钢组合混凝土构件中，型钢骨架执行本定额“金属结构工程”相应项目；钢筋执行现浇构件钢筋相应项目，人工乘以系数 1.50，机械乘以系数 1.15。

(6) 弧形构件钢筋执行钢筋相应项目，人工乘以系数 1.05。

(7) 混凝土空心楼板（ADS 空心板）中钢筋网片执行现浇构件钢筋相应项目，人工乘以系数 1.30。机械乘以系数 1.15。

(8) 预应力混凝土构件中的非预应力钢筋按钢筋相应项目执行。

(9) 非预应力钢筋未包括冷加工，如设计要求冷加工，应另行计算。

(10) 预应力钢筋如设计要求人工时效处理，应另行计算。

(11) 后张法钢筋的锚固按钢筋帮条焊、U 形插垫编制，如采用其他方法锚固应另行计算。

(12) 预应力钢丝束、钢绞线综合考虑了一端、两端张拉；锚具按单锚、群锚分别

列项，单锚按单孔铺具列入，群锚按 3 孔列入。预应力钢丝束、钢绞线长度大于 50 m 时，应采用分段张拉；用于地面预制构件时，应扣除项目中张拉平台摊销费。

（13）植筋项目不包括植入的钢筋制作、化学螺栓。钢筋制作，按钢筋制安相应项目执行，化学螺栓另行计算；使用化学螺栓，应扣除植筋胶的消耗量。

（14）地下连续墙钢筋笼安放不包括钢筋笼制作，钢筋笼制作按现浇钢筋制安相应项目执行。

（15）固定预埋铁件（螺栓）所消耗的材料按实计算，执行相应项目。

（16）现浇混凝土小型构件，执行现浇构件钢筋相应项目，人工、机械乘以系数 2。

（17）钢筋混凝土烟囱、水塔执行钢筋相应项目，人工、机械乘以系数 1.5。

（18）钢筋混凝土矩形贮仓执行钢筋相应项目，人工、机械乘以系数 1.2，圆形贮仓执行钢筋相应项目，人工、机械乘以系数 1.4。

（19）钢筋混凝土蒙古包穹顶执行钢筋相应项目，人工乘以系数 1.3。

11.1.4　混凝土构件运输与安装

1. 混凝土构件运输

（1）构件运输适用于构件堆放场地或构件加工厂至施工现场的运输，运距以 30 km 以内考虑，30 km 以上另行计算。

（2）构件运输基本运距按场内运输 1 km，场外运输 10 km 分别列项，实际运距不同时，按场内每增减 0.5 km、场外每增减 1 km 项目调整。

（3）定额已综合考虑施工现场内外（现场、城镇）运输道路等级、路况、重车上下坡等不同因素。

（4）构件运输不包括桥梁、涵洞、道路加固、管线、路灯迁移及因限载、限高而发生的加固、扩宽、公交管理部门要求的措施等因素。

（5）预制混凝土构件运输，按表 11.1 预制混凝土构件分类。分类表由单体体积、面积、长度三个指标组成，以符合其中一项指标为准。

表 11.1　预制混凝土构件分类表

类别	项目
1	桩、柱、梁、板、墙单件体积≤1 m、面积≤4 m^2、长度≤5 m
2	桩、柱、梁、板、墙单件体积＞1 m^3、预制混凝土构件 2 类的面积＞4 m^2、5 m＜长度≤6 m
3	6 m 以上至 14 m 的桩、柱、梁、板、屋架、桁架、托架（14 m 以上另行计算）

2. 预制混凝土构件安装

（1）构件安装不分履带式或轮胎式起重机，以综合考虑编制。构件安装按单机作业考虑，因构件超重（以起重机械起重量为限）须双机台吊时，按相应项目人工、机械乘以系数 1.20。

（2）构件安装是按机械起吊点中心回转半径 15 m 以内距离计算。如超过 15 m，构件须用起重机移运就位，且运距在 50 m 以内的，起重机械乘以系数 1.25；运距超过 50 m 的，应另行按构件运输项目计算。

（3）小型构件安装指单体构件体积小于 0.1 m^3 的构件安装。

（4）构件安装不包括运输、安装过程中起重机械、运输机械场内行驶道路的加固、铺整工作的人工、材料、机械消耗，发生该费用时，另行计算。

（5）构件安装高度以 20 m 以内为准，安装高度（除塔吊施工外）超过 20 m 并小于 30 m 时，按相应项目人工、机械乘以系数 1.20。安装高度（除塔吊施工外）超过 30 m 时，另行计算。

（6）构件安装需另行搭设的脚手架，按批准的施工组织设计要求，执行本定额“措施项目”脚手架工程相应项目。

（7）塔式起重机的机械台班均已包括在垂直运输机械费项目中。

（8）单层房屋屋盖系统预制混凝土构件，必须在跨外安装的，按相应项目的人工、机械乘以系数 1.18；但使用塔式起重机施工时，不乘系数。

3. 装配式建筑构件安装

（1）装配式建筑构件按外购成品考虑。

（2）装配式建筑构件包括预制钢筋混凝土柱、梁、叠合梁、叠合楼板、叠合外墙板、外墙板、内墙板、女儿墙、楼梯、阳台、空调板、预埋套管、注浆等项目。

（3）装配式建筑构件未包括构件卸车、堆放支架及垂直运输机械等内容。

（4）构件运输执行本节混凝土构件运输相应项目。

（5）如预制外墙构件中已包含窗框安装，则计算相应窗扇费用时应扣除窗框安装人工。

（6）柱、叠合楼板项目中已包括接头、灌浆工作内容，不再另行计算。

11.2 工程量计算规则

11.2.1 混凝土

1. 现浇混凝土

（1）混凝土工程量除另有规定者外，均按设计图示尺寸以体积计算，不扣除构件内钢筋、预埋铁件及墙、板中 0.3 m^2 以内的孔洞所占的体积。型钢混凝土中型钢骨架所占体积按（密度）7 850 kg/m^3 扣除。图 11.1 所示为现浇混凝土楼板，图 11.2 所示为混凝土基础支模板。

图 11.1　现浇混凝土楼板　　图 11.2　混凝土基础支模板

(2) 基础：按设计图示尺寸以体积计算，不扣除伸入承台基础的柱头所占体积。

①带形基础：不分有肋式与无肋式，均按带形基础项目计算，有肋式带形基础，肋高（指基础扩大顶面至梁顶面的高）≤1.2 m 时，合并计算；>1.2 m 时，扩大顶面以下的基础部分，按无肋式带形基础项目计算，扩大顶面以上部分，按墙项目计算。图 11.3 所示为条形基础，图 11.4 所示为基础大放脚 T 形接头重叠部位。

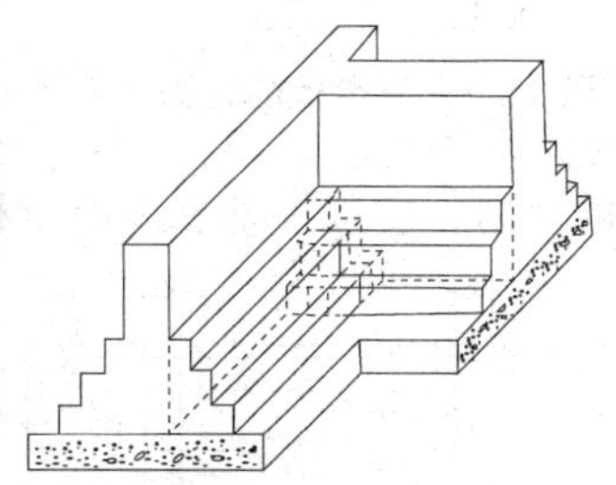

图 11.3　条形基础　　图 11.4　基础大放脚 T 形接头重叠部分

【说明】带形基础，外墙按设计外墙中心线长度、内墙按设计内墙基础图示长度乘设计断面面积计算。

带形基础工程量＝设计外墙中心线长度×设计断面面积＋设计内墙基础图示长度×设计断面面积

独立基础，包括各种形式的独立基础及柱墩，其工程量按图示尺寸以体积（m^3）计算。柱与柱基的划分以柱基的扩大顶面为分界线，如图 11.5 和图 11.6 所示。

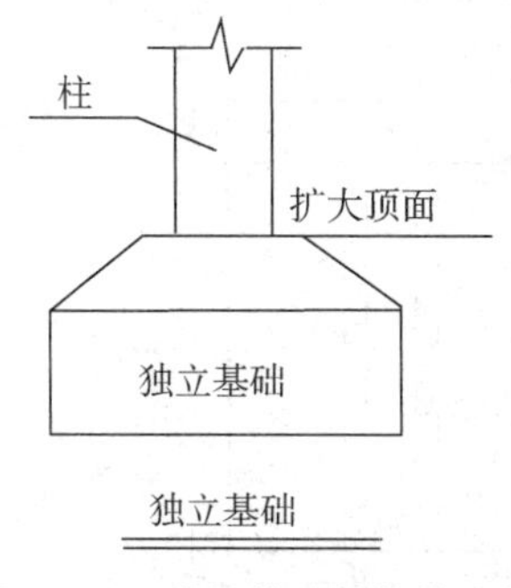

图 11.5　独立基础与柱的分界　　图 11.6　独立基础

②箱式基础：分别按基础、柱、墙、梁、板等有关规定计算。

③设备基础：除块体设备基础（指没有空间的实心混凝土形状）以外，其他类型设备基础分别按基础、柱、墙、梁、板等有关规定计算。

（3）柱：按设计图示尺寸以体积计算。

①有梁板的柱高，按应柱基上表面（或楼板上表面）至上一层楼板上表面的高度计算。如图 11.7 所示。

②无梁板的柱高，应按柱基上表面（或楼板上表面）至柱帽下表面的高度计算，如图 11.8 所示。

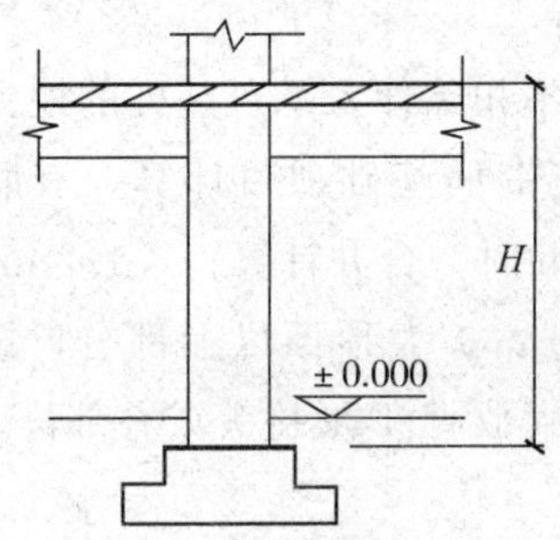

图 11.7　有梁板的柱高示意图

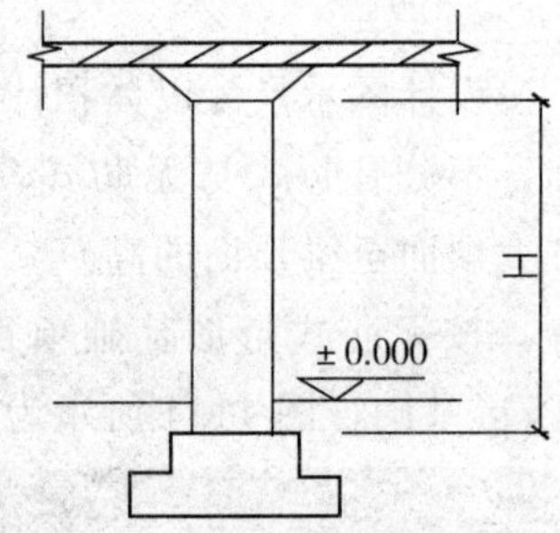

图 11.8　无梁板的柱高示意图

③框架柱的柱高，应按柱基上表面至柱顶面的高度计算，如图 11.9 所示。

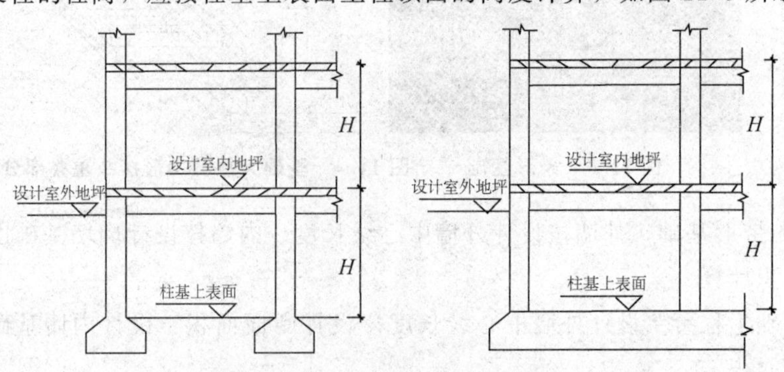

图 11.9　框架柱的柱高示意图

④构造柱按全高计算，嵌接墙体部分（马牙槎）并入柱身体积，如图 11.10 和图 11.11 所示。

图 11.10　构造柱

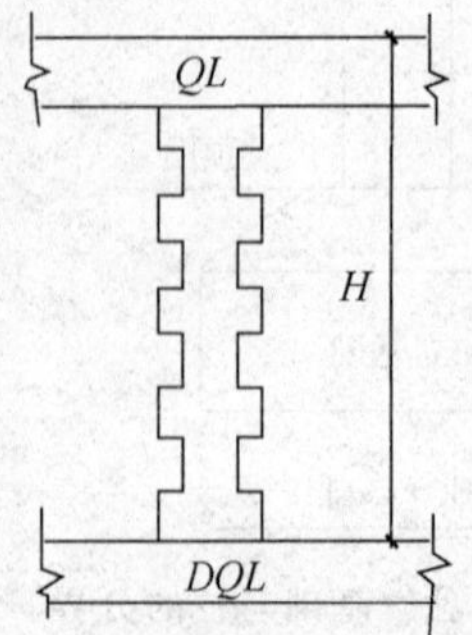

图 11.11　构造柱计算高度示意图

⑤依附柱上的牛腿，并入柱身体积内计算，如图 11.12 所示。

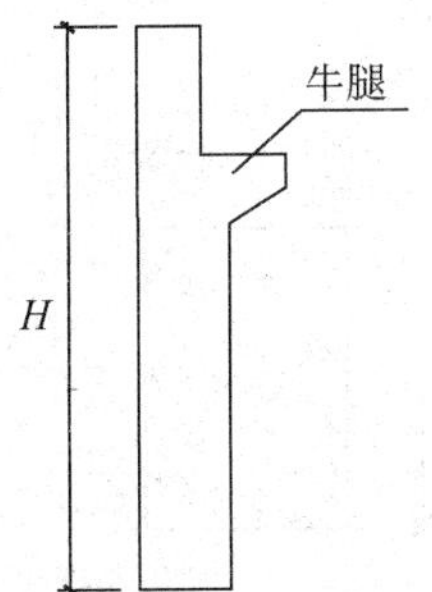

图 11.12　牛腿柱计算高度示意图

⑥钢管混凝土柱以钢管高度按照钢管内径计算混凝土体积。

（4）墙：按设计图示尺寸以体积计算，扣除门窗洞口及 0.3 m^2 以外孔洞所占的体积，墙垛及凸出部分并入墙体积内计算。直形墙中门窗洞口上的梁并入墙体积；短肢剪力墙结构砌体内门窗洞口上的梁并入梁体积。

墙与柱连接时墙算至柱边；墙与梁连接时墙算至梁底；墙与板连接时板算至墙侧；未凸出墙面的暗梁、暗柱并入墙体积。

（5）梁：按设计图示尺寸以体积计算，伸入砖墙内的梁头、梁垫并入梁体积，如图 11.13 和图 11.14，图 11.15 所示。

①梁与柱连接时，梁长算至柱侧面；

②主梁与次梁连接时，次梁长算至主梁侧面。

【说明】梁混凝土工程量＝图示断面面积×梁长

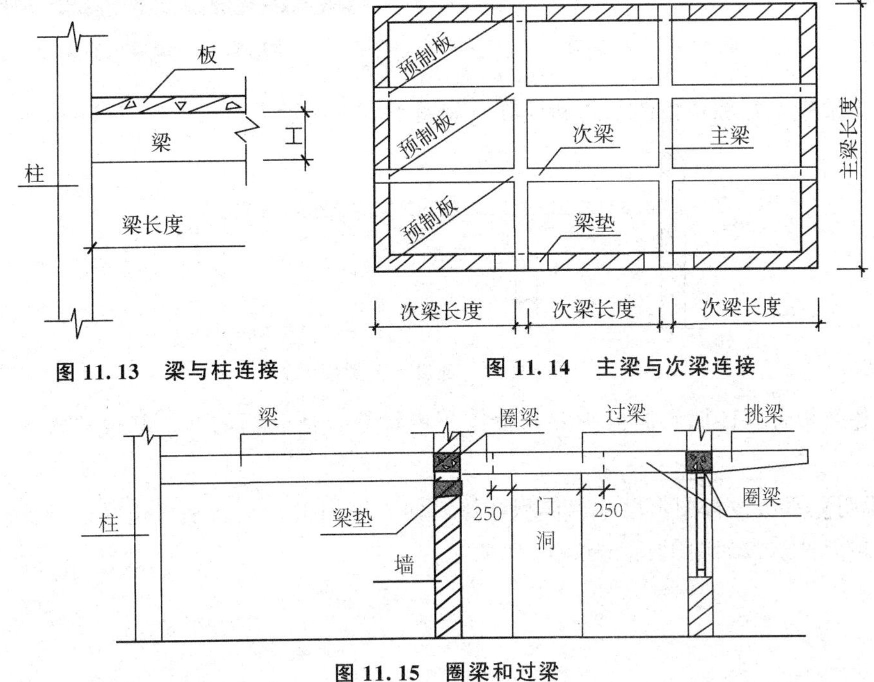

图 11.13　梁与柱连接

图 11.14　主梁与次梁连接

图 11.15　圈梁和过梁

【说明】圈梁与梁连接时，圈梁体积应扣除伸入圈梁内的梁体积。如图 11.16 所示。

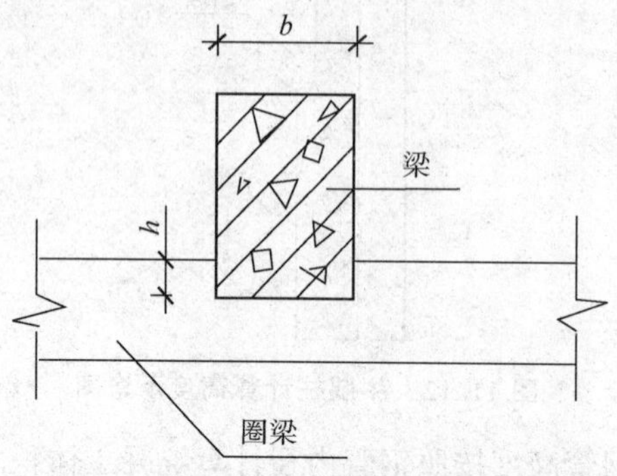

图 11.16　圈梁与梁连接

(6) 板：按设计图示尺寸以体积计算，不扣除单个面积 0.3 m^2 以内的柱、垛及孔洞所占的体积。

①有梁板包括梁与板，按梁、板体积之和计算，如图 11.17 和图 11.18 所示。

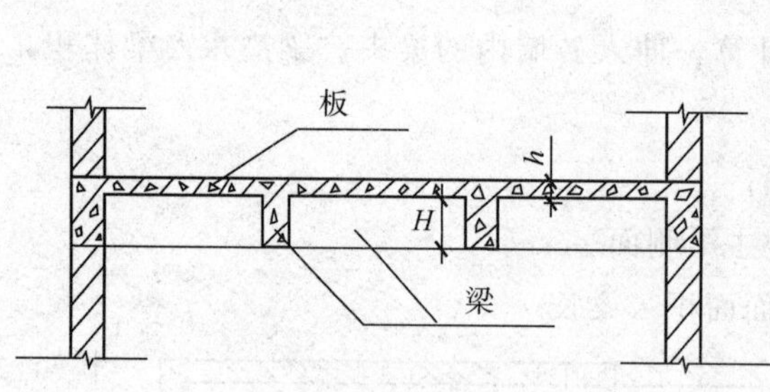

图 11.17　有梁板

图 11.18　混凝土有梁板

②无梁板按板和柱帽体积之和计算，如图 11.19 所示。

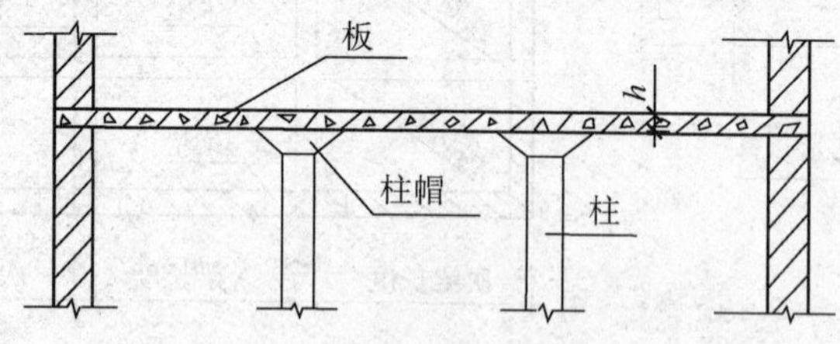

图 11.19　混凝土无梁板

③各类板伸入砖墙内的板头并入板体积内计算，薄壳板的肋、基梁并入薄壳体积内计算。

【说明】平板按板图示尺寸以体积计算，伸入墙内的板头、平板边沿的翻檐均并入平板体积内计算，如图 11.20 和 11.21 所示。

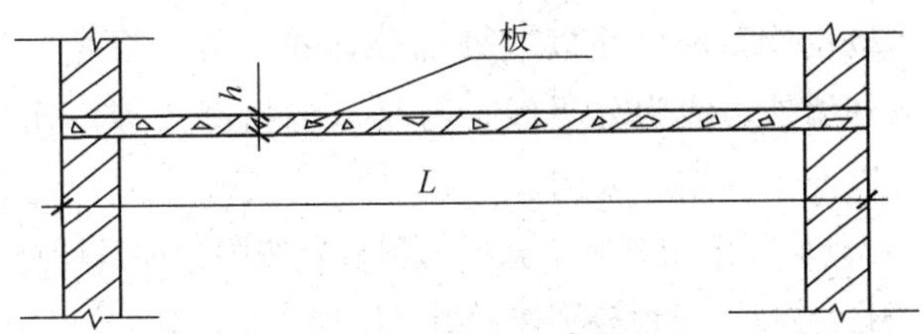

图 11.20　现浇平板

图 11.21　现浇平板带翻檐

斜屋面按板断面面积乘以斜长，有梁时，梁板合并计算。屋脊处加厚混凝土已包括在混凝土消耗量内，不再单独计算，如图 11.22 所示。

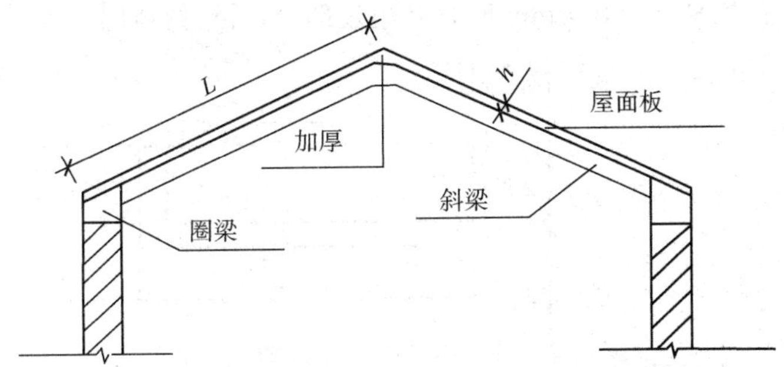

图 11.22　现浇斜屋面板

圆弧形老虎窗顶板套用拱板子目，如图 11.23 所示。

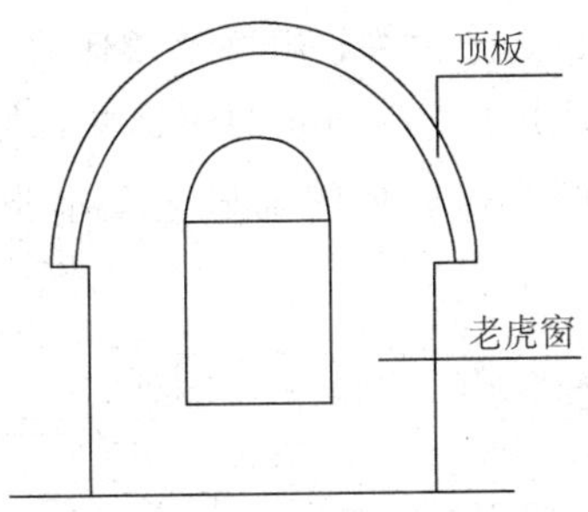

图 11.23　圆弧形老虎窗

④空心板按设计图示尺寸以体积（扣除空心部分）计算。

(7) 栏板、扶手按设计图示尺寸以体积计算，伸入砖墙内的部分并入栏板、扶手体积计算。

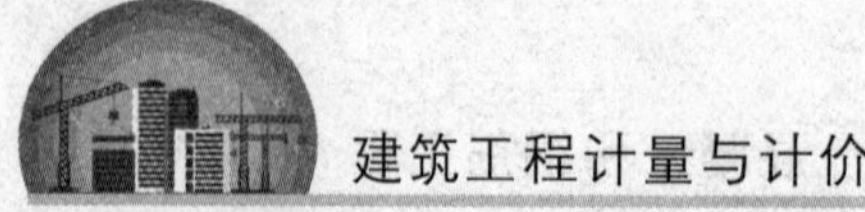

(8) 挑檐、天沟按设计图示尺寸以墙外部分体积计算。挑檐、天沟板与板（包括屋面板）连接时，以外墙外边线为分界线；与梁（包括圈梁等）连接时以梁外边线为分界线，外墙外边线以外为挑檐、天沟。

(9) 凸阳台（凸出外墙外侧用悬挑梁悬挑的阳台）按阳台项目计算；凹进墙内的阳台，按梁、板分别计算，阳台栏板、压顶分别按栏板、压顶项目计算，如图 11.24 所示。

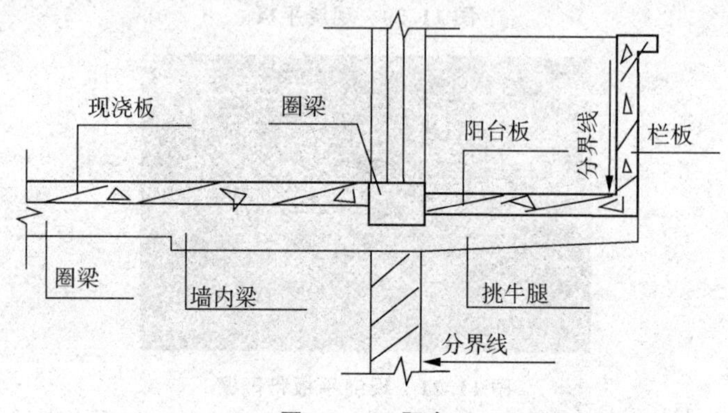

图 11.24　阳台

(10) 雨篷梁、板工程量合并，按雨篷以体积计算，高度≤400 mm 的栏板并入雨篷体积内计算，栏板高度>400 mm 时，其超过部分，按栏板计算。

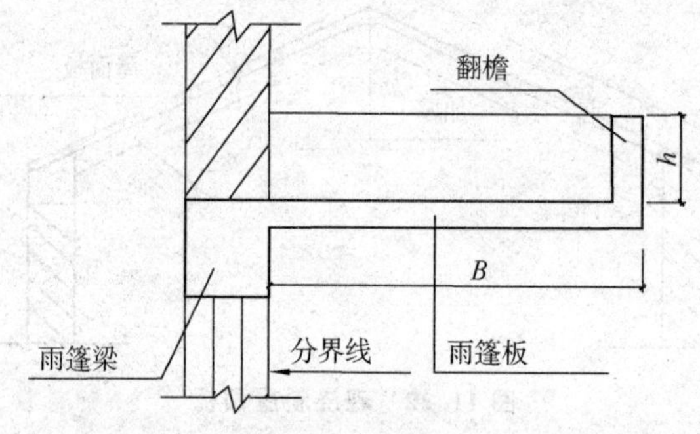

图 11.25　雨篷

(11) 楼梯（包括休息平台、平台梁、斜梁及楼梯的连接梁）按设计图示尺寸以水平投影面积计算，不扣除宽度小于 500 mm 的楼梯井，伸入墙内部分不计算；当整体楼梯与现浇楼板无梯梁连接时，以楼梯的最后一个踏步边缘加 300 mm 为界，如图 11.26 和图 11.27 所示。

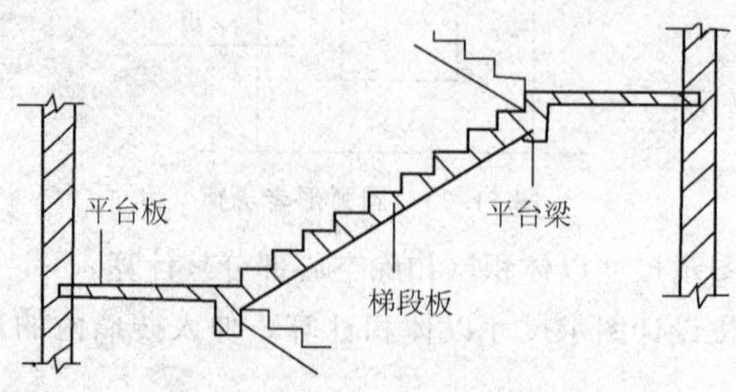

图 11.26　楼梯剖面

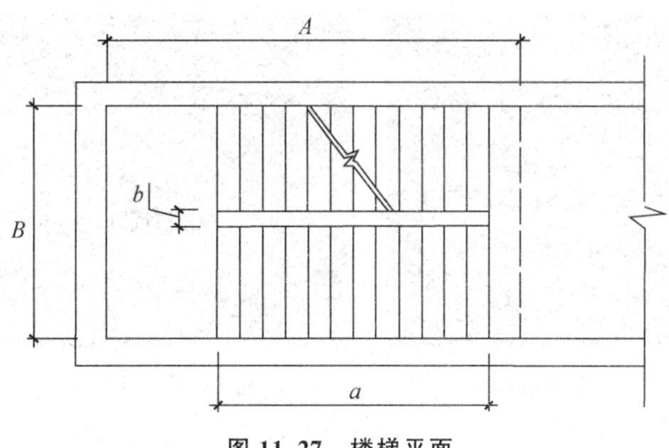

图 11.27　楼梯平面

当 $b\leqslant 500$ mm 时，$S=A\times B$

当 $b>500$ mm 时，$S=A\times B-a\times b$

(12) 散水，台阶按设计图示尺寸以水平投影面积计算。台阶与平台连接时，其投影面积应以最上层踏步外沿加 300 mm 计算。

(13) 场馆看台、地沟、混凝土后浇带，按设计图示尺寸以体积计算。

(14) 二次灌浆、空心砖内灌注混凝土，按实际灌注混凝土体积计算。

(15) 空心楼板筒芯、箱体安装，均按体积计算。

(16) 蒙古包穹顶按图示尺寸以体积计算，不扣除构件内钢筋，预埋铁件及单个面积 0.3 m^2 以内的孔洞所占的体积。

(17) 构筑物工程，如贮水（油）池、贮仓、水箱、烟囱，水塔、简仓、栈桥、非定型检查井和化粪池等均按图示尺寸以体积计算，不扣除构件内钢筋，预埋铁件及单个面积 0.3 m^2 以内的孔洞所占的体积，定型化粪池按座计算

2. 预制混凝土

预制混凝土均按图示尺寸以体积计算，不扣除构件内钢筋，预埋铁件及单个面积 0.3 m^2 以内的孔洞所占的体积，如图 11.28 至图 11.31 所示。

图 11.28　预制混凝土楼板

图 11.29　预制混凝土过梁

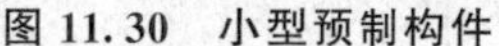
图 11.30　小型预制构件

图 11.31　预制混凝土盖板

3. 预制混凝土接头灌缝

预制混凝土接头灌缝，均按混凝土构件体积计算。

11.2.2　钢筋

(1) 现浇、预制构件钢筋，按设计图示钢筋长度乘以单位理论质量计算。

(2) 钢筋搭接长度应按设计图示及规范要求计算；设计图示及规范要求未标明搭接长度的，不另行计算搭接长度。

(3) 钢筋的搭接（接头）数量应按设计图示及规范要求计算；设计图示及规范要求未标明的，按以下规定计算：

①直径 10 mm 以内的长钢筋按每 12 m 计算一个钢筋搭接（接头）；

②直径 10 mm 以上的长钢筋按每 9 m 计算一个钢筋搭接（接头）。

(4) 先张法预应力钢筋按设计图示钢筋长度乘以单位理论质量计算。

(5) 后张法预应力钢筋按设计图示钢筋（绞线、丝束）长度乘以单位理论质量计算。

②低合金钢筋两端均采用螺杆锚具时，钢筋长度按孔道长度减 0.35 m 计算，螺杆另行计算。

③低合金钢筋一端采用镦头插片，另一端采用螺杆锚具时，钢筋长度按孔道长度计算，螺杆另行计算。

③低合金钢筋一端采用镦头插片，另一端采用帮条锚具时，钢筋按增加 0.15 m 计算；两端均采用帮条锚具时，钢筋长度按孔道长度增加 0.3 m 计算。

④低合金钢筋采用后张混凝土自锚时，钢筋长度按孔道长度增加 0.35 m 计算。

⑤低合金钢筋（钢绞线）采用 JM，XM，QM 型锚具，孔道长度≤20 m 时，钢筋长度按孔道长度增加 1 m 计算；孔道长度＞20 m 时，钢筋长度按孔道长度增加 1.8 m 计算。

⑥碳素钢丝采用锥形锚具，孔道长度≤20 m 时，钢丝束长度按孔道长度增加 1 m 计算；孔道长度＞20 m 时，钢丝束长度按孔道长度增加 1.8 m 计算。

⑦碳素钢丝采用镦头锚具时，钢丝束长度按孔道长度增加 0.35 m 计算；

(6) 预应力钢丝束、钢绞线锚具安装按套数计算。

(7) 当设计要求钢筋接头采用机械连接时，按数量计算，不再计算该处的钢筋搭接长度。

(8) 植筋按数量计算，植入钢筋外露和植入部分长度之和乘以单位理论质量计算。

(9) 钢筋网片、混凝土灌注桩钢筋笼、地下连续墙钢筋笼按设计图示钢筋长度乘以单位理论质量计算。

(10) 混凝土构件预埋铁件、螺栓，按设计图示尺寸，以质量计算。

(11) 冷拔丝钢筋网片按设计图示尺寸，以面积计算。

(12) 钢筋铁马凳根据施工规范，以质量计算。

(13) 成品铁马凳根据施工规范，以个计算。成品铁马凳材料价格依据不同规格调整相应单价。

【说明】钢筋堆场如图11.32和图11.33所示。

图11.32　钢筋堆场1

图11.33　钢筋堆场2

【说明】混凝土保护层：受力钢筋保护层应符合设计要求。

基础钢筋绑扎如图11.34所示，基础钢筋长度缩短如图11.35所示，坡形独立基础如图11.36所示，钢筋工程量的计算规则见表11.2。钢筋每米重量：钢筋每米重量$=0.006\ 165\times d^2$（d为钢筋直径）

图11.34　基础钢筋绑扎

图11.35　基础钢筋长度缩短（10%）

图 11.36　坡形独立基础

表 11.2　钢筋工程量的计算规则（GB 50854—2013）

项目编码	项目名称	项目特征	计量单位	工程量计算规则
010515001	现浇构件钢筋	钢筋种类、规格	t	按照设计图示钢筋的长度乘以单位理论抽量计算，即 $m=L\times n\times i$，其中 i（线密度）$=0.006\ 165d^2$

钢筋工程量的计算公式：

$$m=L\times n\times i$$

式中：i（线密度）$=0.006\ 165d^2$（kg/m）。

线密度 i 的推导如下：

钢材的密度$=7\ 850\ \text{kg/m}^3$

单位长度＝密度×体积＝密度×面积×长度

$=7\ 850\times 1/4\times 3.141\ 592\ 65\times d^2\times 1/10^6$

$=0.006\ 165d^2$

独立基础底部钢筋一般构造见表 11.3。

表 11.3　独立基础底部钢筋一般构造

编号	构造内容	计算公式
1	钢筋长度	X-2C 和 Y-2C C：钢筋保护层厚度
2	起步距离	min（75、s/2）
3	钢筋根数	【y-2 × min（75、s/2）】/s+1 （以 x 向为例）

11.2.3　混凝土构件运输与安装

预制混凝土构件运输及安装除另有规定外，均按构件设计图示尺寸，以体积计算。

1）预制混凝土构件安装

(1) 预制混凝土矩形柱、工形柱、双肢柱、空格柱、管道支架等安装，均按柱安装计算。

(2) 组合屋架安装，以混凝土部分体积计算，钢杆件部分不计算。

(3) 预制板安装，不扣除单个面积≤0.3 m^2 的孔洞所占体积，扣除空心板空洞体积。

2）装配式建筑构件安装

(1) 建筑构件工程量均按设计图示尺寸以体积计算，不扣除构件内钢筋、预埋铁件所占体积。

(2) 装配式墙、板安装，不扣除单个面积≤0.3 m^2 的孔洞所占体积。

(3) 装配式楼梯安装，应按扣除空心踏步板空洞体积后以体积计算。

(4) 预埋套管、注浆按数量计算。

(5) 墙间空腔注浆按长度计算。

11.3　工程量清单计价规范

采用清单计价模式时，工程量按照工程量计算规范进行，混凝土工程包含的清单项目分为现浇构件和预制构件两大部分，其清单项目及工程量的计算规则见表 11.4 至表 11.9。清单报价时需要分别计算出定额量和清单量，然后进行综合报价。

表 11.4　现浇混凝土基础（编号：010501）

<table>
<tr><th>项目编码</th><th>项目名称</th><th>项目特征</th><th>计量单位</th><th>工程量计算规则</th><th>工作内容</th></tr>
<tr><td>010501001</td><td>垫层</td><td rowspan="5">1. 混凝土种类
2. 混凝土强度等级</td><td rowspan="6">m^3</td><td rowspan="6">按设计图示尺寸以体积计算，不扣除伸入承台基础的桩头所占体积</td><td rowspan="6">1. 模板及支撑制作、安装、拆除、堆放、运输及清理模内杂物、刷隔离剂等
2. 混凝土制作、运输、浇筑、振捣、养护</td></tr>
<tr><td>010501002</td><td>带形基础</td></tr>
<tr><td>010501003</td><td>独立基础</td></tr>
<tr><td>010501004</td><td>满堂基础</td></tr>
<tr><td>010501005</td><td>桩承台基础</td></tr>
<tr><td>010501006</td><td>设备基础</td><td>1. 混凝土种类
2. 混凝土强度等级
3. 灌浆材料及其强度等级</td></tr>
</table>

（续表）

项目编码	项目名称	项目特征	计量单位	工程量计算规则	工作内容
注：①有肋带形基础、无肋带形基础应按本表中相关项目列项，并注明肋高。 ②箱式满堂基础中柱、梁、墙、板分别按表 11.5、表 11.6、表 11.7、表 11.8 相关项目分别编码列项；箱式满堂基础底板按本表的满堂基础项目列项。 ③框架式设备基础中柱、梁、墙、板分别按表 11.5、表 11.6、表 11.7、表 11.8 相关项目分别编码列项；基础部分按本表相关项目编码列项。 ④如为毛石混凝土基础，项目特征应描述毛石所占的比例。					

表 11.5　现浇混凝土柱（编号：010502）

项目编码	项目名称	项目特征	计量单位	工程量计算规则	工作内容
010502001	矩形柱	1. 混凝土种类 2. 混凝土强度等级	m^3	按设计图示尺寸以体积计算 柱高： 1. 有梁板的柱高，应按柱基上表面（或楼板上表面）至上一层楼板上表面之间的高度计算 2. 无梁板的柱高，应按柱基上表面（或楼板上表面）至柱帽下表面之间的高度计算 3. 框架柱的柱高，应按柱基上表面至柱顶的高度计算 4. 构造柱按全高计算，嵌接墙体部分（马牙槎）并入柱身体积 5. 依附柱上的牛腿和升板的柱帽，并入柱身体积计算	1. 模板及支撑制作、安装、拆除、堆放、运输及清理模内杂物、刷隔离剂等 2. 混凝土制作、运输、浇筑、振捣、养护
010502002	构造柱				
010502003	异形柱	1. 柱形状 2. 混凝土种类 3. 混凝土强度等级			
注：混凝土种类指清水混凝土、彩色混凝土等，如在同一地区既使用预拌（商品）混凝土，又允许现场搅拌混凝土时，也应注明。					

表 11.6　现浇混凝土梁（编号：010503）

项目编码	项目名称	项目特征	计量单位	工程量计算规则	工作内容
010503001	基础梁	1. 混凝土种类 2. 混凝土强度等级	m^3	按设计图示尺寸以立方米计算，伸入墙内的梁头、梁垫并入梁体积内 梁长： 1. 梁与柱连接时，梁长算至柱侧面 2. 主梁与次梁连接时，次梁长算至主梁侧面	1. 模板及支撑制作、安装、拆除、堆放、运输及清理模内杂物、刷隔离剂等 2. 混凝土制作、运输、浇筑、振捣、养护
010503002	矩形梁				
010503003	异形梁				
010503004	圈梁				
010503005	过梁				
010503006	弧形、拱形梁				

表 11.7　现浇混凝土墙（编号：010504）

项目编码	项目名称	项目特征	计量单位	工程量计算规则	工作内容
010504001	直形墙	1. 混凝土种类 2. 混凝土强度等级	m^3	按设计图示尺寸以体积计算，扣除门窗洞口及单个面积＞0.3 m^2 的孔洞所占体积墙垛及凸出墙面部分并入墙体体积计算	1. 模板及支撑制作、安装、拆除、堆放、运输及清理模内杂物、刷隔离剂等 2. 混凝土制作、运输、浇筑、振捣、养护
010504002	弧形墙				
010504003	短肢剪力墙				
010504004	挡土墙				
注：短肢剪力墙是指截面厚度不大于 300 mm、各肢截面高度与厚度之比的最大值大于 4 但不大于 8 的剪力墙；各肢截面高度与厚度之比的最大值不大于 4 的剪力墙按柱项目编码列项。					

表 11.8 现浇混凝土板（编号：010505）

项目编码	项目名称	项目特征	计量单位	工程量计算规则	工作内容
010505001	有梁板	1. 混凝土种类 2. 混凝土强度等级	m^3	按设计图示尺寸以体积计算，不扣除单个面积≤0.3 m^2 的柱、垛以及孔洞所占体积；压形钢板混凝土楼板扣除构件内压形钢板所占体积；有梁板（包括主、次梁与板）按梁、板体积之和计算，无梁板按板和柱帽体积之和计算，各类板伸入墙内的板头并入板体积内，薄壳板的肋、基梁并入薄壳体积内计算	1. 模板及支撑制作、安装、拆除、堆放、运输及清理模内杂物、刷隔离剂等 2. 混凝土制作、运输、浇筑、振捣、养护
010505002	无梁板				
010505003	平板				
010505004	拱板				
010505005	薄壳板				
010505006	栏板				
010505007	天沟（檐沟）、挑檐板			按设计图示尺寸以体积计算	
010505008	雨篷、悬挑板、阳台板			按设计图示尺寸的墙外体积以立方米计算，包括伸出墙外的牛腿和雨篷反挑檐的体积	
010505009	空心板			按设计图示尺寸以计算，空心板（GBF 高强薄壁蜂巢芯板等）应扣除空心部分体积	
010505010	其他板			按设计图示尺寸以立方米计算	
注：现浇挑檐、天沟板、雨篷、阳台与板（包括屋面板、楼板）连接时，以外墙外边线为分界线；与圈梁（包括其他梁）连接时，以梁外边线为分界线；外边线以外为挑檐、天沟、雨篷或阳台。					

表 11.9　现浇混凝土楼梯（编号：010506）

项目编码	项目名称	项目特征	计量单位	工程量计算规则	工作内容
010506001	直形楼梯	1. 混凝土种类（商品混凝土、现场拌制，泵送、非泵送） 2. 混凝土强度等级 3. 楼梯类型（板式、梁式） 4. 梯板厚度（不含梯阶）	1. m^2 2. m^3	1. 以平方米计量，按设计图示尺寸的水平投影面积以平方米计算，不扣除宽度≤500 mm 的楼梯井，伸入墙内部分不计算 2. 以立方米计量，按照设计图示尺寸以体积计算	1. 模板及支撑制作、安装、拆除、堆放、运输及清理模内杂物、刷隔离剂等 2. 混凝土制作、运输、浇筑、振捣、养护
010506002	弧形楼梯				
注：整体楼梯（包括直形楼梯、弧形楼梯）水平投影面积包括休息平台、平台梁、斜梁和楼梯的连接梁。当整体楼梯与现浇楼板无梯梁连接时，以楼梯的最后一个踏步边缘加 300 mm 为界。					

表 11.10　现浇混凝土其他构件（编号：010507）

项目编码	项目名称	项目特征	计量单位	工程量计算规则	工作内容
010507001	散水、坡道	1. 垫层材料种类、厚度 2. 面层厚度 3. 混凝土种类 4. 混凝土强度等级 5. 变形缝填塞材料种类	m^2	按设计图示尺寸的水平投影面积计算，不扣除单个≤0.3 m^2 的孔洞所占面积	1. 地基夯实 2. 铺设垫层 3. 模板及支撑制作、安装、拆除、堆放、运输及清理模内杂物、刷隔离剂等 4. 混凝土制作、运输、浇筑、振捣、养护 5. 变形缝填塞
010507002	室外地坪	1. 地坪厚度 2. 混凝土强度等级			
010507003	电缆沟、地沟	1. 土壤类别 2. 沟截面净空尺寸 3. 垫层材料种类、厚度 4. 混凝土种类 5. 混凝土强度等级 6. 防护材料种类	m	按设计图示的中心线长度计算	1. 挖填、运土石方 2. 铺设垫层 3. 模板及支撑制作、安装、拆除、堆放、运输及清理模内杂物、刷隔离剂等 4. 混凝土制作、运输、浇筑、振捣、养护 5. 刷防护材料

（续表）

<table>
<tr><th>项目编码</th><th>项目名称</th><th>项目特征</th><th>计量单位</th><th>工程量计算规则</th><th>工作内容</th></tr>
<tr><td>010507004</td><td>台阶</td><td>1. 踏步高、宽
2. 混凝土种类
3. 混凝土强度等级</td><td>1. m^2
2. m^3</td><td>1. 以平方米计量，按设计图示尺寸的水平投影面积计算
2. 以立方米计量，按照设计图示尺寸以体积计算</td><td>1. 模板及支撑制作、安装、拆除、堆放、运输及清理模内杂物、刷隔离剂等
2. 混凝土制作、运输、浇筑、振捣、养护</td></tr>
<tr><td>010507005</td><td>扶手、压顶</td><td>1. 断面尺寸
2. 混凝土种类
3. 混凝土强度等级</td><td>1. m
2. m^3</td><td>1. 以米计量，按设计图示的中心线延长米计算
2. 以立方米计量，按照设计图示尺寸以体积计算</td><td rowspan="3">1. 模板及支撑制作、安装、拆除、堆放、运输及清理模内杂物、刷隔离剂等
2. 混凝土制作、运输、浇筑、振捣、养护</td></tr>
<tr><td>010507006</td><td>化粪池、检查井</td><td>1. 部位
2. 混凝土强度等级
3. 防水、抗渗要求</td><td>1. m^3
2. 座</td><td rowspan="2">1. 按设计图示尺寸以体积计算
2. 以座计量，按照设计图示数量计算</td></tr>
<tr><td>010507007</td><td>其他构件</td><td>1. 构件的类型
2. 构件规格
3. 部位
4. 混凝土种类
5. 混凝土强度等级</td><td>1. m^3</td></tr>
<tr><td colspan="6">注：①现浇混凝土小型池槽、垫块、门框等，应按本表其他构件项目编码列项。
②架空式混凝土台阶，按现浇楼梯计算。</td></tr>
</table>

表 11.11 后浇带（编号：010508）

项目编码	项目名称	项目特征	计量单位	工程量计算规则	工作内容
010508001	后浇带	1. 混凝土种类 2. 混凝土强度等级	m^3	按设计图示尺寸以体积计算	1. 模板及支撑制作、安装、拆除、堆放、运输及清理模内杂物、刷隔离剂等 2. 混凝土制作、运输、浇筑、振捣、养护及混凝土交接面、钢筋等的清理

表 11.12　预制混凝土柱（编号：010509）

项目编码	项目名称	项目特征	计量单位	工程量计算规则	工程内容
010509001	矩形柱	1. 图代号 2. 单件体积 3. 安装高度 4. 混凝土强度等级 5. 砂浆（细石混凝土）强度等级、配合比	1. m^3 2. 根	1. 以立方米计量，按设计图示尺寸以体积计算 2. 以根计量，按设计图示尺寸以数量计算	1. 模板及支撑制作、安装、拆除、堆放、运输及清理模内杂物、刷隔离剂等 2. 混凝土制作、运输、浇筑、振捣、养护 3. 构件运输、安装 4. 砂浆制作、运输 5. 接头灌缝、养护
010509002	异形柱				
注：以根计量，必须描述单件体积					

表 11.13　预制混凝土梁（编号：010510）

项目编码	项目名称	项目特征	计量单位	工程量计算规则	工程内容
010510001	矩形梁	1. 图代号 2. 单件体积 3. 安装高度 4. 混凝土强度等级 5. 砂浆（细石混凝土）强度等级、配合比	1. m^3 2. 根	1. 以立方米计量，按设计图示尺寸以体积计算 2. 以根计量，按设计图示尺寸以数量计算	1. 模板及支撑制作、安装、拆除、堆放、运输及清理模内杂物、刷隔离剂等 2. 混凝土制作、运输、浇筑、振捣、养护 3. 构件运输、安装 4. 砂浆制作、运输 5. 接头灌缝、养护
010510002	异形梁				
010510003	过梁				
010510004	拱形梁				
010510005	鱼腹式吊车梁				
010510006	其他梁				
注：以根计量，必须描述单件体积。					

表 11.14　预制混凝土屋架

项目编码	项目名称	项目特征	计量单位	工程量计算规则	工作内容
010511001	折线型	1. 图代号 2. 单件体积 3. 安装高度 4. 混凝土强度等级 5. 砂浆（细石混凝土）强度等级、配合比	1. m^3 2. 榀	1. 以立方米计量，按设计图示尺寸以体积计算 2. 以榀计量，按设计图示尺寸以数量计算	1. 模板及支撑制作、安装、拆除、堆放、运输及清理模内杂物、刷隔离剂等 2. 混凝土制作、运输、浇筑、振捣、养护 3. 构件运输、安装 4. 砂浆制作、运输 5. 接头灌缝、养护
010511002	组合				
010511003	薄腹				
010511004	门式钢架				
010511005	天窗架				
注：①以榀计量，必须描述单件体积。 ②三角形屋架应按本表中折线型屋架项目编码列项。					

表 11.15　现场预制混凝土构件（编号：010512）

项目编码	项目名称	项目特征	计量单位	工程量计算规则	工作内容
010512001	平板	1. 图代号 2. 单件体积 3. 安装高度 4. 混凝土强度等级 5. 砂浆（细石混凝土）强度等级、配合比	1. m^3 2. 块	1. 以立方米计量，按设计图示尺寸以体积计算，不扣除单个面积≤300 mm×300 mm 的孔洞所占体积，扣除空心板的空洞所占体积 2. 以块计量，按设计图示以数量计算	1. 模板制作、安装、拆除、堆放、运输及清理模内杂物、刷隔离剂等 2. 混凝土制作、运输、浇筑、振捣、养护 3. 构件运输、安装 4. 砂浆制作、运输 5. 接头灌缝、养护
010512002	空心板				
010512003	槽形板				
010512004	网架板				
010512005	折线板				
010512006	带肋板				
010512007	大型板				
010512008	沟盖板、井盖板、井圈	1. 单件体积 2. 混凝土强度等级 3. 砂浆强度等级、配合比	1. m^3 2. 块（套）	1. 以体积计量，按设计图示尺寸以立方米计算 2. 以块计量，按设计图示以数量计算	

（续表）

项目编码	项目名称	项目特征	计量单位	工程量计算规则	工作内容
注：①以块、套计量，必须描述单件体积。 ②不带肋的预制遮阳板、雨篷板、挑檐板、栏板等，应按本表平板项目编码列项。 ③预制 F 形板、双 T 形板、单肋板和带反挑檐的雨篷板、挑檐板、遮阳板等，应按照本表带肋板项目编码列项。 ④预制大型墙板、大型楼板、大型屋面板等，应按本表中大型板项目编码列项。					

表 11.16　预制混凝土楼梯（编号：010513）

项目编码	项目名称	项目特征	计量单位	工程量计算规则	工作内容
010513001	楼梯	1. 楼梯类型 2. 单件体积 3. 混凝土强度等级 4. 砂浆（细石混凝土）强度等级	1. m^3 2. 段	1. 以立方米计量，按设计图示尺寸以体积计算，扣除空心踏步板空洞体积 2. 以段计量，按设计图示数量计算	1. 模板制作、安装、拆除、堆放、运输及清理模内杂物、刷隔离剂等 2. 混凝土制作、运输、浇筑、振捣、养护 3. 构件运输、安装 4. 砂浆制作、运输 5. 接头灌缝、养护
注：以段计量，必须描述单件体积。					

表 11.17　其他预制构件（编号：010514）

项目编码	项目名称	项目特征	计量单位	工程量计算规则	工作内容
010514001	垃圾道、通风道、烟道	1. 单件体积 2. 混凝土强度等级 3. 砂浆强度等级	1. m^3 2. m^2 3. 根（块、套）	1. 以立方米计量，按设计图示尺寸以体积计算，不扣除单个面积≤300 mm×300 mm 的孔洞所占体积，扣除烟道、垃圾道、通风道的孔洞所占体积 2. 以平方米计量，按设计图示尺寸以面积计算，不扣除单个面积≤300 mm×300 mm 的孔洞所占面积 3. 以根计量，按设计图示尺寸以数量计算	1. 模板制作、安装、拆除、堆放、运输及清理模内杂物、刷隔离剂等 2. 混凝土制作、运输、浇筑、振捣、养护 3. 构件运输、安装 4. 砂浆制作、运输 5. 接头灌缝、养护
010514002	其他构件	1. 单件体积 2. 构件的类型 3. 混凝土强度等级 4. 砂浆强度等级			
注：①以块、根计量，必须描述单件体积。 ②预制钢筋混凝土小型池槽、压顶、扶手、垫块、隔热板、花格等，按本表中其他构件项目编码列项					

表 11.18　钢筋工程（编号：010515）

项目编码	项目名称	项目特征	计量单位	工程量计算规则	工作内容
010515001	现浇构件钢筋	钢筋种类、规格	t	按设计图示钢筋（网）长度（面积）乘以单位理论质量计算	1. 钢筋制作、运输 2. 钢筋安装 3. 焊接（绑扎）
010515002	预制构件钢筋				1. 钢筋网制作、运输 2. 钢筋网安装 3. 焊接（绑扎）
010515003	钢筋网片				1. 钢筋笼制作、运输 2. 钢筋笼安装 3. 焊接（绑扎）
010515004	钢筋笼				
010515005	先张法预应力钢筋	1. 钢筋种类、规格 2. 锚具种类		按设计图示钢筋长度乘以单位理论质量计算	1. 钢筋制作、运输 2. 钢筋张拉
010515006	后张法预应力钢筋	1. 钢筋种类、规格 2. 钢丝种类、规格 3. 钢铰线种类、规格 4. 锚具种类 5. 砂浆强度等级	t	按设计图示钢筋（丝束、绞线）长度乘以单位理论质量计算： 1. 低合金钢筋两端均采用螺杆锚具时，钢筋长度按孔道长度减 0.35 m 计算，螺杆另行计算 2. 低合金钢筋一端采用镦头插片、另一端采用螺杆锚具时，钢筋长度按孔道长度计算，螺杆另行计算 3. 低合金钢筋一端采用镦头插片、另一端采用帮条锚具时，钢筋增加 0.15 m 计算；两端均采用帮条锚具时，钢筋长度按孔道长度增加 0.3 m 计算 4. 低合金钢筋采用后张混凝土自锚时，钢筋长度按孔道长度增加 0.35 m 计算 5. 低合金钢筋（钢绞线）采用 JM、XM、QM 型锚具，孔道长度≤20 m 时，钢筋长度增加 1 m 计算，孔道长度＞20 m 时，钢筋长度增加 1.8 m 计算 6. 碳素钢丝采用锥形锚具，孔道长度≤20 m，钢筋束长度按孔道长度增加 1 m 计算，孔道长度＞20 m，钢筋束长度按孔道长度增加 1.8 m 计算 7. 碳素钢丝采用镦头锚具时，钢丝束长度按孔道长度增加 0.35 m 计算	1. 钢筋、钢丝、钢绞线制作、运输 2. 钢筋、钢丝、钢绞线安装 3. 预埋管孔道铺设 4. 锚具安装 5. 砂浆制作、运输 6. 孔道压浆、养护
010515007	预应力钢丝				
010515008	预应力钢绞线				
010515009	支撑钢筋（铁马）	1. 钢筋种类 2. 规格		按钢筋长度乘以单位理论质量计算	钢筋制作、焊接、安装
010515010	声测管	1. 材质 2. 规格型号		按设计图示尺寸以质量计算	1. 检测管截断、封头 2. 套管制作、焊接 3. 定位、固定

表 11.19　螺栓、铁件（编号：010516）

项目编码	项目名称	项目特征	计量单位	工程量计算规则	工作内容
010516001	螺栓	1. 螺栓种类 2. 规格	t	按设计图示尺寸以质量计算	1. 螺栓、铁件制作、运输 2. 螺栓、铁件安装
010516002	预埋铁件	1. 钢材种类 2. 规格 3. 铁件尺寸			
010516003	机械连接	1. 连接方式 2. 螺纹套筒种类 3. 规格	个	按数量计算	1. 钢筋套丝 2. 套筒连接
注：编制工程量清单时，如果设计未明确，其工程数量可为暂估算，实际工程量按现场签证数量计算。					

本章小结

通过本章的学习，要求掌握以下内容：

1. 理解相应的定额说明并熟悉定额项目；

2. 掌握柱、梁、板及其他构件计算界限的划分；

3. 掌握钢筋工程量的计算，对于钢筋工程应区别现浇、预制构件，不同钢种和规格，计算时分别按照设计长度乘以根数乘以单位理论重量，以吨计算；

4. 掌握现浇混凝土和预制混凝土构件的工程量的计算规则。混凝土工程除了另有规定外，均按照图示尺寸以 m^3 计算。

习题

一、填空题

1. 钢筋工程量计算的基本公式中 $M=L\times n\times i$。L 代表________；n 代表________；i 代表________________。

2. 有梁板的混凝土的工程量（包括主梁和次梁及板）按照________________计算。

二、选择题

1. 钢筋工程量是按照（　　）计算的。

A. 体积　　B. 质量　　C. 长度　　D. 根数

2. 梁内的箍筋的起步距离为（　　）mm。

A. 50　　B. 100　　C. 75　　D. 200

3. 现浇板的板底钢筋的起步距离为（　　）mm。

A. 50

B. 100

C. 板筋间距的一半

D. 75 和板筋间距的一半，二者取较小值

4. 首层框架柱的钢筋伸入二层的长度的因素有不应考虑（　　）。

A. 二层柱子的净高　　B. 柱子长边尺寸

C. 500 mm　　D. 箍筋间距

5. 框架柱中的柱纵筋的计算在（　　）情况下区分边柱还是角柱。

A. 顶层　　B. 中间层　　C. 首层　　D. 地下一层

6. 框架柱子的纵筋在伸入上一层时，预留钢筋的长度，高位和低位的钢筋长度相差至少为（　　）。

A. $35d$　　B. $15d$　　C. $12d$　　D. $10.9d$

7. 混凝土工程、钢筋工程计入分部分项工程费，模板计入（　　）。

A. 分部分项工程费　　B. 其他项目费

C. 措施项目费　　D. 规费

8. 金属结构工程中各种钢结构构件按（　　）计算。

A. 图示尺寸以体积　　B. 图示尺寸以面积

C. 图示尺寸以质量

9. 当主梁与次梁相交时，梁长应（　　）计算。

A. 主梁通长算、次梁断开算　　B. 次梁通长算、主梁断开算

C. 均通长算　　D. 均断开算

10. 计算钢筋工程量时，应按（　　）加以区别。

A. 现浇、预制构件　　B. 不同钢种

C. 不同规格　　D. 构件的种类

11. 计算混凝土工程量时，下列不需要扣除的是（　　）。

A. 构件内的钢筋体积　　B. 构件内的预埋件体积

C. 墙、板中 0.3 m^2 内的孔洞所占体积　　D. 伸入圈梁内的梁的体积

12. 整体楼梯不包括的部分是（　　）。

A. 休息平台　　B. 平台梁

C. 楼梯的连接梁　　D. 宽度为 520 mm 的楼梯井

13. 现浇混凝土整体楼梯水平投影面积包括休息平台、平台梁、斜梁和楼梯的连接梁，当无连接梁时，以楼梯的最后一个踏步边缘加（　　）mm 计算。

A. 200　　B. 300　　C. 350　　D. 250

三、判断题

1. 混凝土按照体积计算　（　）

2. 钢筋按照质量计算　（　）

3. 混凝土的工程量不需要区分构件。　（　）

4. 混凝土的工程量就是混凝土材料的消耗量。　（　）

5. 凿桩头工程量，按照“m^3”计算，或者以“根”计算。　（　）

6. 预制混凝土桩工程量可以按图示尺寸按桩长（包括桩尖）以“m”计算。　（　）

7. 现浇钢筋混凝土基础工程量按图示尺寸以体积计算，不扣除构件内钢筋、预埋铁件等所占体积。　（　）

四、简答题

1. 现浇混凝土构件钢筋工程量如何计算？

2. 混凝土平板的工程量如何计算？

3. 箍筋长度如何计算？

第12章 金属结构工程

12.1 定额说明

本章定额包括金属结构制作、金属结构运输、金属结构安装和金属结构楼（墙）面板及其他。

12.1.1 金属结构制作和安装

（1）本定额适用于现场制作和施工企业附属加工厂制作的金属构件。若采用成品构件，可按各盟市工程造价管理机构发布的信息价执行。

（2）构件制作项目中钢材按钢号 Q235 编制，若采用低合金钢，其制作人工用量乘以系数 1.1；配套焊材单价相应调整，用量不变。

（3）本定额金属构件制作子目，均按焊接编制，如实际采用成品 H 型钢的，主材按成品价格进行换算，人工、机械及除主材外的其他材料乘以系数 0.6。

（4）构件制作定额中钢材的损耗量已包括切割和制作损耗。

（5）构件制作定额已包括加工厂预装配所需的人工、材料、机械台班用量及预拼装平台摊销费用。

（6）钢网架制作、安装项目按平面网格结构编制，如设计为筒壳、球壳及其他曲面结构的，其制作项目人工、机械乘以系数 1.3，安装项目人工、机械乘以系数 1.2。

（7）钢桁架制作、安装项目按直线形桁架编制，如设计为曲线、折线形桁架的，其制作项目人工、机械乘以系数 1.3，安装项目人工、机械乘以系数 1.2。

（8）十字形构件执行相应 H 型钢构件制作项目，人工、机械乘以系数 1.05。

（9）钢柱安装在混凝土柱上，其人工、机械乘以系数 1.43。

（10）本定额中圆（方）钢管构件按成品钢管编制，如实际采用钢板加工而成的，主材价格调整，加工费用另计。

（11）构件制作按构件种类及截面形式不同执行相应项目，构件安装按构件种类及质量不同执行相应项目，构件安装定额中的质量指按设计图纸所确定的构件单元质量。

(12) 轻钢屋架是指单榀质量在1 t以内，且用角钢或圆钢、管材作为支撑、拉杆的钢屋架。

(13) 实腹钢柱（梁）是指H形、箱形、T形，L形、十字形等；空腹钢柱是指格构型等。

(14) 制动梁、制动板、车挡执行钢吊车梁相应项目。

(15) 柱间、梁间、屋架间的H形或箱形钢支撑，执行相应的钢柱或钢梁制作、安装项目；墙架柱、墙架梁和相配套连接杆件执行钢墙架相应项目。

(16) 型钢混凝土组合结构中的钢构件执行本章相应的项目，制作项目人工、机械乘以系数1.15。

(17) 钢栏杆（钢护栏）定额适用于钢楼梯、钢平台及钢走道板等与金属结构相连的栏杆，其他部位的栏杆、扶手应执行本定额其他装饰工程相应项目。

(18) 基坑围护中的钢格构柱执行本章相应项目，其中制作项目（除主材外）乘以系数0.7，安装项目乘以系数0.5。同时，应考虑钢格构柱拆除、回收残值等因素。

(19) 单件质量在25 kg以内的加工铁件执行本章定额中的零星构件。需埋入混凝土中的铁件及螺栓执行本定额混凝土及钢筋混凝土工程相应项目。

(20) 金属构件安装中的植筋、植化学锚栓执行本定额混凝土及钢筋混凝土工程相应项目。

(21) 构件制作项目中未包括除锈工作内容，发生时执行相应项目。其中喷砂或抛丸除锈项目按Sa2.5级除锈等级编制，如设计为Sa3级则定额乘以系数1.1，设计为Sa2级或Sa1级则定额乘以系数0.75；手工及动力工具除锈项目按St3除锈等级编制，如设计为St2级，则定额乘以系数0.75。

(22) 构件制作中未包括油漆工作内容，如设计有要求，执行本定额油漆、涂料、裱糊工程相应项目。

(23) 构件制作安装项目中已包括了施工企业按照质量验收规范要求所需的磁粉探伤、超声波探伤等常规检测费用。

(24) 钢结构构件在15 t及以下构件按单机吊装编制，其他按双机抬吊考虑吊装机械，网架按分块吊装考虑配置相应机械。

(25) 钢构件安装项目按檐高20 m以内、跨内吊装编制，实际须采用跨外吊装的，应按施工方案进行调整。

(26) 钢结构构件采用塔吊吊装的，将钢构件安装项目中的汽车式起重机20 t、40 t分别调整为自升式塔式起重机2 500 kN·m，3 000 kN·m，人工及起重机械乘以系数1.2。

(27) 钢构件安装项目中已考虑现场拼装费用，但未考虑分块或整体吊装的钢网架、钢桁架地面平台拼装摊销，如发生则执行现场拼装平台摊销定额项目。

(28) 钢支撑（钢拉条）制作不包括花篮螺栓，设计采用时，花篮螺栓按相应定额计算。

(29) 钢檩条制作定额未包含表面镀锌费用，发生时另行计算。

(30) 钢通风气楼、钢风机架制作套用钢天窗架子目。

(31) 钢格栅如果采用成品格栅，制作人工、辅材、机械乘以系数 0.6。

(32) 整座网架质量＜120 t，定额人工、机械乘以系数 1.2；不锈钢螺栓球网架安装套用螺栓节点球网架安装，取消油漆及稀释剂，同时安装人工减少 0.2 工日。

(33) H 形、箱形柱间支撑套用钢柱安装定额；H 形、箱形梁间（屋面）支撑套用钢梁安装定额。

(34) 钢支撑包括柱间支撑、屋面支撑、系杆，拉条、撑杆、隅撑等。

(35) 钢天窗架及钢通风气楼上 C、Z 型钢执行钢檩条项目。

(36) 执行轨道制作项目时，如遇 50 kg/m 以上轨道，可换算轨道价格，其余不变。

(37) 轨道项目中未考虑轨道连接件，安装时根据图纸需用量执行轨道连接件项目，轨道连接件价格可根据实际进行换算。

(38) 箱形柱、梁项目中不含栓钉及其施工，实际发生时按剪力栓钉定额项目执行。

(39) 依附漏斗的型钢并入漏斗工程量内，加工铁件等小型构件按零星钢构件项目执行。

12.1.2 金属结构运输

(1) 金属结构构件运输定额是按加工厂至施工现场考虑的，运距以 30 km 为限，运距在 30 km 以上时按照构件运输方案和市场运价调整。

(2) 金属结构构件运输按表 12-1 分为三类，套用相应定额。

表 12-1 金属结构构件分类表

类别	构件名称
一	钢柱、屋架、桁架、吊车架、网架、钢架桥
二	钢梁、檩条、支撑、拉条、栏杆、钢平台、钢走道、钢楼梯、零星构件
三	墙架、挡风架、天窗架、轻钢屋架、其他构件

(3) 金属结构构件运输过程中，如遇路桥限载（限高）而发生的加固、拓宽费用及有电车线路的公安交通管理部门的保安护送费用，应另行处理。

12.1.3 金属结构楼（墙）面板及其他

(1) 金属结构楼面板和墙面板按成品板编制。

(2) 压型楼面板的收边板未包括在楼面板项目内，应单独计算。

(3) 屋面兼强板执行本章节的成品兼强板安装项目。

(4) 直立锁边铝镁锰合金板适用于现场加工，若设计有防水、保温等，执行本定

额屋面及防水工程及保温、隔热、防腐工程相应项目。

(5) 楼板栓钉另按本章相应项目执行。

(6) 固定压型钢板楼板的支架按本章相应项目执行。

(7) 自承式楼承板上钢筋桁架按定额混凝土及钢筋混凝土工程中钢筋相应项目执行。

(8) 装饰工程中的彩钢夹芯板隔墙执行隔墙相应项目。

(9) 不锈钢天沟、彩钢板天沟展开宽度为 600 mm，若实际展开宽度与定额不同，板材按比例调整，其他不变；天沟支架制作安装执行相应项目。

(10) 屋脊盖板内已包括屋脊托板含量，若屋脊托板使用其他材料，则屋脊盖板含量应作调整。

(11) 檐口端面项目也适用于雨篷等处的封边、包角。

(12) 其他封边、包角定额适用于墙面、板面、高低屋面等处需封边、包角的项目。

(13) 彩板墙面、楼承板项目的金属面材厚度与设计标准不同时，可调整材料规格，换算价格，其消耗量不变。

12.2　工程量计算规则

12.2.1　金属构件制作

(1) 金属构件工程量按设计图示尺寸乘以理论质量计算。

(2) 金属构件计算工程量时，不扣除单个面积≤0.3 m^2 的孔洞质量，焊缝、铆钉、螺栓等不另增加质量。

(3) 钢网架计算工程量时，不扣除孔眼的质量，焊缝、铆钉等不另增加质量。焊接空心球网架质量包括连接钢管杆件、连接球、支托和网架支座等零件的质量，螺栓球节点网架质量包括连接钢管杆件（含高强螺栓、销子、套筒、锥头或封板）、螺栓球、支托和网架支座等零件的质量。

(4) 依附在钢柱上的牛腿及悬臂梁的质量等并入钢柱的质量内，钢柱上的柱脚板、加劲板、柱顶板、隔板和肋板并入钢柱工程量内。

(5) 钢管柱上的节点板、加强环、内衬板（管）、牛腿等并入钢管柱的质量内

(6) 钢平台的工程量包括钢平台的柱、梁、板、斜撑等的质量，依附于钢平台上的钢扶梯及平台栏杆应按相应构件另行列项计算。

(7) 钢楼梯的工程量包括楼梯平台、楼梯梁、楼梯踏步等的质量，钢楼梯上的扶手、栏杆另行列项计算。

(8) 钢栏杆包括扶手的质量，合并套用钢栏杆项目。

(9) 机械或手工及动力工具除锈按设计要求以构件质量计算。

(10) 地脚锚栓定位支架按设计图示尺寸以质量计算，设计无规定时按施工方案计算，执行预埋件项目。

12.2.2 金属结构运输和安装

(1) 金属结构构件运输、安装工程量，同制作工程量。

(2) 钢构件现场拼装平台摊销工程量，按实施拼装构件的工程量计算。

12.2.3 金属结构楼（墙）面板及其他

(1) 楼面板按设计图示尺寸以铺设面积计算，不扣除单个面积≤0.3 m^2 的柱、垛及孔洞所占面积。

(2) 墙面板按设计图示尺寸以铺挂面积计算，不扣除单个面积≤0.3 m^2 的梁、孔洞所占面积。

(3) 钢板天沟按设计图示尺寸以质量计算，依附天沟的型钢并入天沟的质量内计算；不锈钢天沟、彩钢板天沟按图示尺寸以展开面积计算。

(4) 金属构件安装使用的高强螺栓、花篮螺栓和剪力栓钉按设计图纸以数量计算，以“套”为单位计算。

(5) 金属构件安装使用的地脚螺栓，按设计图纸以质量以“吨“为单位计算。

(6) 槽铝檐口端面封边、包角，混凝土浇捣收边板高度按 150 mm 考虑，工程量按设计图示尺寸以延长米计算；其他材料的封边包角、混凝土浇捣收边板按设计图示尺寸以展开面积计算。

(7) 屋面成品兼强板安装按设计图示尺寸以展开面积计算；兼强板隔墙板以设计图示尺寸铺挂展开面积计算，不扣除单个面积≤0.3 m^2 的柱、垛及孔洞所占面积。

(8) 直立锁边铝镁锰合金板按设计图示尺寸以展开面积计算，不扣除单个面积≤0.3 m^2 的柱、垛及孔洞所占面积。

【例 12.1】 某工厂设计有实腹钢柱 10 根，每根重 4.5 t，由企业附属加工厂制作。试计算实腹钢柱制作工程量，并确定定额项目。

解 实腹钢柱制作工程量＝10×4.5＝45（t）

套用定额，6-11　定额基价＝4 986.51（元/t）

实腹钢柱制作的分部分项工程费＝45×4 986.51＝224 392.95（元）

【例 12.2】 厂房设计有焊接轻钢屋架 12 榀，每榀重 1.1t，由现场加工制作而成，计算钢屋架制作工程量，确定定额项目。

解 钢屋架制作工程量＝12×1.1＝13.2（t）

套用定额，6-3　定额基价＝5 766.03（元/t）

焊接轻钢屋架的分部分项工程费＝13.2×5 766.03＝76 111.60（元）

12.3　工程量清单计价规范

金属结构工程清单项目及工程量的计算规则见表 12-2 至表 12-8。

表 12-2　钢网架（编号：010601）

项目编码	项目名称	项目特征	计量单位	工程量计算规则	工作内容
010601001	钢网架	1. 钢材品种、规格 2. 网架节点形式、连接方式 3. 网架跨度、安装高度 4. 探伤要求 5. 防火要求	t	按设计图示尺寸以质量计算。不扣除孔眼的质量，焊条、铆钉等不另增加质量	1. 拼装 2. 安装 3. 探伤 4. 补刷油漆

表 12-3　钢屋架、钢托架、钢桁架、钢架桥（编号：010602）

项目编码	项目名称	项目特征	计量单位	工程量计算规则	工作内容
010602001	钢屋架	1. 钢材品种、规格 2. 单榀质量 3. 安装高度 4. 螺栓种类 5. 探伤要求 6. 防火要求	1. 榀 2. t	1. 以榀计算，按设计图示数量计算 2. 以吨计算，按设计图示尺寸以质量计算，不扣除孔眼的质量，焊条、铆钉、螺栓等不另增加质量	1. 拼装 2. 安装 3. 探伤 4. 补刷油漆
010602002	钢托架	1. 钢材品种、规格 2. 单榀质量 3. 安装高度 4. 螺栓种类 5. 探伤要求 6. 防火要求	t	按设计图示尺寸以质量计算。不扣除孔眼的质量，焊条、铆钉、螺栓等不另增加质量	
010602003	钢桁架				

（续表）

项目编码	项目名称	项目特征	计量单位	工程量计算规则	工作内容
010602004	钢架桥	1. 桥类型 2. 钢材品种、规格 3. 单榀质量 4. 安装高度 5. 螺栓种类 6. 防火要求	t	按设计图示尺寸以质量计算，不扣除孔眼的质量，焊条、铆钉、螺栓等不另增加质量	1. 拼装 2. 安装 3. 探伤 4. 补刷油漆

表 12-4　钢柱（编号：010603）

<table>
<tr><th>项目编码</th><th>项目名称</th><th>项目特征</th><th>计量单位</th><th>工程量计算规则</th><th>工作内容</th></tr>
<tr><td>010603001</td><td>实腹钢柱</td><td rowspan="2">1. 柱类型
2. 钢材品种、规格
3. 单根柱质量
4. 螺栓种类
5. 探伤要求
6. 防火要求</td><td rowspan="3">t</td><td rowspan="2">按设计图示尺寸以吨计算，不扣除孔眼的质量，焊条、铆钉、螺栓等不另增加质量，依附在钢柱上的牛腿及悬臂梁等并入钢柱工程量内</td><td rowspan="3">1. 拼装
2. 安装
3. 探伤
4. 补刷油漆</td></tr>
<tr><td>010603002</td><td>空腹钢柱</td></tr>
<tr><td>010603003</td><td>钢管柱</td><td>1. 钢材品种、规格
2. 单根柱质量
3. 螺栓种类
4. 探伤要求
5. 防火要求</td><td>按设计图示尺寸以吨计算，不扣除孔眼的质量，焊条、铆钉、螺栓等不另增加质量，钢管柱上的节点板、加强环、内衬管、牛腿等并入钢管柱工程量内</td></tr>
<tr><td colspan="6">注：①实腹钢柱类型指十字、T、L、H 形等。
②空腹钢柱类型指箱形、格构式等。
③型钢混凝土柱，其混凝土和钢筋应按混凝土及钢筋混凝土工程中相关项目编码列项。</td></tr>
</table>

表 12-5　钢梁（编号：010604）

<table>
<tr><th>项目编码</th><th>项目名称</th><th>项目特征</th><th>计量单位</th><th>工程量计算规则</th><th>工作内容</th></tr>
<tr><td>010604001</td><td>钢梁</td><td>1. 梁类型
2. 钢材品种、规格
3. 单根质量
4. 螺栓种类
5. 安装高度
6. 探伤要求
7. 防火要求</td><td rowspan="2">t</td><td rowspan="2">按设计图示尺寸以吨计算，不扣除孔眼的质量，焊条、铆钉、螺栓等不另增加质量，制动梁、制动板、制动桁架、车挡并入钢吊车梁工程量内</td><td rowspan="2">1. 拼装
2. 安装
3. 探伤
4. 补刷油漆</td></tr>
<tr><td>010604002</td><td>钢吊车梁</td><td>1. 钢材品种、规格
2. 单根质量
3. 螺栓种类
4. 安装高度
5. 探伤要求
6. 防火要求</td></tr>
<tr><td colspan="6">注：①梁类型指 H 形、L 形、T 形、箱形、格构式等。
②型钢混凝土梁，其混凝土和钢筋应按混凝土及钢筋混凝土工程中相关项目编码列项。</td></tr>
</table>

表 12-6　钢板楼板、墙板（编号：010605）

<table>
<tr><th>项目编码</th><th>项目名称</th><th>项目特征</th><th>计量单位</th><th>工程量计算规则</th><th>工作内容</th></tr>
<tr><td>010605001</td><td>钢板楼板</td><td>1. 钢材品种、规格
2. 钢板厚度
3. 螺栓种类
4. 防火要求</td><td rowspan="2">m^2</td><td>按设计图示尺寸以铺设水平投影面积计算，不扣除单个面积≤0.3m^2柱、垛及孔洞所占面积</td><td rowspan="2">1. 拼装
2. 安装
3. 探伤
4. 补刷油漆</td></tr>
<tr><td>010605002</td><td>钢板墙板</td><td>1. 钢材品种、规格
2. 钢板厚度、复合板厚度
3. 螺栓种类
4. 复合板夹芯材料种类、层数、型号、规格
5. 防火要求</td><td>按设计图示尺寸以铺挂展开面积计算，不扣除单个面积≤0.3 m^2 的梁、孔洞所占面积，包角、包边、窗台泛水等不另加面积</td></tr>
<tr><td colspan="6">注：①钢板楼板上浇筑钢筋混凝土，其混凝土和钢筋应按混凝土及钢筋混凝土工程中相关项目编码列项。
②压型钢楼板按本表中钢板楼板项目编码列项。</td></tr>
</table>

表 12-7　钢构件（编号：010606）

项目编码	项目名称	项目特征	计量单位	工程量计算规则	工作内容
010606001	钢支撑、钢拉条	1. 钢材品种、规格 2. 构件类型 3. 安装高度 4. 螺栓种类 5. 探伤要求 6. 防火要求	t	按设计图示尺寸以质量计算，不扣除孔眼的质量，焊条、铆钉、螺栓等不另增加质量	1. 拼装 2. 安装 3. 探伤 4. 补刷油漆
010606002	钢檩条	1. 钢材品种、规格 2. 构件类型 3. 单根质量 4. 安装高度 5. 螺栓种类 6. 探伤要求 7. 防火要求			
010606003	钢天窗架	1. 钢材品种、规格 2. 单榀质量 3. 安装高度 4. 螺栓种类 5. 探伤要求 6. 防火要求			
010606004	钢挡风架	1. 钢材品种、规格 2. 单榀质量 3. 螺栓种类 4. 探伤要求 5. 防火要求	t	按设计图示尺寸以质量计算，不扣除孔眼的质量，焊条、铆钉、螺栓等不另增加质量	1. 拼装 2. 安装 3. 探伤 4. 补刷油漆
010606005	钢墙架				
010606006	钢平台	1. 钢材品种、规格 2. 螺栓种类 3. 防火要求			
010606007	钢走道				
010606008	钢梯	1. 钢材品种、规格 2. 钢梯形式 3. 螺栓种类 4. 防火要求			
010606009	钢护栏	1. 钢材品种、规格 2. 防火要求			

（续表）

项目编码	项目名称	项目特征	计量单位	工程量计算规则	工作内容
010606010	钢漏斗	1. 钢材品种、规格 2. 漏斗、天沟形式 3. 安装高度 4. 探伤要求	t	按设计图示尺寸以质量计算，不扣除孔眼的质量，焊条、铆钉、螺栓等不另增加质量，依附漏斗或天沟的型钢并入漏斗或天沟工程量内	1. 拼装 2. 安装 3. 探伤 4. 补刷油漆
010606011	钢板天沟				
010606012	钢支架	1. 钢材品种、规格 2. 安装高度 3. 防火要求		按设计图示尺寸以质量计算，不扣除孔眼的质量，焊条、铆钉、螺栓等不另增加质量	
010606013	零星钢构件	1. 构件名称 2. 钢材品种、规格			

注：①钢墙架项目包括墙架柱、墙架梁和连接杆件。

②钢支撑、钢拉条类型指单式、复式；钢檩条类型指钢式、格构式；钢漏斗形式指方形、圆形；天沟形式指矩形沟或半圆形沟。

③加工铁件等小型构件，按本表中零星钢构件项目编码列项。

表 12-8　金属制品（编号：010607）

项目编码	项目名称	项目特征	计量单位	工程量计算规则	工作内容
010607001	成品空调金属百时护栏	1. 材料品种、规格 2. 边框材质	m^2	按设计图示尺寸以框外围展开面积计算	1. 安装 2. 校正 3. 预埋铁件及安螺栓
010607002	成品栅栏	1. 材料品种、规格 2. 边框及立柱型钢品种、规格	m^2	按设计图示尺寸以框外围展开面积计算	1. 安装 2. 校正 3. 预埋铁件 4. 安螺栓及金属立柱

（续表）

<table>
<tr><th>项目编码</th><th>项目名称</th><th>项目特征</th><th>计量单位</th><th>工程量计算规则</th><th>工作内容</th></tr>
<tr><td>010607003</td><td>成品雨篷</td><td>1. 材料品种、规格
2. 雨篷宽度
3. 晾衣杆品种、规格</td><td>1. m
2. m^2</td><td>1. 以米计量，按设计图示接触边以米计算
2. 以平方米计量，按设计图示尺寸的展开面积以平方米计算</td><td>1. 安装
2. 校正
3. 预埋铁件及安螺栓</td></tr>
<tr><td>010607004</td><td>金属网栏</td><td>1. 材料品种、规格
2. 边框及立柱型钢品种、规格</td><td rowspan="3">m^2</td><td>按设计图示尺寸以框外围展开面积计算</td><td>1. 安装
2. 校正
3. 安螺栓及金属立柱</td></tr>
<tr><td>010607005</td><td>砌块墙钢丝网加固</td><td rowspan="2">1. 材料品种、规格
2. 加固方式</td><td rowspan="2">按设计图示尺寸以平方米计算</td><td rowspan="2">1. 铺贴
2. 铆固</td></tr>
<tr><td>010607006</td><td>后浇带金属网</td></tr>
<tr><td colspan="6">注：抹灰钢丝网加固按本表中砌块墙钢丝加固项目编码列项。</td></tr>
</table>

本章小结

通过本章的学习，要求掌握以下内容：

1. 掌握钢柱制作、钢屋架制作、钢吊车梁制作，钢支撑、钢檩条制作，钢平台制作的定额说明及注意事项；

2. 掌握各种金属构件工程量的计算方法及正确的套用定额。

习题

一、选择题

1. 钢屋架的工程量计量单位有（　　）和（　　），按照质量计算时，不扣除（　　）的质量，焊条、铆钉、螺栓等不另增加质量。

2. 钢托架按设计图示尺寸以（　　）计算。不扣除孔眼的质量，焊条、铆钉、

螺栓等不另增加质量。

3. 实腹钢柱按设计图示尺寸以（　　　）计算。不扣除（　　　）的质量，焊条、铆钉、螺栓等不另增加质量，依附在钢柱上的（　　　）及（　　　）等并入钢柱工程量内。

4. 钢梁按设计图示尺寸以（　　　）计算。不扣除孔眼的质量，焊条、铆钉、螺栓等不另增加质量，制动梁、制动板、制动桁架、车挡并入钢吊车梁工程量内。

5. 钢板楼板按设计图示尺寸以（　　　　　　　　　　　　　　　）计算。不扣除单个面积≤（　　　）柱、垛及孔洞所占面积。

二、判断题

1. 钢构件都是按照质量计算。（　）
2. 焊接用的焊条应计入到工程内。（　）
3. 螺栓应计入到钢构件的工程量内。（　）
4. 焊条、螺栓、铆钉等应计入到钢构件的材料费中。（　）
5. 依附在钢柱上的牛腿应单独计算工程量。（　）
6. 钢梁按照体积计算工程量。（　）
7. 钢楼板按照质量计算工程量。（　）

第13章　木结构工程

木结构是单纯由木材或主要由木材承受荷载的结构，通过各种金属连接件或榫卯手段进行连接和固定，如图13.1所示。木结构因为是由天然材料所组成，受材料本身条件的限制，因而多用在民用和中小型工业厂房的屋盖中。木屋盖结构包括木屋架、支撑系统、吊顶、挂瓦条及屋面板等。

图13.1　木结构

13.1　定额说明

本章定额包括木屋架、木构件、屋面木基层。

木材木种均以一、二类木种取定。如果采用三、四类木种，则相应定额制作人工及机械乘以系数1.35。

【特别提示】

(1) 木结构项目，不论采用何种木材，均按定额执行，不另调整。

(2) 应用此条时需注意，此条是指现场制作的情况，不适用于按商品价购进的门窗。

(3) 木材木种分类如下。

一类：红松、水桐木、樟子松。

二类：白松（方杉、冷杉）、杉木、杨木、柳木、椴木。

三类：青松、黄花松、秋子木、马尾松、东北榆木、柏木、苦木、梓木、黄菠萝、椿木、楠木、柚木、樟木。

四类：枥木（柞木）、檀木、色木、槐木、荔木、麻栗木、桦木、荷木、水曲柳、华北榆木。

设计刨光的屋架、檩条、屋面板在计算木料体积时，应加刨光损耗，方木一面刨光加 3 mm，两面刨光加 5 mm；圆木直径加 5 mm；板一面刨光加 2 mm，两面刨光加 3.5 mm。

屋架跨度是指屋架两端上下弦中心线交点之间的距离。

屋面板制作厚度不同时，可进行调整。

木屋架、钢木屋架定额项目中的钢板、型钢、圆钢用量与设计不同时，可按设计数量另加 8%损耗进行换算，其余不再调整。

13.2　工程量计算规则

13.2.1　木屋架

（1）木屋架、檩条工程量按设计图示的规格尺寸以体积计算。附属于其上的木夹板、垫木、风撑、挑檐木、檩条三角条均按木料体积并入屋架、檩条工程量内。单独挑檐木并入檩条工程量内。檩托木、檩垫木已包括在定额项目内，不另行计算。

（2）圆木屋架上的挑檐木、风撑等设计规定为方木时，应将方木木料体积乘以系数 1.7 折合成圆木并入圆木屋架工程量内。

（3）钢木屋架工程量按设计图示的规格尺寸以体积计算。定额内已包括钢构件的用量，不再另外计算。

（4）带气楼的屋架，其气楼屋架并入所依附屋架工程量内计算。

（5）屋架的马尾、折角和正交部分半屋架，并入相连屋架工程量内计算。

（6）简支檩木长度按设计计算，设计无规定时，按相邻屋架或山墙中距增加 0.20 m 接头计算。两端出山檩条算至博风板；连续檩的长度按设计长度增加 5%的接头长度计算。

13.2.2　木构件

（1）木柱、木梁按设计图示尺寸以体积计算。

（2）木楼梯按设计图示尺寸以水平投影面积计算，不扣除宽度≤300 mm 楼梯井，伸入墙内部分不计算。

（3）木地楞按设计图示尺寸以体积计算。定额内已包括平撑、剪刀撑、沿椽木的用量，不再另行计算。

（4）屋面上人孔按个计算。

13.2.3 屋面木基层

(1) 屋面椽子、屋面板、挂瓦条、竹帘子工程量按设计图示尺寸以屋面斜面积计算，不扣除屋面烟囱、风帽底座、风道、小气窗及斜沟等所占面积。小气窗的出檐部分亦不增加面积。

(2) 封檐板工程量按设计图示檐口外围长度计算。博风板按斜长度计算，每个大刀头增加长度 0.50 m。

【例 13.1】 某工程设计有方木钢屋架一榀（见图 13.2），各部分尺寸如下：下弦 L=9000 mm，A=450 mm，断面尺寸为 250 mm×250 mm；上弦轴线长 5148 mm，断面尺寸为 200 mm×200 mm；斜杆轴线长 2516 mm，断面尺寸为 100 mm×120 mm；垫木尺寸为 350 mm×100 mm×100 mm；挑檐木长 600 mm，断面尺寸为 200 mm×250 mm。试计算该方木钢屋架、挑檐木工程量，并确定定额项目。

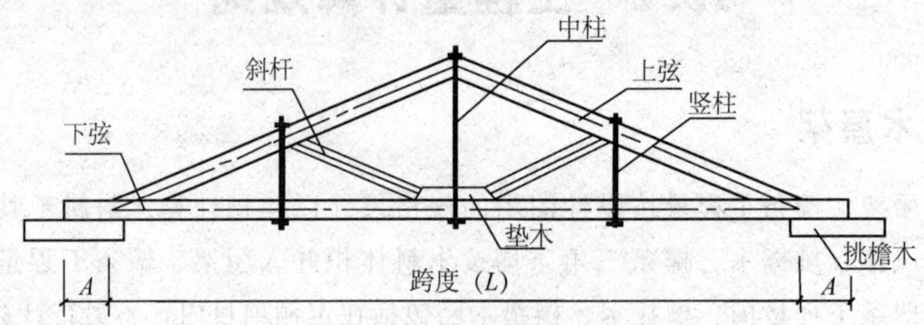

图 13.2 屋架构造

解 (1) 计算方木钢屋架工程量 V=（9+0.45×2）×0.25×0.25+5.148×0.2×0.2×2+2.516×0.1×0.12×2+0.35×0.1×0.1=1.095（m^3）

套用定额 7-8，方木钢木屋架 15 m 以内。

定额基价=45 830.47 元/10m^3

定额直接费=1.095×45 830.47/10=5018.44（元）

(2) 计算挑檐木工程量 V=0.6×0.2×0.25×2=0.06（m^3）

套用定额 7-22，方木檩木制安。

定额基价=22 221.62 元/10m^3

定额直接费=0.06×22 221.62 元/10m^3=133.33（元）

13.3 工程量清单计价规范

13.3.1 木屋架

框架工程量清单项目设置、项目特征描述、计量单位及工程量计算规则应按表 13.1 的规定执行。

表 13.1　木屋架（编号：010701）

项目编码	项目名称	项目特征	计量单位	工程量计算规则	工作内容
010701001	木屋架	1. 跨度 2. 材料品种、规格 3. 刨光要求 4. 拉杆及夹板种类 5. 防护材料种类	1. 榀 2. m^3	1. 以榀计量，按设计图示数量计算 2. 以立方米计量，按设计图示的规格尺寸以体积计算	1. 制作 2. 运输 3. 安装 4. 刷防护材料
010701002	钢木屋架	1. 跨度 2. 木材品种、规格 3. 刨光要求 4. 钢材品种、规格 5. 防护材料种类	榀	以榀计量，按设计图示数量计算	

注：①屋架的跨度应以上下弦中心线两交点之间的距离计算。

②带气楼的屋架和马尾、折角以及正交部分的半屋架，按相关屋架项目编码列项。

③以榀计量，按标准图设计，项目特征必须标注标准图代号。

13.3.2　木构件

木构件工程量清单项目设置、项目特征描述、计量单位及工程量计算规则应按表 13.2 的规定执行。

表 13.2　木构件（编号：010702）

项目编码	项目名称	项目特征	计量单位	工程量计算规则	工作内容
010702001	木柱	1. 构件规格尺寸 2. 木材种类 3. 刨光要求 4. 防护材料种类	m^3	按设计图示尺寸以体积计算	1. 制作 2. 运输 3. 安装 4. 刷防护材料
010702002	木梁				
010702003	木檩		1. m^3 2. m	1. 以立方米计量，按设计图示尺寸以体积计算 2. 以米计量，按设计图示尺寸以长度计算	
010702004	木楼梯	1. 楼梯形式 2. 木材种类 3. 刨光要求 4. 防护材料种类	m^2	按设计图示尺寸以水平投影面积计算，不扣除宽度≤300 mm 的楼梯井，伸入墙内部分不计算	
010702005	其他木构件	1. 构件名称 2. 构件规格尺寸 3. 木材种类 4. 刨光要求 5. 防护材料种类	1. m^3 2. m	1. 以立方米计量，按设计图示尺寸以体积计算 2. 以米计量，按设计图示尺寸以长度计算	

13.3.3 屋面木基层

屋面木基层工程量清单项目设置、项目特征描述、计量单位及工程量计算规则应按表 13.3 的规定执行。

表 13.3 屋面木基层（编号：010703）

项目编码	项目名称	项目特征	计量单位	工程量计算规则	工作内容
010703001	屋面木基层	1. 椽子断面尺寸及椽距 2. 望板材料种类、厚度 3. 防护材料种类	m^2	按设计图示尺寸以斜面积计算，不扣除房上烟囱、风帽底座、风道、小气窗、斜沟等所占面积，小气窗的出檐部分不增加面积	1. 椽子制作、安装 2. 望板制作、安装 3. 顺水条和挂瓦条制作、安装 4. 刷防护材料

本章小结

通过本章的学习，要求掌握以下内容：

1. 木屋架、木构件、屋面木基层等项目的定额说明及计算规则；
2. 木屋架、木构件、屋面木基层等项目的清单计算规则。

学习时，应注意建筑工程各分部分项工程的定额项目划分与清单项目划分的区别与联系，注意定额计算规则与清单计算规则的区别与联系。

习题

选择题

1. 木结构工程工程量计算中正确的应该是（　　）。

   A. 木屋架按设计图示长度计算

   B. 木檩按设计图示以面积计算

   C. 木梁按设计图示以质量计算

   D. 木楼梯按设计图示尺寸以水平投影面积计算

2. 在计算木楼梯工程量时，不需扣除的楼梯井宽度范围应为（　　）mm。

   A. 小于 300　　　　B. 大于或等于 300

   C. 小于 500　　　　D. 大于或等于 500

第14章 门窗工程

14.1 定额说明

本章定额包括木门及门框，金属门，金属卷帘（闸），厂库房大门、特种门，其他门，金属窗，门钢架、门窗套，窗台板，窗帘盒（轨），门五金等。门窗构造组成如图14.1所示。

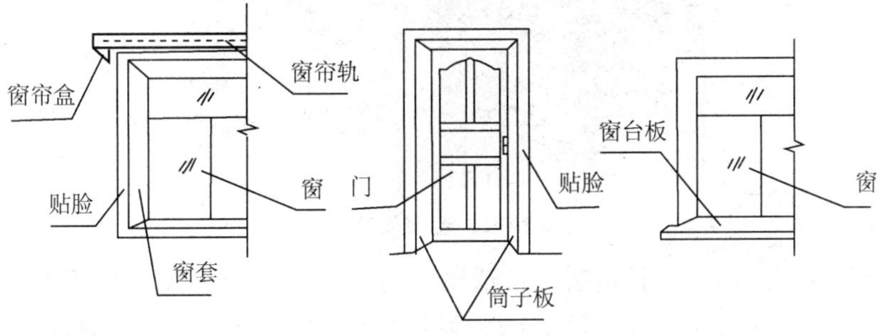

图14.1 门窗构造组成

14.1.1 木门及门框

成品套装门安装包括门套和门扇的安装。

木门分类包括木门复合门、木门实木门和木门全木六。

木门复合门：实木复合门的门芯多以松木、杉木或进口填充材料等黏合而成。外贴密度板和实木木皮，经高温热压后制成，并用实木线条封边。除此之外，现代木门的饰面材料以木皮和贴纸较为常见。

木门实木门：实木门是以取材自森林的天然原木做门芯，经过干燥处理后，再经下料、刨光、开榫、打眼、高速铣形等工序科学加工而成。

木门全木门：全木门是以天然原木木材作为门芯，平衡层采用三合板替代密度板，工艺上具备原木的天然特性与环保性，并解决了原木的不稳定性，造型上更加的多样与细腻。

14.1.2　金属门窗

(1) 铝合金成品门窗安装项目按隔热断桥铝合金型材考虑，当设计为普通铝合金型材时，按相应项目执行，其中人工乘以系数 0.8。

(2) 金属门联窗，门窗应分别执行相应定额。

(3) 彩板钢窗附框安装执行彩钢板钢门附框安装项目。

14.1.3　金属卷帘（闸）

(1) 金属卷帘（闸）项目是按卷帘侧装（即安装在门窗洞口内侧或外侧）考虑的，当设计为中装（即安装在洞口中）时，按相应项目执行，其中人工乘以系数 1.1。金属卷帘门如图 14.2 所示。

图 14.2　金属卷帘门

(2) 金属卷帘（闸）项目是按不带活动小门考虑的，当设计为带活动小门时，按相应项目执行，其中人工乘以系数 1.07，材料调整为带活动小门金属卷帘（闸）。

(3) 防火卷帘（闸）（无机布基防火卷帘除外）按镀锌钢板卷帘（闸）项目执行，并将材料中的镀锌钢板卷帘换为相应的防火卷帘。防火卷帘门如图 14.3 所示。

图 14.3　防火卷帘门

14.1.4　厂库房大门、特种门

（1）厂库房大门项目是按一、二类木种考虑的，如采用三、四类木种，制作按相应项目执行，人工及机械乘以系数 1.3；安装按相应项目执行，人工和机械乘以系数 1.35。厂库房大门如图 14.4 所示。

（2）厂库房大门的钢骨架制作以钢材质量表示，已包括在定额中，不再另列项计算。

（3）厂库房大门门扇上所用铁件均已列入定额，墙、柱、楼地面等部位的预埋铁件按设计要求另按本定额混凝土及钢筋混凝土钢材中相应项目执行。

（4）冷藏库门、冷藏冻结间门、射线防护门安装项目包括筒子板制作安装。

图 14.4　厂库房大门

14.1.5　其他门

（1）全玻璃门门扇安装项目按地弹簧门考虑，其中地弹簧门消耗量可按实际调整。

（2）全玻璃门门框、横梁、立柱钢架的制作安装及饰面装饰，按本章门钢架相应项目执行。

（3）无框亮子安装按固定玻璃安装项目执行。

（4）电子感应自动门传感装置、伸缩门电动装置安装包括调试用工。

14.1.6　门钢架、门窗套

（1）门钢架基层、面层子目未包括封边线条，设计要求时，另按本定额其他装饰工程中相应线条项目执行。

（2）门窗套、门窗筒子板均执行门窗套（筒子板）项目。

【说明】门窗套、筒子板、门窗贴脸的区别：筒子板是沿门窗框内侧周围加设的一层装饰性的木板，在筒子板与墙接缝处用贴脸顶贴盖缝；贴脸也称为门套线或窗套线，是沿樘子周边加钉的木线脚，用于盖住樘子与涂刷层之间的缝隙，使之整体美观；筒子板与贴脸的组合即为门窗套。门窗套如图 14.5 所示。

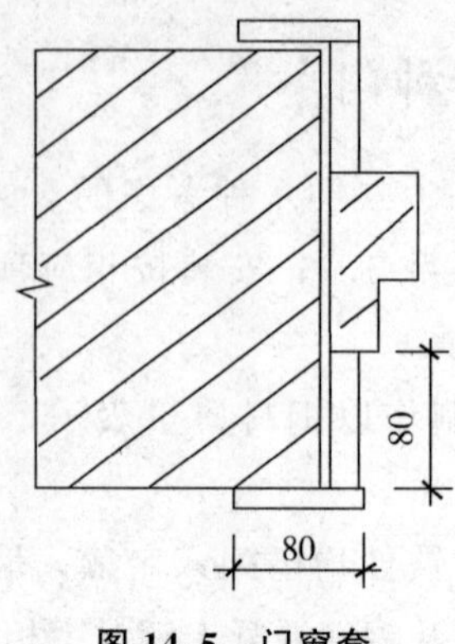

图 14.5 门窗套

(3) 门窗套（筒子板）项目未包括封边线条，设计要求时，按本定额其他装饰工程相应线条项目执行。

14.1.7 窗台板、窗帘盒轨

(1) 窗台板与暖气罩相连时，窗台板并入暖气罩内，按本定额其他装饰工程相应暖气罩项目执行。

(2) 石材窗台板项目按成品窗台板考虑。实际为非成品需现场加工时，石材加工按本定额其他装饰工程石材加工相应项目执行。

(3) 窗帘盒、窗帘轨为弧形时，人工乘以系数 1.6，材料乘以系数 1.1。

14.1.8 门五金

(1) 成品木门（扇）安装项目中五金配件的安装仅包括合页安装人工和合页材料费，设计要求的其他五金另按门五金中门特殊五金相应项目执行。

(2) 成品金属门窗、金属卷帘（闸）、特种门、其他门安装项目包括五金安装人工，五金材料费包括在成品门窗价格中。

(3) 成品全玻璃门扇安装项目中仅包括地弹簧门安装的人工和材料费，设计要求的其他五金另按门五金中门特殊五金相应项目执行。

(4) 厂库房大门安装均包括五金铁件安装人工，五金铁件材料费另按门五金中相应项目执行，当设计与定额取定不同时，按设计规定计算。

(5) 在厂库房大门五金铁件中，木板大门如带小门者，每樘增加铁件 5 kg，100 mm 合页 2 个，125 mm 拉手 2 个，木螺钉 20 个。

14.2　工程量计算规则

14.2.1　木门及门框

(1) 成品木门框安装按设计图示框中心线长度 (m) 计算。

(2) 成品木门扇安装按设计图示扇面面积 (m^2) 计算。

(3) 成品套装木门安装按设计图示数量计算。

(4) 木质防火门安装按设计图示洞口面积 (m^2) 计算。

14.2.2　金属门窗

(1) 铝合金门窗（飘窗、阳台封闭除外）、塑钢门窗均按设计图示门窗洞面积 (m^2) 计算。

(2) 门联窗按设计图示洞口面积 (m^2) 分别计算门窗面积，其中窗的宽度算至门框的外边线。

(3) 纱窗、纱门扇按设计图示扇外围面积 (m^2) 计算。

(4) 飘窗、阳台封闭按设计图示框型材外边线尺寸以展开面积 (m^2) 计算。

(5) 钢质防火门、防盗门按设计图示门洞口面积 (m^2) 计算。

(6) 防盗窗按设计图示窗框外围面积 (m^2) 计算。

(7) 彩钢板门窗按设计图示门窗洞口面积 (m^2) 计算，彩钢板门窗附框按框中心线长度 (m) 计算。

14.2.3　金属卷帘（闸）

金属卷帘（闸）按设计图示卷帘门宽度乘以卷帘门高度（包括卷帘箱高度）以面积 (m^2) 计算。电动装置安装按设计图示以套数计算。

金属卷帘（闸）门工程量＝门宽×（门高＋卷帘箱高度）

14.2.4　厂库房大门、特种门

厂库房大门、特种门按设计图示洞口面积 (m^2) 计算。

厂库房大门、特种门工程量＝门洞宽×门洞高

14.2.5　其他门

(1) 全玻有框门扇按设计图示扇边框外围尺寸以扇面积 (m^2) 计算。

(2) 全玻无框（条夹）门扇按设计图示扇面积 (m^2) 计算，高度算至条夹外边线，宽度算至玻璃外边线。

(3) 全玻无框（点夹）门扇按设计图示玻璃外边线尺寸以扇面积（m^2）计算。

(4) 无框亮子按设计图示门框与横梁或立柱内边缘尺寸玻璃面积（m^2）计算。

(5) 全玻转门按设计图示数量计算。

(6) 不锈钢伸缩门按设计图示以延长米（m）计算。

(7) 传感和电动装置按设计图示以套数计算。

14.2.6　门钢架、门窗套

(1) 门钢架按设计图示尺寸以质量（kg）计算。

(2) 门钢架基层、面层按设计图示饰面外围尺寸展开面积（m^2）计算。

(3) 门窗套（筒子板）龙骨、面层、基层均按设计图示饰面外围尺寸展开面积（m^2）计算。

(4) 成品门窗套按设计图示饰面外围尺寸展开面积（m^2）计算。

14.2.7　窗台板、窗帘盒（轨）

(1) 窗台板按设计图 14.6 所示长度乘以宽度以面积（m^2）计算。图纸未注明尺寸的，窗台板长度可按窗框的外围宽度两边共加 100 mm 计算，窗台板凸出墙面的宽度按墙面外加 50 mm 计算。

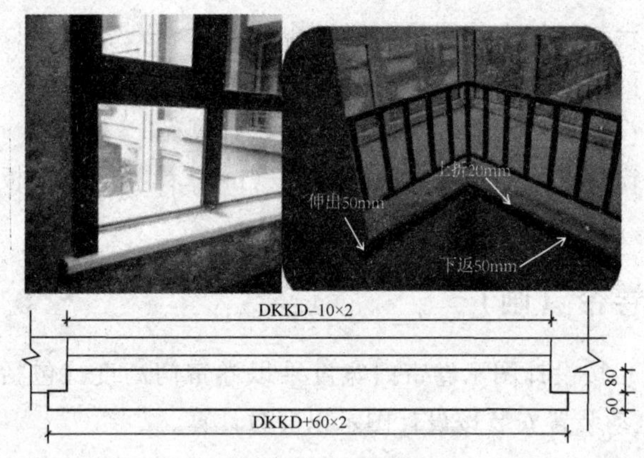

图 14.6　窗台板构造

(2) 窗帘盒、窗帘轨按设计图示以长度（m）计算。

(3) 窗帘按设计尺寸以面积（m^2）计算。

【例 14.1】　某工程设计成品套装木门安装单扇 2 樘，洞口尺寸为 3 000 mm×2 700 mm，试计算该成品套装木门安装工程量，并确定定额项目。

解　成品套装木门安装工程量＝2 樘

成品套装木安装　套定额 8-3

定额基价＝8 952.28 元/10 樘

定额直接费＝8 952.28 元/10 樘×2÷10＝1 790.46（元）

【例 14.2】　某工程设计有隔热断桥铝合金平开门，共 10 樘，洞口尺寸为 1 000

mm×2 700 mm；设计有隔热断桥铝合金推拉窗（无纱扇），共 10 樘，洞口尺寸为 2 400 mm×1 800 mm。试计算工程量，并确定定额项目。

解　(1) 隔热断桥铝合金平开门安装工程量＝1×2.7×10＝27（m^2）

套用定额 8-8

定额基价＝62 907.07 元/100m^2

定额直接费＝27×62 907.07 元/100m^2÷100＝16 984.91（元）

(2) 隔热断桥铝合金推拉窗安装工程量＝2.4×1.8×10＝43.2（m^2）

套用定额 8-70

定额基价＝44 335.86 元/100m^2

定额直接费＝44 335.86 元/100m^2×43.2÷100＝19 153.09（元）

14.3　门窗工程工程量计算规范

14.3.1　木门

木门工程量清单项目设置、项目特征描述、计量单位及工程量计算规则应按表 14.1 的规定执行。

表 14.1　木门（编码：010801）

项目编码	项目名称	项目特征	计量单位	工程量计算规则	工作内容
010801001	木质门	1. 门代号及洞口尺寸 2. 镶嵌玻璃品种、厚度	1. 樘 2. m^2	1. 以樘计量，按设计图示数量计算 2. 以平方米计量，按设计图示洞口尺寸以面积计算	1. 门安装 2. 玻璃安装 3. 五金安装
010801002	木质门带套				
010801003	木质联窗门				
010801004	木质防火门	1. 门代号及洞口尺寸 2. 镶嵌玻璃品种、厚度			
0010801005	木门框	1. 门代号及洞口尺寸 2. 框截面尺寸 3. 防护材料种类			1. 木门框制作、安装 2. 运输 3. 刷防护材料
010801006	门锁安装	1. 锁品种 2. 锁规格	个（套）	按设计图示数量计算	安装

注：①木质门应区分镶板木门、企口木板门、实木装饰门、胶合板门、夹板装饰门、木纱门、全玻门（带木质扇

框)、木质半玻门（带木质扇框）等项目，分别编码列项。

②木门五金应包括折页、插销、门碰珠、弓背拉手、搭机、木螺丝、弹簧折页（自动门)、管子拉手（自由门、地弹门)、地弹簧（地弹门)、角铁、门轧头（地弹门、自由门）等。

③木质门带套计量按洞口尺寸以面积计算，不包括门套的面积。

④以樘计量，项目特征必须描述洞口尺寸；以平方米计量，项目特征可不描述洞口尺寸。

⑤单独制作安装木门框按木门框项目编码列项。

14.3.2 金属门

金属门工程量清单项目设置、项目特征描述、计量单位及工程量计算规则应按表14.2的规定执行。

表 14.2 金属门（编码：010802）

<table>
<tr><th>项目编码</th><th>项目名称</th><th>项目特征</th><th>计量单位</th><th>工程量计算规则</th><th>工作内容</th></tr>
<tr><td>010802001</td><td>金属（塑钢）门</td><td>1. 门代号及洞口尺寸
2. 门框或扇外围尺寸
3. 门框、扇材质
4. 玻璃品种、厚度</td><td rowspan="4">1. 樘
2. m^2</td><td rowspan="4">1. 以樘计量，按设计图示数量计算
2. 以平方米计量，按设计图示洞口尺寸以面积计算</td><td rowspan="3">1. 门安装
2. 五金安装
3. 玻璃安装</td></tr>
<tr><td>010802002</td><td>彩板门</td><td>1. 门代号及洞口尺寸
2. 门框或扇外围尺寸</td></tr>
<tr><td>010802003</td><td>钢质防火门</td><td>1. 门代号及洞口尺寸
2. 门框或扇外围尺寸
3. 门框、扇材质</td></tr>
<tr><td>010802004</td><td>防盗门</td><td>1. 门代号及洞口尺寸
2. 门框或扇外围尺寸
3. 门框、扇材质</td><td>1. 门安装
2. 五金安装</td></tr>
</table>

注：①金属门应区分金属平开门、金属推拉门、金属地弹门、全玻门（带金属扇框)、金属半玻门（带扇框）等项目，分别编码列项。

②铝合金门五金包括地弹簧、门锁、拉手、门插、门铰、螺丝等。

③其他金属门五金包括 L 形执手插锁（双舌)、执手锁（单舌)、门轨头、地锁、防盗门机、门眼（猫眼)、门碰珠、电子锁（磁卡锁)、闭门器、装饰拉手等。

④以樘计量，项目特征必须描述洞口尺寸，没有洞口尺寸必须描述门框或扇外围尺寸；以平方米计量，项目特征可不描述洞口尺寸及框、扇的外围尺寸。

⑤以平方米计量，无设计图示洞口尺寸，按门框、扇外围以面积计算。

14.3.3 金属卷帘（闸）门

金属卷帘（闸）门工程量清单项目设置、项目特征描述、计量单位及工程量计算规则应按表 14.3 的规定执行。

表 14.3　金属卷帘（闸）门（编码：010803）

项目编码	项目名称	项目特征	计量单位	工程量计算规则	工作内容
010803001	金属卷帘（闸）门	1. 门代号及洞口尺寸 2. 门材质 3. 启动装置品种、规格	1. 樘 2. m^2	1. 以樘计量，按设计图示数量计算 2. 以平方米计量，按设计图示洞口尺寸以面积计算	1. 门运输、安装 2. 启动装置、活动小门、五金安装
010803002	防火卷帘（闸）门				

注：以樘计量，项目特征必须描述洞口尺寸；以平方米计量，项目特征可不描述洞口尺寸。

14.3.4　厂库房大门、特种门

厂库房大门、特种门工程量清单项目设置、项目特征描述、计量单位及工程量计算规则应按表 14.4 的规定执行。

表 14.4　厂库房大门、特种门（编码：010804）

项目编码	项目名称	项目特征	计量单位	工程量计算规则	工作内容
010804002	钢木大门	1. 门代号及洞口尺寸 2. 门框或扇外围尺寸 3. 门框、扇材质 4. 五金种类、规格 5. 防护材料种类	1. 樘 2. m^2	1. 以樘计量，按设计图示数量计算 2. 以平方米计量，按设计图示洞口尺寸以面积计算	1. 门（骨架）制作、运输 2. 门、五金配件安装 3. 刷防护材料
010804003	全钢板大门				
010804004	防护铁丝门	1. 门代号及洞口尺寸 2. 门框或扇外围尺寸 3. 门框、扇材质 4. 五金种类、规格 5. 防护材料种类		1. 以樘计量，按设计图示数量计算 2. 以平方米计量，按设计图示门框或扇以面积计算	1. 门（骨架）制作、运输 2. 门、五金配件安装 3. 刷防护材料
010804005	金属格栅门	1. 门代号及洞口尺寸 2. 门框或扇外围尺寸 3. 门框、扇材质 4. 启动装置的品种、规格		1. 以樘计量，按设计图示数量计算 2. 以平方米计量，按设计图示洞口尺寸以面积计算	1. 门安装 2. 启动装置、五金配件安装
010804006	钢质花饰大门	1. 门代号及洞口尺寸 2. 门框或扇外围尺寸 3. 门框、扇材质		1. 以樘计量，按设计图示数量计算 2. 以平方米计量，按设计图示门框或扇以面积计算	1. 门安装 2. 五金配件安装
010804007	特种门			1. 以樘计量，按设计图示数量计算 2. 以平方米计量，按设计图示洞口尺寸以面积计算	

注：①特种门应区分冷藏门、冷冻间门、保温门、变电室门、隔音门、防射电门、人防门、金库门等项目，分别编码列项。

②以樘计量，项目特征必须描述洞口尺寸，没有洞口尺寸必须描述门框或扇外围尺寸；以平方米计量，项目特征可不描述洞口尺寸及框、扇的外围尺寸。

③以平方米计量，无设计图示洞口尺寸，按门框、扇外围以面积计算。

④门开启方式指推拉或平开。

14.3.5 其他门

其他门工程量清单项目设置、项目特征描述、计量单位及工程量计算规则应按表14.5的规定执行。

表 14.5 其他门（编码：010805）

项目编码	项目名称	项目特征	计量单位	工程量计算规则	工作内容
010805001	平开电子感应门	1. 门代号及洞口尺寸 2. 门框或扇外围尺寸 3. 门框、扇材质 4. 玻璃品种、厚度 5. 启动装置的品种、规格 6. 电子配件品种、规格	1. 樘 2. m^2	1. 以樘计量，按设计图示数量计算 2. 以平方米计量，按设计图示洞口尺寸以面积计算	1. 门安装 2. 启动装置、五金、电子配件安装
010805002	旋转门				
010805003	电子对讲门	1. 门代号及洞口尺寸 2. 门框或扇外围尺寸 3. 门材质 4. 玻璃品种、厚度 5. 启动装置的品种、规格 6. 电子配件品种、规格		1. 以樘计量，按设计图示数量计算 2. 以平方米计量，按设图示洞口尺寸以面积计算	1. 门安装 2. 启动装置、五金、电子配件安装
010805004	电动伸缩门				
010805005	全玻自由门	1. 门代号及洞口尺寸 2. 门框或扇外围尺寸 3. 框材质 4. 玻璃品种、厚度			1. 门安装 2. 五金安装
010805006	镜面不锈钢饰面门	1. 门代号及洞口尺寸 2. 门框或扇外围尺寸 3. 框、扇材质 4. 玻璃品种、厚度			

注：①以樘计量，项目特征必须描述洞口尺寸，没有洞口尺寸必须描述门框或扇外围尺寸；以平方米计量，项目特征可不描述洞口尺寸及框、扇的外围尺寸。

②以平方米计量，无设计图示洞口尺寸，按门框、扇外围以面积计算。

14.3.6 金属窗

金属窗工程量清单项目设置、项目特征描述、计量单位及工程量计算规则应按表

14.6 的规定执行。

表 14.6　金属窗（编码：010807）

项目编码	项目名称	项目特征	计量单位	工程量计算规则	工作内容
010807001	金属（塑钢、断桥）窗	1. 窗代号及洞口尺寸 2. 框、扇材质 3. 玻璃品种、厚度	1. 樘 2. m^2	1. 以樘计量，按设计图示数量计算 2. 以平方米计量，按设计图示洞口尺寸以面积计算	1. 窗安装 2. 五金、玻璃安装
010807002	金属防火窗				
010807003	金属百叶窗				
010807004	金属纱窗	1. 窗代号及洞口尺寸 2. 框材质 3. 窗纱材料品种、规格			1. 窗安装 2. 五金安装
010807007	金属（塑钢、断桥）飘（凸）窗	1. 窗代号 2. 框外围展开面积 3. 框、扇材质 4. 玻璃品种、厚度		1. 以樘计量，按设计图示数量计算 2. 以平方米计量，按设计图示尺寸以框外围展开面积计算	1. 窗安装 2. 五金、玻璃安装
010807008	彩板窗	1. 窗代号及洞口尺寸 2. 框外围尺寸 3. 框、扇材质 4. 玻璃品种、厚度		1. 以樘计量，按设计图示数量计算 2. 以平方米计量，按设计图示洞口尺寸或框外围以面积计算	

注：①金属窗应区分金属组合窗、防盗窗等项目，分别编码列项。

②以樘计量，项目特征必须描述洞口尺寸，没有洞口尺寸必须描述窗框外围尺寸；以平方米计量，项目特征可不描述洞口尺寸及框的外围尺寸。

③以平方米计量，无设计图示洞口尺寸，按窗框外围以面积计算。

④金属橱窗、飘（凸）窗以樘计量，项目特征必须描述框外围展开面积。

⑤金属窗中铝合金窗五金应包括卡锁、滑轮、铰拉、执手、拉把、拉手、风撑、角码等。

⑥其他金属窗五金包括折页、螺丝、执手、卡锁、风撑、滑轮滑轨（推拉窗）等。

14.3.7　窗台板

窗台板工程量清单项目设置、项目特征描述、计量单位及工程量计算规则应按表 14.7 的规定执行。

表 14.7　窗台板（编码：010809）

项目编码	项目名称	项目特征	计量单位	工程量计算规则	工作内容
010809004	石材窗台板	1. 黏结层厚度、砂浆配合比 2. 窗台板材质、规格、颜色	m^2	按设计图示尺寸以展开面积计算	1. 基层清理 2. 抹找平层 3. 窗台板制作、安装

14.3.8　窗帘、窗帘盒（轨）

窗帘、窗帘盒（轨）工程量清单项目设置、项目特征描述、计量单位及工程量计算规则应按表 14.8 的规定执行。

表 14.8　窗帘、窗帘盒（轨）（编码：010810）

项目编码	项目名称	项目特征	计量单位	工程量计算规则	工作内容
010810001	窗帘（杆）	1. 窗帘材质 2. 窗帘高度、宽度 3. 窗帘层数 4. 带幔要求	1. m 2. m^2	1. 以米计量，按设计图示尺寸以长度计算 2. 以平方米计量，按图示尺寸以展开面积计算	1. 制作、运输 2. 安装
010810002	木窗帘盒	1. 窗帘盒材质、规格 2. 防护材料种类	m	按设计图示尺寸以长度计算	1. 制作、运输、安装 2. 刷防护材料
010810003	饰面夹板、塑料窗帘盒				
010810004	铝合金窗帘盒				
010810005	窗帘轨	1. 窗帘轨材质、规格 3. 防护材料种类			

注：①窗帘若是双层，项目特征必须描述每层材质。

②窗帘以米计量，项目特征必须描述窗帘高度和宽度。

本章小结

通过本章的学习，要求掌握以下内容：

1. 门窗工程的定额说明；

2. 门窗工程工程量计算规则及计算方法；

3. 门窗工程的清单计价规则。

学习时应注意门窗工程各分部分项工程的定额项目划分与清单项目划分的区别与联系，注意定额计算规则与清单计算规则的区别与联系。

习题

选择题

1. 全玻无框门扇按（　　）面积计算。

A. 洞口　　B. 框外围　　C. 扇外围　　D. 实际

2. 按设计门窗洞口面积计算工程量的有（　　）。

A. 钢质防火门、防盗门　　B. 木质防火门

C. 铝合金门窗　　D. 塑钢门窗

E. 无框玻璃门

3. 以下不是按米计算清单工程量的是（　　）。

A. 窗台板　　B. 窗帘盒　　C. 木筒子板　　D. 门窗套

4. 定额中，窗台板按（　　）计算。

A. 立方米　　B. 数量（块）　　C. 延长米　　D. 平方米

第 15 章　屋面及防水工程

坡屋顶类型如图 15.1 所示，平屋顶类型如图 15.2 所示。

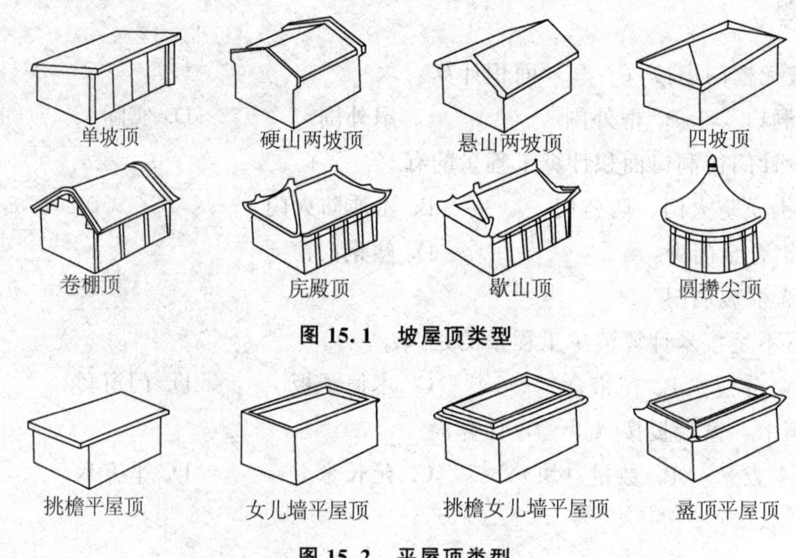

图 15.1　坡屋顶类型

图 15.2　平屋顶类型

15.1　定额说明

本章定额包括屋面工程，屋面防水及其他，墙、楼地面防水防潮。

本章定额项目是按标准或常用材料编制，设计与定额不同时，材料可以换算，人工、机械不变；保温等项目执行本定额保温、隔热、防腐工程相应项目，找平层等项目执行本定额楼地面装饰工程相应项目。

15.1.1　屋面工程

（1）黏土瓦若穿铁丝钉圆钉，每 100 m^2 增加 11 工日，增加镀锌低碳钢丝（22＃）3.5 kg，圆钉 2.5 kg；若用挂瓦条，每 100 m^2 增加 4 工日，增加挂瓦条（尺寸 25 mm ×30 mm）300.3 m，圆钉 2.5 kg。

(2) 各种瓦屋面的瓦规格与定额不同时，瓦的数量可以换算，但是人工、其他材料及机械台班数量不变。

(3) 金属板屋面中，一般金属板屋面执行彩钢板和彩钢夹芯板项目；装配式单层金属压型板屋面区分檩距不同执行定额项目。

(4) 采光板屋面如设计为滑动式采光顶，可以按设计增加 U 形滑动盖帽等部件，调整材料，人工乘以系数 1.05。

(5) 膜结构屋面的钢支柱、锚固支座混凝土基础等执行其他章节相应项目。

(6) 25%＜坡度≤45%及人字形、锯齿形、弧形等不规则瓦屋面，人工乘以系数 1.3；坡度＞45%的，人工乘以系数 1.43。

15.1.2　屋面防水及其他

1. 防水

(1) 细石混凝土防水层，使用钢筋网时，执行本定额混凝土及钢筋混凝土工程相应项目。

(2) 平（屋）面以坡度≤15%为准，15%＜坡度≤25%的，按相应项目的人工乘以系数 1.18；25%＜坡度≤45%及人字形、锯齿形、弧形等不规则屋面或平面，人工乘以系数 1.3；坡度＞45%的，人工乘以系数 1.43。

①屋面坡度的表示方法有以下三种。

a. 用屋顶的高度与屋顶的跨度之比（简称高跨比）表示，即 H/L。

b. 用屋顶的高度与屋顶的半跨之比（简称坡度）表示，即 $i=H/(L/2)$。

c. 用屋面的斜面与水平面的夹角表示，如 $\alpha=26°34'$。

②屋面坡度系数。

a. 屋面坡度系数如表 15.1 所示，坡屋面示意如图 15.3 所示。

表 15.1　屋面坡度系数表

坡度			延尺系数 C ($A=1$)	隅延尺系数 D ($A=1$)
坡度 B/A ($A=1$)	高跨比 $B/2A$	角度 α		
1	1/2	45°	1.414 2	1.732 1
0.75	—	36°52′	1.250 0	1.600 8
0.70	—	35°	1.220 7	1.577 9
0.666	1/3	33°40′	1.201 5	1.562 0
0.65	—	33°01′	1.192 6	1.556 4
0.690	—	30°58′	1.662 0	1.536 2
0.577	—	30°	1.154 7	1.527 0
0.55	—	28°49′	1.143 1	1.517 0

（续表）

坡度			延尺系数 C（$A=1$）	隅延尺系数 D（$A=1$）
坡度 B/A（$A=1$）	高跨比 $B/2A$	角度 α		
0.50	1/4	26°34′	1.118 0	1.500 0
0.45	—	24°14′	1.096 6	1.483 9
0.40	—	21°48′	1.077 0	1.469 7
0.35	—	19°47′	1.059 4	1.456 9
0.30	—	16°42′	1.044 0	1.445 7
0.25	1/8	14°02′	1.030 8	1.436 2
0.20	1/10	11°19′	1.019 8	1.428 3
0.15	—	8°32′	1.011 2	1.422 1
0.125	1/16	7°8′	1.007 8	1.419 1
0.100	1/20	5°42′	1.005 0	1.417 7
0.083	1/24	4°45′	1.003 5	1.416 6
0.066	1/30	3°49′	1.002 2	1.415 7

注：①两坡排水屋面的实际面积为屋面水平投影面积乘以延尺系数 C。

②四坡排水屋面斜脊长度＝$A\times D$（当 $S=A$ 时）。

③沿山墙泛水长度＝$A\times C$。

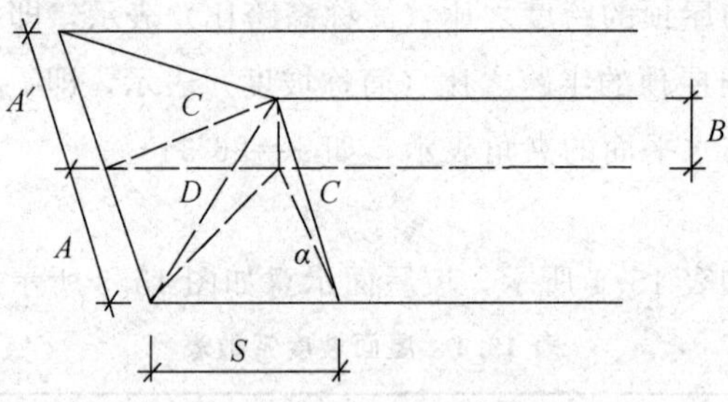

图 15.3　坡屋面示意图

b. 利用屋面坡度系数计算工程量。

如图 15.1 所示，对于坡面屋，无论两坡还是四坡屋面，均按下式计算工程量：

坡面工程量＝檐口宽度×檐口长度×延尺系数＝屋面水平投影面积×延尺系数

(3) 冷粘法以满铺为依据编制，点、条铺粘者，按其相应项目的人工乘以系数 0.91，黏合剂乘以系数 0.7。

(4) 金属压条宽度按 3 cm 计算，实际宽度不同时可按比例增加铁皮用量，其他不变。如压条带有出檐者执行泛水项目。

(5) 刚性防水水泥砂浆内掺防水粉、防水剂项目，如设计与定额不同，掺和剂及其含可以换算，人工不变。

2. 屋面排水

（1）落水管、水口、水斗均按材料成品、现场安装考虑。

（2）铁皮屋面及铁皮排水项目内包括铁皮咬口和搭接的工料。

（3）采用不锈钢落水管排水时，执行镀锌钢管项目，材料按实际换算，人工乘以系数 1.1。

3. 变形缝与止水带

（1）变形缝嵌填缝定额项目中，建筑油膏、聚氯乙烯胶泥设计断面取定为 30 mm×20 mm；油浸木丝板取定为 150 mm×25 mm；其他料取定为 150 mm×30 mm。

（2）变形缝盖板、木板盖板断面取定为 200 mm×25 mm；铝合金盖板厚度取定为 1 mm；不锈钢板厚度取定为 1 mm。变形缝及金属盖板如图 15.4 所示，变形缝构造图如图 15.5 所示。

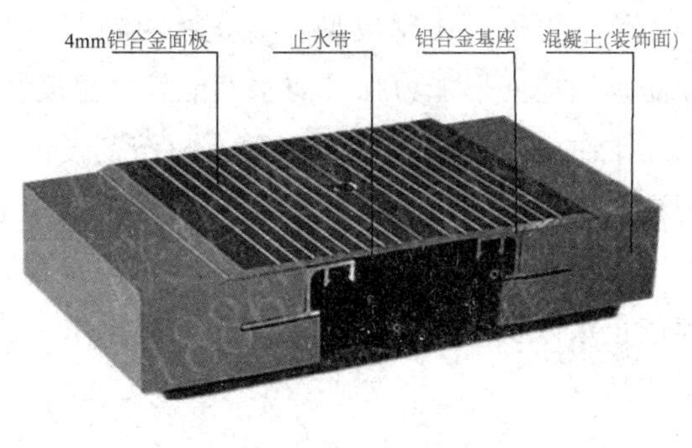

图 15.4 变形缝及金属盖板

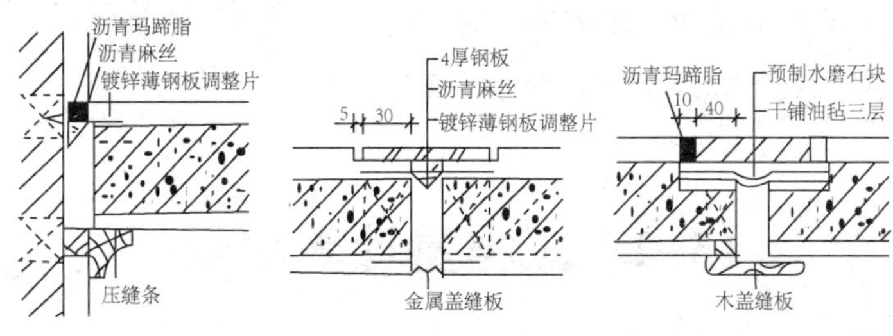

图 15.5 变形缝构造图

（3）钢板（紫铜板）止水带展开宽度为 400 mm（450 mm），氯丁橡胶宽度为 300 mm，涂刷式氯丁橡胶贴玻璃纤维止水片宽度为 350 mm。塑料止水带和紫铜止水带如图 15.6 所示。

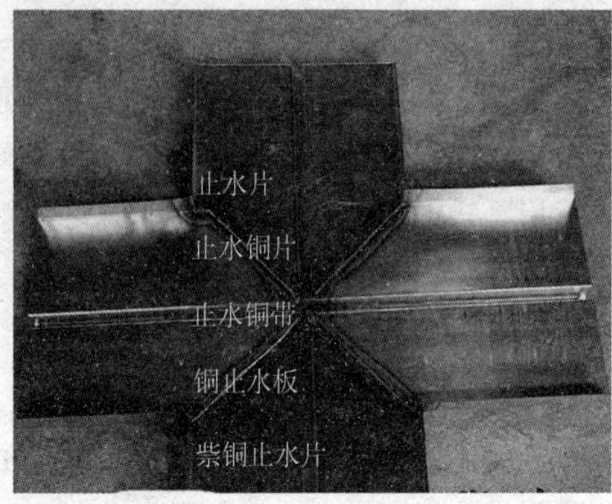

图 15.6　塑料止水带和紫铜止水带

【说明】常采用的止水带主要材质有四种，即纯铜片（紫铜）、橡胶、塑料、不锈钢片等。橡胶止水带是采用天然橡胶与各种合成橡胶为主要原料，掺加各种助剂及填充料，经塑炼、混炼、压制成型。该止水材料具有良好的弹性、耐磨性、耐老化性和抗撕裂性能，适应变形能力强、防水性能好，温度使用范围－4～60 ℃。当温度超过＋70 ℃以及强烈的氧化作用或受油类等有机溶剂侵蚀时，均不得使用该产品。

紫铜止水带主要特点有：抗腐蚀能力强；强度高，能承受较大变形；外观轮廓清晰，无裂纹、压折、凹坑。它适用于各类高级水工建筑的基础止水、坝身止水、坝顶止水、廊道止水以及坝体内孔洞止水、厂房止水、溢流面下横缝止水等，是防止疏漏最理想的产品。

15.1.3　墙、楼地面防水防潮

墙和楼地面防水防潮工程适用于楼地面、墙基 、墙身、构筑物、水池、水塔、室内厕所，浴室及建筑物±0.00 以下的防水防潮等。

15.2　工程量计算规则

15.2.1　屋面工程

（1）各种屋面和型材屋面（包括挑檐部分）均按设计图示尺寸以面积计算（斜屋面按斜面积计算），不扣除房上烟囱、风帽底座、风道、小气窗、斜沟和脊瓦等所占面积，小气窗的出檐部分也不增加。

（2）西班牙瓦、瓷质波形瓦、英红瓦屋面的正斜脊瓦、檐口线，按设计图示尺寸以长度计算。

（3）脊瓦（图 15.7）按设计图示尺寸以延长米计算。

图 15.7　脊瓦

(4) 屋面塑料排水板按设计图示尺寸以平方米计算。

(5) 采光板屋面和玻璃采光顶屋面按设计图示尺寸以面积计算，不扣除面积≤0.3 m^2 孔洞所占面积。

(6) 膜结构屋面按设计图示尺寸以需要覆盖的水平投影面积计算，膜材料可调整含量。

【说明】膜结构又叫张拉膜结构（Tensioned Membrane Structure），如图 15.8 所示。膜结构建筑是 21 世纪最具代表性与充满前途的建筑形式，它打破了纯直线建筑风格的模式，以其独有的优美曲面造型，简洁、明快、刚与柔、力与美的完美组合，呈现给人以耳目一新的感觉，同时给建筑设计师提供了更大的想象和创造空间。膜结构在国外已逐渐应用于体育建筑、商场、展览中心、交通服务设施等大跨度建筑中。

图 15.8　膜结构

15.2.2　屋面防水工程及其他

1. 防水

(1) 屋面防水，按设计图示尺寸以面积计算（斜屋面以斜面积计算），不扣除房上烟囱、风帽底座、风道、屋面小气窗等所占面积，上翻部分也不另行计算；屋面的女儿墙、伸缩缝和天窗等的弯起部分，按设计图示尺寸计算；设计无规定时，伸缩缝、女儿墙、天窗的弯起部分按 500 mm 计算，并入相应屋面工程量内。卷材屋面示意如图 15.9 所示。

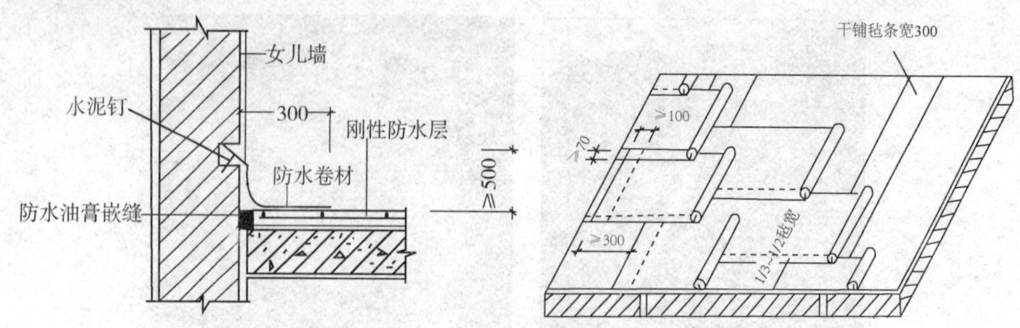

图 15.9　卷材屋面示意图

屋面水平投影面积计算方法如下。

①有女儿墙无挑檐：

屋面水平投影面积＝屋面层建筑面积－女儿墙中心线×女儿墙厚＋弯起部分面积

②有女儿墙有挑檐：

屋面水平投影面积＝屋面层建筑面积＋（外墙外边线＋檐宽×4）×檐宽－女儿墙中心线×女儿墙厚

③有挑檐无女儿墙：

屋面水平投影面积＝屋面层建筑面积＋（外墙外边线＋檐宽×4）×檐宽

【说明】定额中屋面防水，坡屋面工程量按斜铺面积加弯起部分计算；平屋面工程量按水平投影面积加弯起部分，坡度小于1/20的屋面均按平屋面计算。卷材铺设时的搭接、防水薄弱处的附加层，均包括在定额内，其工程量不单独计算。

（2）屋面分格缝，按设计图示尺寸，以长度计算。

（3）刚性防水按设计图纸尺寸以展开面积计算，不扣除房上烟囱、风帽底座、风道等所占面积。

2. 屋面排水

（1）屋面排水管按设计图示（图15.10）尺寸以长度计算，如设计未标注尺寸，以檐口至设计室外散水上表面垂直距离计算。

（2）水斗、下水口、雨水口、弯头、短管等均以设计数量计算。

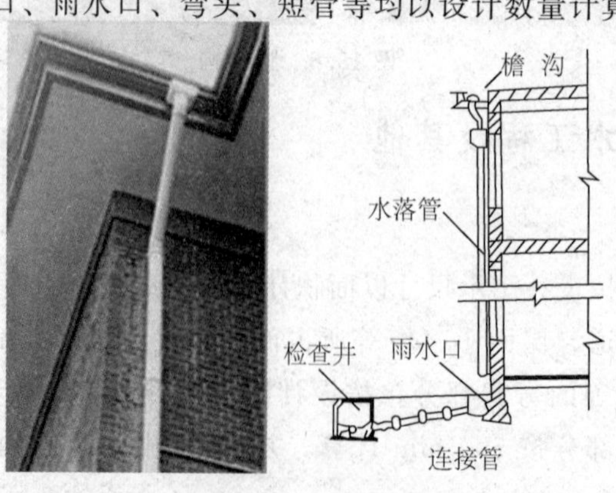

图 15.10　排水系统示意图

(3) 铁皮排水按图示尺寸以展开面积计算，咬口和搭接已计入定额内，不得另行计算。

(4) 种植屋面排水按实际尺寸以铺设排水层面积计算，不扣除房上烟囱、风帽底座、风道、屋面小气窗、斜沟和脊瓦所占面积以及面积≤0.3 m^2 的孔洞所占面积，屋面小气窗的出檐部分也不增加。

3. 变形缝与止水带

变形缝（嵌缝料与盖板）与止水带按设计图示尺寸，以长度计算，如图 15.11 所示。

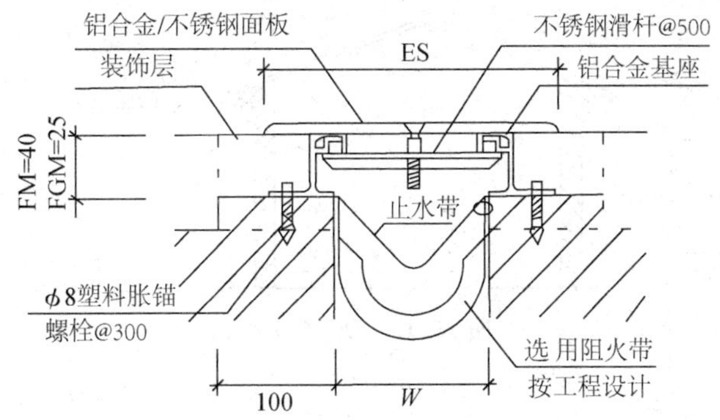

图 15.11　变形缝与止水带剖面示意图

15.2.3　墙、楼地面防水防潮

(1) 楼地面防水防潮层按设计图示尺寸以主墙间净面积计算，扣除凸出地面的构筑物、设备基础等所占面积，不扣除间壁墙及单个面积≤0.3 m^2 柱、垛、烟囱和孔洞所占面积，平面与立面交接处上翻高度≤300 mm 时，按展开面积并入平面防水工程量内计算，上翻高度>300 mm 时，按立面防水层计算。

地面防水防潮层工程量＝主墙间净长度×主墙间净宽度±增减面积

(2) 墙基水平防水防潮层，外墙基按外墙基中心线长度、内墙基按墙基净长度乘以宽度，以面积计算。墙基防潮层如图 15.12 所示。

墙基防水防潮层工程量＝外墙中心线长度×实铺宽度＋内墙净长度×实铺宽度

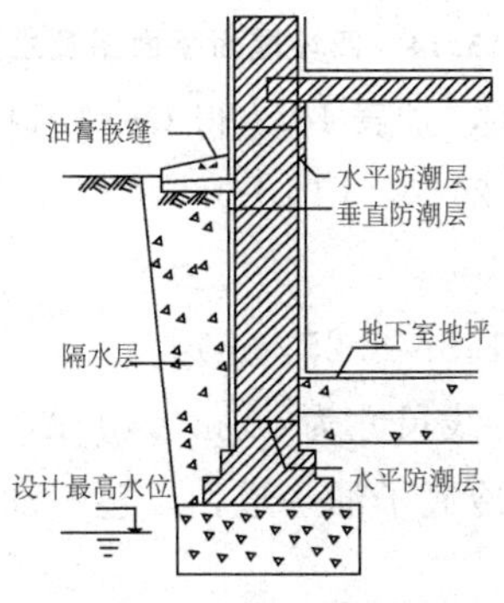

图 15.12　墙基防潮层

(3) 墙的立面防水防潮层，不论内墙、外墙，均按设计图示尺寸以面积计算。

（4）基础底板的防水防潮层按设计图示尺寸以面积计算，不扣除桩头所占面积。桩头处外包防水按桩头投影外扩 300 mm 以面积计算，地沟、坑处防水按展开面积计算，均计算平面工程量，执行相应规定。

【说明】墙基侧面及墙立面防水防潮层，不论内墙、外墙，均按设计防水长度乘以高度，以平方米计算。

【例 15.1】 某工厂木工车间屋面为两坡瓦屋面，水平投影面积为 280.48 m^2，屋面纵坡面图如图 15.13 所示，试计算其屋面工程量。

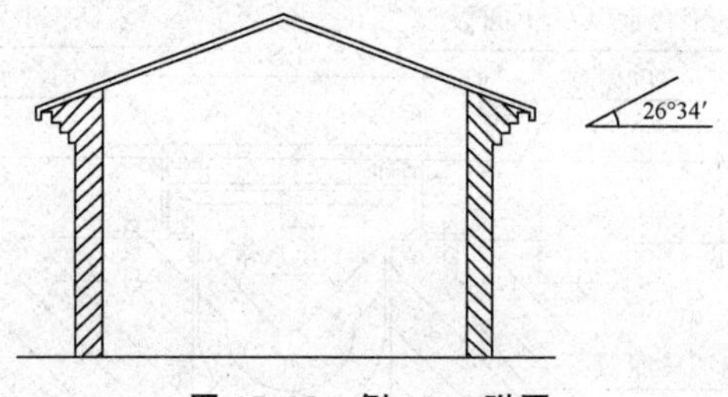

图 15.13 例 15.1 附图

解

坡屋面工程量＝屋面水平投影面积×延尺系数

式中：屋面坡度为 26°34′，查表得其坡度系数为 1.118，则

坡屋面工程量＝280.48×1.118＝313.58（m^2）

【例 15.2】 某四坡屋面平面图如图 15.14 所示，外墙外边尺寸为 20 m×10 m，挑檐宽 500 mm，设计屋面坡度 0.5，试计算斜面积、斜脊长度。

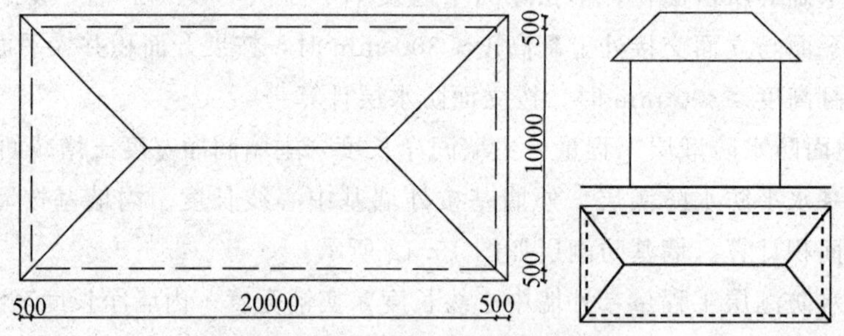

图 15.14 四坡屋面平面图及立面图

解 屋面坡度＝B/A＝0.5，查表 15.1 得 C＝1.118，则

屋面斜面积＝（20＋0.5×2）×（10＋0.5×2）×1.118＝258.26（m^2）

查表 15.1 得 D＝1.5，则

斜脊长度＝A×D＝5.5×1.5＝8.25（m）

【例 15.3】 某建筑物中心线尺寸为 60 m×40 m，墙厚 240 mm，四周女儿墙，无挑檐，屋面坡度 i＝1.5%，刷冷底子油一道，二毡三油防水层，弯起 500 mm，试计算防水层工程量。

解 由于屋面坡度小于 1/30，所以按平屋面防水计算。

平面防水面积＝（60－0.24）×（40－0.24）＝2 376.06（m^2）

上卷面积＝［（60－0.24）＋（40－0.24）］×2×0.50＝99.52（m^2）

由于冷底子油已包括在定额内容中，所以不另行计算。

防水工程量＝2 376.06＋99.52＝2 475.58（m^2）

15.3　工程量计算规范

（1）瓦、型材及其他屋面工程量清单项目设置、项目特征描述、计量单位及工程量计算规则应按表 15.2 的规定执行。

（2）屋面防水及其他工程量清单项目设置、项目特征描述、计量单位及工程量计算规则应按表 15.3 的规定执行。

（3）墙面防水防潮工程量清单项目设置、项目特征描述、计量单位及工程量计算规则应按表 15.4 的规定执行。

（4）楼（地）面防水防潮工程量清单项目设置、项目特征描述、计量单位及工程量计算规则应按表 15.5 的规定执行。

表 15.2 瓦、型材及其他屋面（编码：010901）

<table>
<tr><th>项目编码</th><th>项目名称</th><th>项目特征</th><th>计量单位</th><th>工程量计算规则</th><th>工作内容</th></tr>
<tr><td>010901001</td><td>瓦屋面</td><td>1. 瓦品种、规格
2. 粘结层砂浆的配合比</td><td rowspan="5">m²</td><td rowspan="2">按设计图示尺寸以斜面积计算。
不扣除房上烟囱、风帽底座、风道、小气窗、斜沟等所占面积。小气窗的出檐部分不增加面积</td><td>1. 砂浆制作、运输、摊铺、养护
2. 安瓦、作瓦脊</td></tr>
<tr><td>010901002</td><td>型材屋面</td><td>1. 型材品种、规格
2. 金属檩条材料品种、规格
3. 接缝、嵌缝材料种类</td><td>1. 檩条制作、运输、安装
2. 屋面型材安装
3. 接缝、嵌缝</td></tr>
<tr><td>010901003</td><td>阳光板屋面</td><td>1. 阳光板品种、规格
2. 骨架材料品种、规格
3. 接缝、嵌缝材料种类
4. 油漆品种、刷漆遍数</td><td rowspan="2">按设计图示尺寸以斜面积计算。不扣除屋面面积≤0.3平方米孔洞所占面积</td><td>1. 骨架制作、运输、安装、刷防护材料、油漆
2. 阳光板安装
3. 接缝、嵌缝</td></tr>
<tr><td>010901004</td><td>玻璃钢屋面</td><td>1. 玻璃钢品种、规格
2. 骨架材料品种、规格
3. 玻璃钢固定方式
4. 接缝、嵌缝材料种类
5. 油漆品种、刷漆遍数</td><td>1. 骨架制作、运输、安装、刷防护材料、油漆
2. 玻璃钢制作、安装
3. 接缝、嵌缝</td></tr>
<tr><td>010901005</td><td>膜结构屋面</td><td>1. 膜布品种、规格
2. 支柱（网架）钢材品种、规格
3. 钢丝绳品种、规格
4. 锚固基座做法
5. 油漆品种、刷漆遍数</td><td>按设计图示尺寸以需要覆盖的水平投影面积计算</td><td>1. 膜布热压胶接
2. 支柱（网架）制作、安装
3. 膜布安装
4. 穿钢丝绳、锚头锚固
5. 锚固基座挖土、回填
6. 刷防护材料，油漆</td></tr>
</table>

表 15.3　屋面防水及其他（编码：010902）

项目编码	项目名称	项目特征	计量单位	工程量计算规则	工作内容
010902001	屋面卷材防水	1. 卷材品种、规格、厚度 2. 防水层数 3. 防水层做法	m^2	按设计图示尺寸以面积计算。 1. 斜屋顶（不包括平屋顶找坡）按斜面积计算，平屋顶按水平投影面积计算 2. 不扣除房上烟囱、风帽底座、风道、屋面小气窗和斜沟所占面积 3. 屋面的女儿墙、伸缩缝和天窗等处的弯起部分，并入屋面工程量内	1. 基层处理 2. 刷底油 3. 铺油毡卷材、接缝
010902002	屋面涂膜防水	1. 防水膜品种 2. 涂膜厚度、遍数 3. 增强材料种类			1. 基层处理 2. 刷基层处理剂 3. 铺布、喷涂防水层
010902003	屋面刚性层	1. 刚性层厚度 2. 混凝土强度等级 3. 嵌缝材料种类 4. 钢筋规格、型号		按设计图示尺寸以面积计算。 不扣除房上烟囱、风帽底座、风道等所占面积	1. 基层处理 2. 混凝土制作、运输、铺筑、养护 3. 钢筋制安
010902004	屋面排水管	1. 排水管品种、规格 2. 雨水斗、山墙出水口品种、规格 3. 接缝、嵌缝材料种类 4. 油漆品种、刷漆遍数	m	按设计图示尺寸以长度计算。如设计未标注尺寸，以檐口至设计室外散水上表面垂直距离计算	1. 排水管及配件安装、固定 2. 雨水斗、山墙出水口、雨水篦子安装 3. 接缝、嵌缝 4. 刷漆
010902005	屋面排（透）气管	1. 排（透）气管品种、规格 2. 接缝、嵌缝材料种类 3. 油漆品种、刷漆遍数		按设计图示尺寸以长度计算	1. 排（透）气管及配件安装、固定 2. 铁件制作、安装 3. 接缝、嵌缝 4. 刷漆

（续表）

项目编码	项目名称	项目特征	计量单位	工程量计算规则	工作内容
010902006	屋面（廊、阳台）吐水管	1. 吐水管品种、规格 2. 接缝、嵌缝材料种类 3. 吐水管长度 4. 油漆品种、刷漆遍数	根（个）	按设计图示数量计算	1. 吐水管及配件安装、固定 2. 接缝、嵌缝 3. 刷漆
010902007	屋面天沟、檐沟	1. 材料品种、规格 2. 接缝、嵌缝材料种类	m^2	按设计图示尺寸以展开面积计算	1. 天沟材料铺设 2. 天沟配件安装 3. 接缝、嵌缝 4. 刷防护材料
010902008	屋面变形缝	1. 嵌缝材料种类 2. 止水带材料种类 3. 盖缝材料 4. 防护材料种类	m	按设计图示以长度计算	1. 清缝 2. 填塞防水材料 3. 止水带安装 4. 盖缝制作、安装 5. 刷防护材料

表 15. 4 墙面防水、防潮（编码：010903）

项目编码	项目名称	项目特征	计量单位	工程量计算规则	工作内容
010903001	墙面卷材防水	1. 卷材品种、规格、厚度 2. 防水层数 3. 防水层做法	m^2	按设计图示尺寸以面积计算	1. 基层处理 2. 刷粘结剂 3. 铺防水卷材 4. 接缝、嵌缝
010903002	墙面涂膜防水	1. 防水膜品种 2. 涂膜厚度、遍数 3. 增强材料种类			1. 基层处理 2. 刷基层处理剂 3. 铺布、喷涂防水层
010903003	墙面砂浆防水（防潮）	1. 防水层做法 2. 砂浆厚度、配合比 3. 钢丝网规格			1. 基层处理 2. 挂钢丝网片 3. 设置分格缝 4. 砂浆制作、运输、摊铺、养护

（续表）

项目编码	项目名称	项目特征	计量单位	工程量计算规则	工作内容
010903004	墙面变形缝	1. 嵌缝材料种类 2. 止水带材料种类 3. 盖缝材料 4. 防护材料种类	m	按设计图示以长度计算	1. 清缝 2. 填塞防水材料 3. 止水带安装 4. 盖缝制作、安装 5. 刷防护材料

表15.5　楼（地）面防水、防潮（编码：010904）

项目编码	项目名称	项目特征	计量单位	工程量计算规则	工作内容
010904001	楼（地）面卷材防水	1. 卷材品种、规格、厚度 2. 防水层数 3. 防水层做法	m^2	按设计图示尺寸以面积计算。 1. 楼（地）面防水：按主墙间净空面积计算，扣除凸出地面的构筑物、设备基础等所占面积，不扣除间壁墙及单个面积≤0.3m² 柱、垛、烟囱和孔洞所占面积 2. 楼（地）面防水反边高度≤300 mm 算作地面防水，反边高度＞300 mm 算作墙面防水	1. 基层处理 2. 刷粘结剂 3. 铺防水卷材 4. 接缝、嵌缝
010904002	楼（地）面涂膜防水	1. 防水膜品种 2. 涂膜厚度、遍数 3. 增强材料种类			1. 基层处理 2. 刷基层处理剂 3. 铺布、喷涂防水层
010904003	楼（地）面砂浆防水（防潮）	1. 防水层做法 2. 砂浆厚度、配合比			1. 基层处理 2. 砂浆制作、运输、摊铺、养护
010904004	楼（地）面变形缝	1. 嵌缝材料种类 2. 止水带材料种类 3. 盖缝材料 4. 防护材料种类	m	按设计图示以长度计算	1. 清缝 2. 填塞防水材料 3. 止水带安装 4. 盖缝制作、安装 5. 刷防护材料

本章小结

通过本章的学习，要求掌握以下内容。

1. 屋面及防水工程项目的定额说明。

2. 屋面及防水工程的工程量计算规则及定额套项的运用。了解屋面、防水的做法及相关知识；掌握屋面及防水工程分项工程量的计算方法，其中防水层的计算是本章的重点内容之一，其内容包括刚性防水、卷材防水、高分子卷材防水及涂膜防水；熟练掌握相应项目的定额套项。

3. 屋面及防水工程工程量清单计价办法中各分项工程工程量的计算规则。

习题

一、选择题

1. 平屋面材料找坡的排水坡度为（　　）。

A. 2%～3%　B. 0.5%～1%　　C. 4%　　　　D. 5%

2. 膜结构屋面工程量计算规则为（　　）。

A. 按照设计图示尺寸，以水平投影面积计算

B. 按照设计图示尺寸，以覆盖所需的水平投影面积计算

C. 按照设计图示尺寸，按照斜面积计算

D. 按照设计图示尺寸，按照净面积计算

二、简答题

1. 屋面坡度系数是如何确定的?

2. 如何利用屋面坡度系数计算屋面工程量?

3. 墙基防潮层如何计算?

4. 地面防水工程量如何计算?

三、计算题

1. 某建筑物轴线尺寸为50 m×16 m，墙厚240 mm，四周女儿墙，无挑檐，屋面做法为：热熔SBS改性沥青卷材，弯起500 mm，试计算防水层屋面工程量，确定定额项目。

第16章　楼地面装饰工程

楼面和地面的面层在构造上做法基本相同。地面和楼面的构造做法有区别而已。

16.1　定额说明

本章定额包括找平层及整体面层、块料面层、橡塑面层、其他材料面层、踢脚线、楼梯面层、台阶装饰、零星装饰项目、分隔嵌条、防滑条、酸洗打蜡等。

（1）水磨石。在楼地面项目中，当设计与定额取定的水泥石子浆配合比不同时，定额中的相关材料可以换算。

（2）同一铺贴面上有不同种类、材质的材料，应分别按本章相应项目执行。

（3）厚度≤60 mm的细石混凝土执行找平层项目，厚度>60 mm的细石混凝土按本定额混凝土及钢筋混凝土工程垫层项目执行。

（4）采用地暖的地板垫层，按不同材料执行相应项目，其中人工乘以系数1.3，材料乘以系数0.95。

（5）块料面层。

①镶贴块料项目按规格材料考虑；现场倒角、磨边时，应按本定额其他装饰工程相应项目执行。

②石材楼地面拼花按成品拼花石材考虑。

提示：如图16.1所示，注意点缀、分色小块料、拼花和碎拼的区别。

点缀

拼花

碎拼

分色小块拼装

图 16.1　地面装饰

【说明】楼地面点缀是一种简单的楼地面块料拼铺方式，即在主体块料四角相交处各切去一个角，另镶嵌一块其他颜色的块料，起到点缀的作用。注意点缀与小方块料（不需加工主体块料）的区别。

③镶嵌规格在 100 mm×100 mm 以内的石材执行点缀项目。

④玻化砖按陶瓷地面砖相应项目执行。

【说明】玻化砖是瓷质抛光砖的俗称，是通体砖坯体的表面经过打磨而成的一种光亮的砖，属通体砖的一种。吸水率低于 0.5%的陶瓷砖都称为玻化砖，抛光砖吸水率低于 0.5%，也属玻化砖（吸水率高于 0.5%就只能是抛光砖而不是玻化砖），然后将玻化砖进行镜面抛光即得玻化抛光砖，因为吸水率低的缘故，其硬度也相对比较高，不容易有划痕。玻化砖主要是地面砖，常用规格是 400 mm×400 mm、500 mm×500 mm、600 mm×600 mm、800 mm×800 mm、900 mm×900 mm、1 000 mm×1 000 mm。

⑤石材楼地面做分格、分色时，应按相应项目执行，其中人工乘以系数 1.1。

⑥块料楼地面斜拼（图 16.2）时，应按相应项目执行，其中定额乘以系数 1.1。

图 16.2　块料楼地面斜拼

⑦块料石材表面刷保护液时，应按相应项目执行，其中定额乘以系数 1.2。

(6) 木地板，如图 16.3 所示。

图 16.3　木地板

①木地板安装按成品企口考虑；成品平口安装时，应按相应项目执行，其中人工乘以系数 0.85。

②木地板填充材料按本定额保温、隔热、防腐工程相应项目执行。

(7) 踢脚线。

①金属踢脚线、防静电踢脚线项目均未考虑木基层，发生时按本定额墙、柱面装饰工程木基层项目执行。

②弧形踢脚线、楼梯段踢脚线按相应项目执行，其中人工乘以系数 1.15，机械乘以系数 1.15。

(8) 石材螺旋形楼梯按弧形楼梯项目执行，其中人工乘以系数 1.2。

(9) 零星装饰项目面层适用于楼梯侧面、台阶的牵边、小便池、蹲台、池槽以及面积在 0.50 m^2 以内且未列的项目。

【说明】台阶两侧做成与踏步沿平齐的斜面挡墙为牵边（防止流水直接从踏步端部下落的构造做法），如图 16.4 所示。

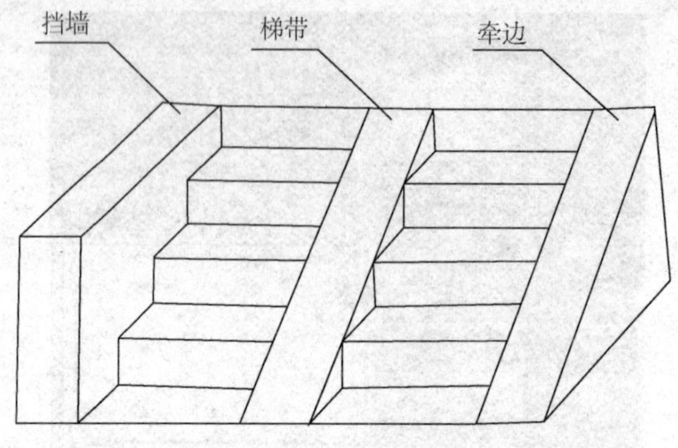

图 16.4　牵边工艺

（10）圆弧形等不规则楼地面铺贴块料、饰面面层时，应按相应项目执行，其中人工乘以系数 1.15，材料乘以系数 1.05。

（11）水磨石楼地面项目按包含酸洗打蜡考虑；其他块料项目做酸洗打蜡时，应按酸洗打蜡相应项目执行。

16.2　工程量计算规则

16.2.1　楼地面找平层及整体面层

楼地面找平层及整体面层按设计图示尺寸以面积（m^2）计算，扣除凸出地面构筑物、设备基础、室内铁道、地沟等所占面积，不扣除间壁墙及单个面积≤0.30 m^2 柱、垛、附墙烟囱及孔洞所占面积，门洞、空圈、暖气包槽、壁龛的开口部分不增加面积。

【说明】整体面层是指在一定范围内，将同一种材料一次浇注成型的楼地面。其包括水泥砂浆面层、细石混凝土面层、水磨石面层、菱苦土面层。

16.2.2　块料面层、橡塑面层

【说明】块料面层是指由相应的胶结材料或水泥砂浆结合层（找平层）与一定规格的块料材料粘贴而成的面层，包括石材（大理石、花岗岩）楼地面、块料楼地面。橡塑面层包括橡胶楼地面、橡胶卷材楼地面、塑料板楼地面和塑料卷材楼地面。其他材料面层包括楼地面化纤地毯、竹木（复合）地板、铝合金防静电活动地板。

（1）块料面层、橡塑面层及其他材料面层按设计图示尺寸以面积（m^2）计算。门洞、空圈、暖气包槽、壁龛的开口部分并入相应的面层面积内。

（2）石材拼花按最大外围尺寸以矩形面积（m^2）计算。有拼花的石材楼地面，按设计图示面积扣除拼花的最大外围矩形面积（m^2）计算。成品拼花石材铺贴按设计图案的面积计算。复杂图案面积按矩形面积计算。

（3）点缀按设计图示数量以个计算。计算铺贴楼地面面积时，不扣除点缀所占面积。

（4）石材底面刷养护液包括侧面涂刷，工程量按设计图示尺寸以底面面积计算。

（5）石材表面刷保护液按设计图示尺寸以表面面积（m^2）计算。

（6）石材打胶按设计图示尺寸以延长米计算。

（7）石材勾缝、精磨按设计图示尺寸以面积（m^2）计算。

16.2.3　踢脚线

按设计图示长度乘以高度以面积（m^2）计算。楼梯靠墙踢脚线（含锯齿形部分）贴块料按设计图示尺寸以面积计算。

【说明】踢脚线包括水泥砂浆踢脚线、石材踢脚线、块料踢脚线、现浇水磨石踢脚线、塑料踢脚线、木质踢脚线、金属踢脚线、防静电踢脚线等。踢脚线高度需要按图纸尺寸执行，一般在 60～300 mm 不等，常用的尺寸为 150 mm。

16.2.4　楼梯面层

如图 16.5 所示，楼梯机层按设计图示尺寸以楼梯（包括踏步、休息平台及≤500 mm 的楼梯井）水平投影面积（m^2）计算。楼梯与楼地面相连时，算至梯口梁内侧边沿；无梯口梁者，算至最上一层踏步边沿加 300 mm。

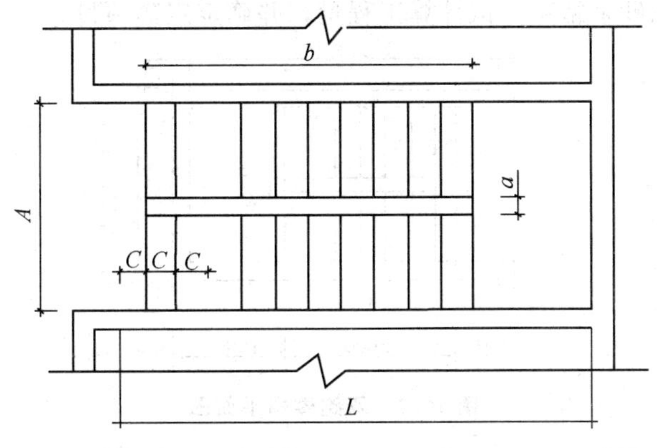

图 16.5　楼梯平面图

楼梯面层工程量$=L\times A\times(n-1)$（$a\leqslant 500$ mm）（n 为楼层数）

楼梯面层工程量$=L\times A\times(n-1)-a\times b$（$a>500$ mm）（n 为楼层数）

16.2.5　台阶面层

台阶面层按设计图示尺寸以台阶（包括最上层踏步边沿加 300 mm）水平投影面积计算。

$$台阶工程量=台阶长\times踏步宽\times步数$$

图 16.6 所示为一个四步台阶。

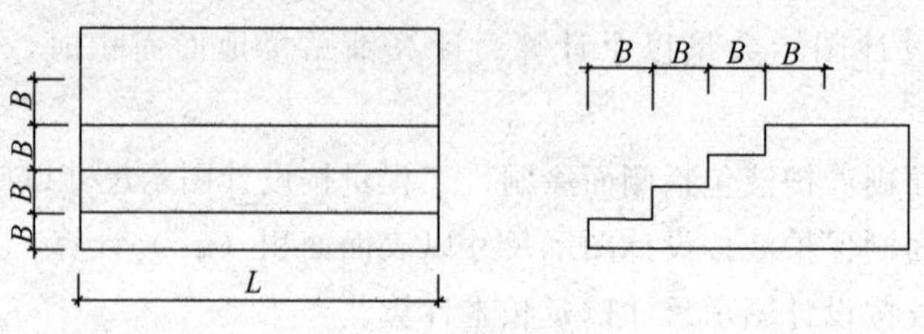

图 16.6 四步台阶

16.2.6 零星装饰项目

零星装饰项目按设计图示尺寸以面积计算。

16.2.7 分隔嵌条、防滑条

(1) 分隔嵌条按设计图示尺寸以延长米计算。

(2) 踏步防滑条按设计图示尺寸以延长米计算，设计无规定者，可按踏步长度两边共减 300 mm 计算。

16.2.8 块料楼地面酸洗打蜡

块料楼地面酸洗打蜡按设计图示尺寸以表面积计算。

【例 16.1】 某二层楼房的，双跑楼梯平面如图 16.7 所示，顶面铺花岗石板（未考虑防滑条），水泥砂浆粘贴，试计算工程量，并确定定额项目。

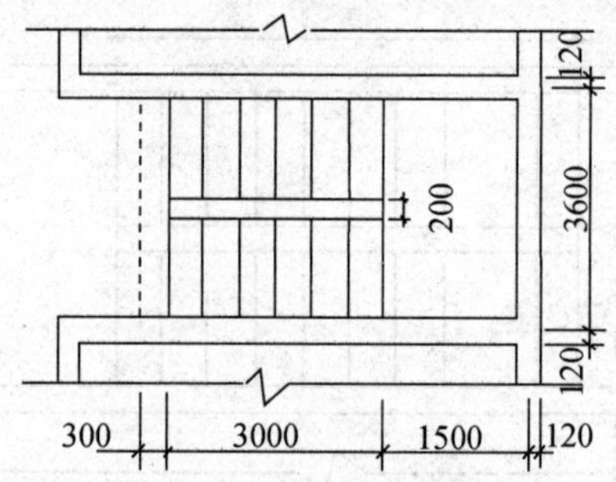

图 16.7 双跑楼梯平面图

解 花岗石板楼梯工程量＝（0.3＋3.0＋1.5－0.12）×（3.6－0.24）＝15.72 (m^2)

楼梯水泥砂浆粘贴花岗石板 套 11-83

定额基价＝2 0064.38 元/100m^2

定额直接费＝2 0064.38 元/100m^2×15.72÷100＝3 154.12（元）

【例 16.2】 某工程花岗石台阶尺寸如图 16.8 所示，台阶及翼墙采用 1∶2.5 水泥砂浆粘贴花岗石板（翼墙外侧不贴），试计算工程量，确定定额项目。

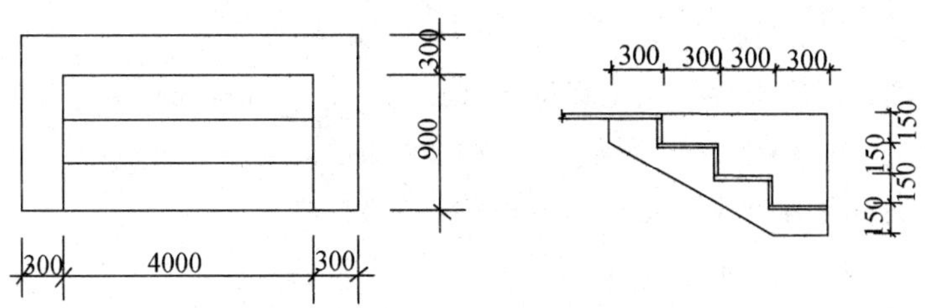

图 16.8　某工程花岗石台阶

解　台阶花岗石板贴面工程量＝4.00×0.30×4＝4.80（m^2）

台阶水泥砂浆粘贴花岗石板　套 11-95

定额基价＝19 525.49 元/100m^2

定额直接费＝19 525.49 元/100m^2×4.8÷100＝937.22（元）

【例 16.3】　某房屋平面图如图 16.9 所示，室内采用胶黏剂 DTA 砂浆粘贴 200 mm 高石材踢脚板，试计算工程量，并确定定额项目。

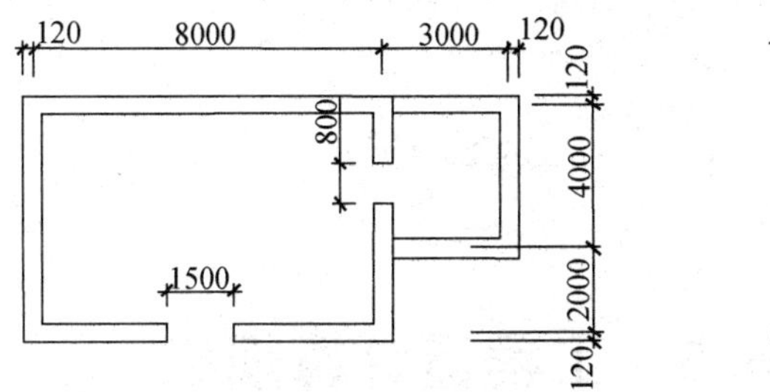

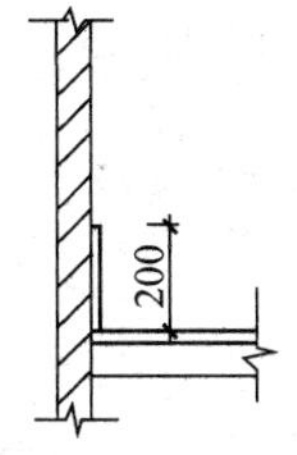

图 16.9　某房屋平面图

解　踢脚板工程量＝［（8.00－0.24＋6.00－0.24）×2＋（4.00－0.24＋3.00－0.24）×2－1.50－0.80×2＋0.12×6］＝37.7（m）

水磨石踢脚板工程量＝37.7×0.20＝7.54（m^2）

水泥砂浆粘贴预制水磨石踢脚板　套 11-72

定额基价＝13 581.21 元/100m^2

定额直接费＝13 581.21 元/100m^2×7.54÷100＝1 024.02（元）

【例 16.4】　某室内平面图如图 16.10 所示，地面做法：预拌 C20 细石混凝土找平层厚度 60 mm，干混地面砂浆 M20 铺贴规格为 600 mm×600 mm 的陶瓷锦砖（拼花），门洞宽 1 000 mm。试计算预拌 C20 细石混凝土找平层及陶瓷锦砖地面工程量。

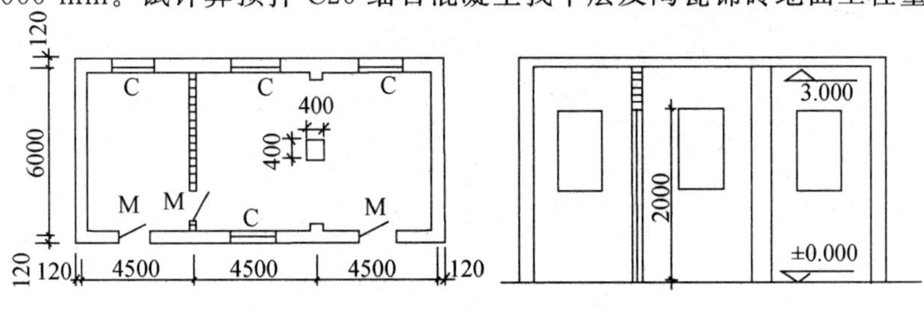

图 16.10　其室内平面图

解　(1) 找平层。

预拌 C20 细石混凝土找平层工程量＝(4.50×3－0.12×2)×(6.00－0.12×2)＝76.38 (m^2)

预拌 C20 细石混凝土找平层 (30 mm)　套 11-4

定额基价＝1 756.06 元/100m^2

预拌 C20 细石混凝土找平层 (每增减 1 mm)　套 11-5

定额基价＝44.31 元/100m^2

定额直接费＝$\frac{76.38}{100}$×1 756.06＋$\frac{76.38}{100}$×44.31×30＝2 356.60 (元)

(2) 地面砖。

陶瓷锦砖工程量＝(4.50×3－0.12×2)×(6.00－0.12×2)－0.40×0.40＋1.00×0.24×2＝76.70 (m^2)

陶瓷锦砖 (拼花)　套 11-48

定额基价＝9 512.65 元/100m^2

定额直接费＝$\frac{76.70}{100}$×9 512.65＝7296.20 (元)

16.3　工程量计算规范

16.3.1　楼地面抹灰

楼地面抹灰工程量清单项目设置、项目特征描述、计量单位及工程量计算规则应按表 16.1 的规定执行。

表 16.1　楼地面抹灰（编码：011101）

项目编码	项目名称	项目特征	计量单位	工程量计算规则	工作内容
011101001	水泥砂浆楼地面	1. 找平层厚度、砂浆配合比 2. 素水泥浆遍数 3. 面层厚度、砂浆配合比 4. 面层做法要求	m^2	按设计图示尺寸以面积计算，扣除凸出地面构筑物、设备基础、室内管道、地沟等所占面积，不扣除间壁墙及≤0.3 m^2 柱、垛、附墙烟囱及孔洞所占面积，门洞、空圈、暖气包槽、壁龛的开口部分不增加面积	1. 基层清理 2. 抹找平层 3. 抹面层 4. 材料运输
011101002	现浇水磨石楼地面	1. 找平层厚度、砂浆配合比 2. 面层厚度、水泥石子浆配合比 3. 嵌条材料种类、规格 4. 石子种类、规格、颜色 5. 颜料种类、颜色 6. 图案要求 7. 磨光、酸洗、打蜡要求			1. 基层清理 2. 抹找平层 3. 面层铺设 4. 嵌缝条安装 5. 磨光、酸洗打蜡 6. 材料运输
011101003	细石混凝土楼地面	1. 找平层厚度、砂浆配合比 2. 面层厚度、混凝土强度等级			1. 基层清理 2. 抹找平层 3. 面层铺设 4. 材料运输
011101004	菱苦土楼地面	1. 找平层厚度、砂浆配合比 2. 面层厚度 3. 打蜡要求			1. 基层清理 2. 抹找平层 3. 面层铺设 4. 打蜡 5. 材料运输
011101005	自流坪楼地面	1. 找平层厚度、砂浆配合比 2. 界面剂材料种类 3. 中层漆材料种类、厚度 4. 面漆材料种类、厚度 5. 面层材料种类			1. 基层清理 2. 抹找平层 3. 涂界面剂 4. 涂刷中层漆 5. 打磨、吸尘 6. 刷自流平面漆（浆） 7. 拌合自流平浆料 8. 铺设层
011101006	平面砂浆找平层	找平层砂浆配合比、厚度		按设计图示尺寸以面积计算。	1. 基层清理 2. 抹找平层 3. 材料运输

注：①水泥砂浆面层处理是拉毛还是提浆压光应在面层做法要求中描述。

②平面砂浆找平层只适用于仅做找平层的平面抹灰。

③间壁墙指墙厚≤120mm 的墙。

16.3.2　楼地面镶贴

楼地面镶贴工程量清单项目设置、项目特征描述、计量单位及工程量计算规则应按表 16.2 的规定执行。

表 16.2 块料面层（编码：011102）

项目编码	项目名称	项目特征	计量单位	工程量计算规则	工作内容
011102001	石材楼地面	1. 找平层厚度、砂浆配合比 2. 结合层厚度、砂浆配合比 3. 面层材料品种、规格、颜色 4. 嵌缝材料种类 5. 防护层材料种类 6. 酸洗、打蜡要求	m^2	按设计图示尺寸以面积计算。门洞、空圈、暖气包槽、壁龛的开口部分并入相应的工程量内	1. 基层清理、抹找平层 2. 面层铺设、磨边 3. 嵌缝 4. 刷防护材料 5. 酸洗、打蜡 6. 材料运输
011102002	碎石材楼地面				
011102003	块料楼地面	1. 垫层材料种类、厚度 2. 找平层厚度、砂浆配合比 3. 结合层厚度、砂浆配合比 4. 面层材料品种、规格、颜色 5. 嵌缝材料种类 6. 防护层材料种类 8. 酸洗、打蜡要求			

注：① 在描述碎石材项目的面层材料特征时，可不用描述规格、品牌、颜色。

②石材、块料与黏结材料的结合面刷防渗材料的种类在防护层材料种类中描述。

③磨边指施工现场磨边，后面章节工作内容中涉及的磨边含义同此条。

【例 16.5】 某工程大厅地面设计为大理石拼花图案，地面面积为 360 m^2，地面中有钢筋混凝土柱 10 根，柱直径为 1 m。楼地面找平层为 C20 细石混凝土 40 mm 厚。其中大理石图案为圆形，直径为 2 m，图案的外边线为 2.4 m×2.4 m，共 4 个，其余为规格块料点缀图案，规格块料尺寸为 600 mm×600 mm，点缀 100 个，尺寸为 100 mm×100 mm。试编制大理石地面工程量清单和大理石地面工程量清单计价表。

解 （1）编制大理石地面分部分项工程量清单，见表 16.3。

表 16.3　块料面层

项目编码	项目名称	项目特征	计量单位	工程量计算规则	工作内容
011102001	石材楼地面	1. 面层材料品种、规格、颜色 2. 找平层厚度、砂浆配合比	m^2	按设计图示尺寸以面积计算，门洞、空圈、暖气包槽、壁龛的开口部分并入相应的工程量内	1. 基层清理、抹找平层 2. 面层铺设、磨边 3. 嵌缝 4. 刷防护材料

结合实际，得以下结果。

①该项目编码为 011102001001。

②面层材料品种、规格、颜色：大理石拼花图案，规格、点缀。找平层材料种类：水泥砂浆。

③工程数量＝360－10×3.14×0.5^2＝352.15（m^2）

④工程内容为铺设找平层、大理石面层和地面酸洗打蜡。

将上述结果及相关内容填入“分部分项工程量清单与计价表”中，见表 16.4。

表 16.4　分部分项工程量清单与计价表

工程名称：某工程　　　　　　标段：　　　　第 1 页　共 1 页

序号	项目编码	项目名称	项目特征	计量单位	工程数量	金额（元）		
						综合单价	合价	其中：暂估价
1	011102001001	石材楼地面	1. 面层材料品种、规格、颜色：大理石拼花图案，规格、点缀 2. 找平层材料种类、厚度：水泥砂浆，厚40 mm	m^2	352.15			

（2）编制大理石地面分部分项工程量清单计价表。

①确定工程内容。该项目发生的工程内容为细石混凝土找平层、大理石地面、大理石拼花、大理石点缀。

②计算工程数量。

细石混凝土找平层＝360（m^2）

大理石地面＝360－10×3.14×0.5^2－2.4^2×4＝329.11（m^2）

大理石拼花＝2.4^2×4＝23.04（m^2）

大理石点缀＝100 个

③选择定额。

细石混凝土找平层：11-4，11-5

大理石地面：11-23

大理石拼花：11-26

大理石点缀：11-28

④计算单位含量。

细石混凝土找平层：360÷352.15＝1.02（m^2/m^2）

大理石地面：329.11÷352.15＝0.93（m^2/m^2）

大理石拼花：23.04÷352.15＝0.07（m^2/m^2）

大理石点缀：100÷352.15＝0.28（个/m^2）

⑤选择单价。人工、材料、机械台班的单价选用内蒙古自治区信息价或市场价。

⑥计算清单项目中每计量单位所含的各工作内容的人工、材料、机械台班的价款。

a. 细石混凝土找平层。

人工费：（662.95＋11.69×10）×1.02＝795.45（元/100m^2）

材料费：（854.45＋28.41×10）×1.02＝1 161.32（元/100m^2）

小计：795.45＋1 161.32＝1 956.77（元/100m^2）

b. 大理石地面。

人工费：1 604.01×0.93＝1 491.73（元/100m^2）

材料费：11 177.30×0.93＝10 394.89（元/100m^2）

机械费：79.65×0.93＝74.07（元/100m^2）

小计：1 491.73＋10 394.89＋74.07＝11 960.69（元/100m^2）

c. 大理石拼花。

人工费：2 676.18×0.07＝187.33（元/100m^2）

材料费：39 162.87×0.07＝2 741.40（元/100m^2）

机械费：79.65×0.07＝5.58（元/100m^2）

小计：187.33＋2741.40＋5.58＝2937.31（元/100m^2）

d. 大理石点缀。

人工费：2 287.54×0.28＝640.51（元/100m^2）

材料费：388.57×0.28＝108.80（元/100m^2）

小计：640.51＋108.80＝749.31（元/100m^2）

⑦计算清单项目中每计量单位所含的人工、材料、机械台班的价款：

1 956.77＋11 960.69＋2934.31＋749.31＝17 601.08（元/100m^2）

⑧定额确定管理费和利润。

细石混凝土找平层：238.66＋4.21×10＝280.76 元/100m^2

大理石地面：577.44 元/100m^2

大理石拼花：963.43 元/100m²

大理石点缀：823.51 元/100m²

管理费和利润＝280.46×1.02＋577.44×0.93＋963.43×0.07＋823.51×0.28＝1 121.42（元/100m²）

⑨计算综合单价。

综合单价＝17 601.08＋1121.42÷100＝187.23（元/100m²）

将上述结果及相关内容填入表 16.5。

表 16.5　工程量清单综合单价分析表

<table>
<tr><td>项目编码</td><td colspan="2">011102001001</td><td colspan="2">项目名称</td><td colspan="2">石材楼地面</td><td colspan="2">计量单位</td><td colspan="3">m²</td></tr>
<tr><td colspan="12">清单综合单价组成明细</td></tr>
<tr><td rowspan="2">定额编号</td><td rowspan="2">定额名称</td><td rowspan="2">定额单位</td><td rowspan="2">数量</td><td colspan="4">单价</td><td colspan="4">合价</td></tr>
<tr><td>人工费</td><td>材料费</td><td>机械费</td><td>管理费和利润</td><td>人工费</td><td>材料费</td><td>机械费</td><td>管理费和利润</td></tr>
<tr><td>(11—4)+(11—5)</td><td>细石混凝土 30 mm 厚+每增加 1mm（共增加 10mm）</td><td>100m²</td><td>0.0102</td><td>779.85</td><td>1138.55</td><td>—</td><td>280.76</td><td>7.95</td><td>11.61</td><td>—</td><td>2.86</td></tr>
<tr><td>11-23</td><td>大理石地面</td><td>100m²</td><td>0.0093</td><td>1604.01</td><td>11177.30</td><td>79.65</td><td>577.44</td><td>14.92</td><td>103.95</td><td>0.74</td><td>5.37</td></tr>
<tr><td>11-26</td><td>大理石拼花</td><td>100m²</td><td>0.0007</td><td>2676.18</td><td>39162.87</td><td>79.65</td><td>963.43</td><td>1.87</td><td>27.41</td><td>0.06</td><td>0.67</td></tr>
<tr><td>11-28</td><td>大理石点缀</td><td>100 个</td><td>0.0028</td><td>2287.54</td><td>388.57</td><td>—</td><td>823.51</td><td>6.41</td><td>1.09</td><td>—</td><td>2.31</td></tr>
<tr><td colspan="2">人工单价</td><td colspan="6">小　　计</td><td>31.15</td><td>144.06</td><td>0.80</td><td>11.21</td></tr>
<tr><td colspan="2">127.05 元/工日</td><td colspan="6">未计价材料费</td><td colspan="4">—</td></tr>
<tr><td colspan="8">清单项目综合单价</td><td colspan="4">187.22</td></tr>
<tr><td rowspan="9">材料费明细</td><td colspan="4">主要材料名称、规格、型号</td><td>单位</td><td>数量</td><td>单价（元）</td><td>合价（元）</td><td>暂估单价（元）</td><td colspan="2">暂估合价（元）</td></tr>
<tr><td colspan="4"></td><td></td><td></td><td></td><td></td><td></td><td colspan="2"></td></tr>
<tr><td colspan="4"></td><td></td><td></td><td></td><td></td><td></td><td colspan="2"></td></tr>
<tr><td colspan="4"></td><td></td><td></td><td></td><td></td><td></td><td colspan="2"></td></tr>
<tr><td colspan="4"></td><td></td><td></td><td></td><td></td><td></td><td colspan="2"></td></tr>
<tr><td colspan="4"></td><td></td><td></td><td></td><td></td><td></td><td colspan="2"></td></tr>
<tr><td colspan="4"></td><td></td><td></td><td></td><td></td><td></td><td colspan="2"></td></tr>
<tr><td colspan="6">其他材料费</td><td>—</td><td></td><td>—</td><td colspan="2"></td></tr>
<tr><td colspan="6">材料费小计</td><td>—</td><td></td><td>—</td><td colspan="2"></td></tr>
</table>

⑩合价＝综合单价×相应清单项目工程数量。

＝187.23（元/100m^2）×352.15＝65933.04（元）

将上述计算结果填入“分部分项工程量清单与计价表”中，见表16.6。

表16.6　分部分项工程量清单与计价表

工程名称：某工程　　　　　　标段：　　　　　第1页　共1页

序号	项目编码	项目名称	项目特征	计量单位	工程量	金额（元）		
						综合单价	合价	其中：暂估价
1	011102001001	石材楼地面	1. 找平层为C20细石混凝土40mm厚（现场搅拌） 2. 结合层为水泥砂浆，配合比为1∶4 3. 面层材料品种、规格、品牌、颜色：大理石图案为圆形，直径为2 m，图案的外边线为2.4 m×2.4 m，共4个，其余为规格块料点缀图案，规格块料尺寸为600 mm×600 mm，单色，点缀为100个，尺寸为100 mm×100 mm 4. 酸洗，打蜡要求：无	m^2	352.15	187.23	65933.04	0

16.3.3　橡塑面层

橡塑面层工程量清单项目设置、项目特征描述、计量单位及工程量计算规则应按表16.7的规定执行。

表16.7　橡塑面层（编码：011103）

项目编码	项目名称	项目特征	计量单位	工程量计算规则	工作内容
011103001	橡胶板楼地面	1. 黏结层厚度、材料种类 2. 面层材料品种、规格、颜色 3. 压线条种类	m^2	按设计图示尺寸以面积计算，门洞、空圈、暖气包槽、壁龛的开口部分并入相应的工程量内	1. 基层清理 2. 面层铺贴 3. 压缝条装钉 4. 材料运输
011103002	橡胶板卷材楼地面				
011103003	塑料板楼地面				
011103004	塑料卷材楼地面				

16.3.4　其他材料面层

工程量清单项目设置、项目特征描述的内容、计量单位及工程量计算规则应按表 16.8 的规定执行。

表 16.8　其他材料面层（编码：011104）

项目编码	项目名称	项目特征	计量单位	工程量计算规则	工作内容
011104001	地毯楼地面	1. 面层材料品种、规格、颜色 2. 防护材料种类 3. 粘结材料种类 4. 压线条种类	m²	按设计图示尺寸以面积计算。门洞、空圈、暖气包槽、壁龛的开口部分并入相应的工程量内。	1. 基层清理 2. 铺贴面层 3. 刷防护材料 4. 装钉压条 5. 材料运输
011104002	竹木地板	1. 龙骨材料种类、规格、铺设间距 2. 基层材料种类、规格 3. 面层材料品种、规格、颜色 4. 防护材料种类			1. 基层清理 2. 龙骨铺设 3. 基层铺设 4. 面层铺贴 5. 刷防护材料 6. 材料运输
011104003	金属复合地板	1. 龙骨材料种类、规格、铺设间距 2. 基层材料种类、规格 3. 面层材料品种、规格、颜色 4. 防护材料种类			
011104004	防静电活动地板	1. 支架高度、材料种类 2. 面层材料品种、规格、颜色 3. 防护材料种类			1. 基层清理 2. 固定支架安装 3. 活动面层安装 4. 刷防护材料 5. 材料运输

16.3.5　踢脚线

踢脚线工程量清单项目设置、项目特征描述、计量单位及工程量计算规则应按表 16.9 的规定执行。

表 16.9　踢脚线（编码：011105）

<table>
<tr><th>项目编码</th><th>项目名称</th><th>项目特征</th><th>计量单位</th><th>工程量计算规则</th><th>工作内容</th></tr>
<tr><td>011105001</td><td>水泥砂浆踢脚线</td><td>1. 踢脚线高度
2. 底层厚度、砂浆配合比
3. 面层厚度、砂浆配合比</td><td rowspan="7">1. m²
2. m</td><td rowspan="7">1. 以按设计图示长度乘高度以面积计算
2. 按延长米计算</td><td>1. 基层清理
2. 底层和面层抹灰
3. 材料运输</td></tr>
<tr><td>011105002</td><td>石材踢脚线</td><td rowspan="2">1. 踢脚线高度
2. 粘贴层厚度、材料种类
3. 面层材料品种、规格、颜色
4. 防护材料种类</td><td rowspan="2">1. 基层清理
2. 底层抹灰
3. 面层铺贴、磨边
4. 擦缝
5. 磨光、酸洗、打蜡
6. 刷防护材料
7. 材料运输</td></tr>
<tr><td>011105003</td><td>块料踢脚线</td></tr>
<tr><td>011105004</td><td>塑料板踢脚线</td><td>1. 踢脚线高度
2. 黏结层厚度、材料种类
3. 面层材料种类、规格、颜色</td><td rowspan="4">1. 基层清理
2. 基层铺贴
3. 面层铺贴
4. 材料运输</td></tr>
<tr><td>011105005</td><td>木质踢脚线</td><td rowspan="3">1. 踢脚线高度
2. 基层材料种类、规格
3. 面层材料品种、规格、颜色</td></tr>
<tr><td>011105006</td><td>金属踢脚线</td></tr>
<tr><td>011105007</td><td>防静电踢脚线</td></tr>
</table>

注：石材、块料与黏结材料的结合面刷防渗材料的种类在防护层材料种类中描述。

16.3.6　楼梯面层

楼梯面层工程量清单项目设置、项目特征描述的内容、计量单位及工程量计算规则应按表 16.10 的规定执行。

表 16.10　楼梯面层（编码：011106）

项目编码	项目名称	项目特征	计量单位	工程量计算规则	工作内容
011106001	石材楼梯面层	1. 找平层厚度、砂浆配合比 2. 黏结层厚度、材料种类 3. 面层材料品种、规格、颜色 4. 防滑条材料种类、规格 5. 勾缝材料种类 6. 防护层材料种类 7. 酸洗、打蜡要求	m²	按设计图示尺寸以楼梯（包括踏步、休息平台及≤500 mm 的楼梯井）水平投影面积计算，楼梯与楼地面相连时，算至梯口梁内侧边沿；无梯口梁者，算至最上一层踏步边沿加 300 mm	1. 基层清理 2. 抹找平层 3. 面层铺贴、磨边 4. 贴嵌防滑条 5. 勾缝 6. 刷防护材料 7. 酸洗、打蜡 8. 材料运输
011106002	块料楼梯面层				
011106003	拼碎块料楼梯面层				
011106004	水泥砂浆楼梯面层	1. 找平层厚度、砂浆配合比 2. 面层厚度、砂浆配合比 3. 防滑条材料种类、规格			1. 基层清理 2. 抹找平层 3. 抹面层 4. 抹防滑条 5. 材料运输
011106005	现浇水磨石楼梯面层	1. 找平层厚度、砂浆配合比 2. 面层厚度、水泥石子浆配合比 3. 防滑条材料种类、规格 4. 石子种类、规格、颜色 5. 颜料种类、颜色 6. 磨光、酸洗打蜡要求			1. 基层清理 2. 抹找平层 3. 抹面层 4. 贴嵌防滑条 5. 磨光、酸洗、打蜡 6. 材料运输
011106007	木板楼梯面层	1. 基层材料种类、规格 2. 面层材料品种、规格、颜色 3. 黏结材料种类 4. 防护材料种类			1. 基层清理 2. 基层铺贴 3. 面层铺贴 4. 刷防护材料 5. 材料运输
011106008	橡胶板楼梯面层	1. 黏结层厚度、材料种类 2. 面层材料品种、规格、颜色 3. 压线条种类			1. 基层清理 2. 面层铺贴 3. 压缝条装钉 4. 材料运输
011106009	塑料板楼梯面层				

注：① 在描述碎石材项目的面层材料特征时，可不用描述规格、品牌、颜色。

②石材、块料与黏结材料的结合面刷防渗材料的种类在防护层材料种类中描述。

16.3.7 台阶装饰

台阶装饰工程量清单项目设置、项目特征描述、计量单位及工程量计算规则应按表16.11的规定执行。

表16.11 台阶装饰（编码：011107）

项目编码	项目名称	项目特征	计量单位	工程量计算规则	工作内容
011107001	石材台阶面	1. 找平层厚度、砂浆配合比 2. 粘结层材料种类 3. 面层材料品种、规格、颜色 4. 勾缝材料种类 5. 防滑条材料种类、规格 6. 防护材料种类	m^2	按设计图示尺寸以台阶（包括最上层踏步边沿加300mm）水平投影面积计算	1. 基层清理 2. 抹找平层 3. 面层铺贴 4. 贴嵌防滑条 5. 勾缝 6. 刷防护材料 7. 材料运输
011107002	块料台阶面				
011107003	拼碎块料台阶面				
011107004	水泥砂浆台阶面	1. 垫层材料种类、厚度 2. 找平层厚度、砂浆配合比 3. 面层厚度、砂浆配合比 4. 防滑条材料种类			1. 基层清理 2. 铺设垫层 3. 抹找平层 4. 抹面层 5. 抹防滑条 6. 材料运输
011107005	现浇水磨石台阶面	1. 垫层材料种类、厚度 2. 找平层厚度、砂浆配合比 3. 面层厚度、水泥石子浆配合比 4. 防滑条材料种类、规格 5. 石子种类、规格、颜色 6. 颜料种类、颜色 7. 磨光、酸洗、打蜡要求			1. 清理基层 2. 铺设垫层 3. 抹找平层 4. 抹面层 5. 贴嵌防滑条 6. 打磨、酸洗、打蜡 7. 材料运输
011107006	剁假石台阶面	1. 垫层材料种类、厚度 2. 找平层厚度、砂浆配合比 3. 面层厚度、砂浆配合比 4. 剁假石要求			1. 清理基层 2. 铺设垫层 3. 抹找平层 4. 抹面层 5. 剁假石 6. 材料运输

注：① 在描述碎石材项目的面层材料特征时可不用描述规格、品牌、颜色。

②石材、块料与粘接材料的结合面刷防渗材料的种类在防护层材料种类中描述。

16.3.8　零星装饰项目

零星装饰项目工程量清单项目设置、项目特征描述、计量单位及工程量计算规则应按表 16.12 的规定执行。

表 16.12　零星装饰项目（编码：011108）

<table>
<tr><th>项目编码</th><th>项目名称</th><th>项目特征</th><th>计量单位</th><th>工程量计算规则</th><th>工作内容</th></tr>
<tr><td>011108001</td><td>石材零星项目</td><td rowspan="3">1. 工程部位
2. 找平层厚度、砂浆配合比
3. 黏结层厚度、材料种类
4. 面层材料品种、规格、颜色
5. 勾缝材料种类
6. 防护材料种类
7. 酸洗、打蜡要求</td><td rowspan="4">m^2</td><td rowspan="4">按设计图示尺寸以面积计算</td><td rowspan="3">1. 清理基层
2. 抹找平层
3. 面层铺贴、磨边
4. 勾缝
5. 刷防护材料
6. 酸洗、打蜡
7. 材料运输</td></tr>
<tr><td>011108002</td><td>拼碎石材零星项目</td></tr>
<tr><td>011108003</td><td>块料零星项目</td></tr>
<tr><td>011108004</td><td>水泥砂浆零星项目</td><td>1. 工程部位
2. 找平层厚度、砂浆配合比
3. 面层厚度、砂浆厚度</td><td>1. 清理基层
2. 抹找平层
3. 抹面层
4. 材料运输</td></tr>
</table>

注：①楼梯、台阶牵边和侧面镶贴块料面层，≤0.5 m^2 的少量分散的楼地面镶贴块料面层，应按零星装饰项目执行。

②石材、块料与黏材料的结合面刷防渗材料的种类在防护层材料种类中描述。

本章小结

通过本章的学习，要求掌握以下内容：

1. 楼地面装饰工程项目的定额说明；
2. 楼地面装饰工程的工程量计算规则及定额套项的运用；
3. 楼地面装饰工程工程量清单计价办法中各分项工程工程量的计算规则。

习题

一、填空题

1. 整体面层按设计图示尺寸以面积（m^2）计算，扣除凸出地面构筑物、设备基础、室内铁道、地沟等所占面积，不扣除间壁墙及单个面积________m^2 柱、垛、附墙烟囱及孔洞所占面积。

2. 石材拼花应按拼花的最大外围尺寸以矩形面积计算，成品拼花按________的面积计算。

3. 踢脚线按设计图示长度乘以高度以________计算。楼梯靠墙踢脚线（含锯齿形部分）贴块料按设计图示尺寸以________计算。

二、选择题

1. 楼梯面层工程量按楼梯间净水平投影面积以平方米计算。楼梯井宽在（　　）以内者不予扣除。

   A. 500 mm　B. 800 mm　C. 300 mm　D. 900 mm

2. 台阶与平台相连时，台阶计算最上一层踏步，加（　　）。

   A. 500 mm　B. 800 mm　C. 300 mm　D. 900 mm

3. 下列属于整体面层清单项目的有（　　）。

   A. 菱苦土面层　B. 石材面层
   C. 地砖地面　D. 水磨石地面
   E. 木地板地面

4. 下列属于水泥砂浆地面工程量扣减范围的是（　　）。

   A. 设备基础　B. 独立柱
   C. 250 mm×250 mm 的孔洞　D. 附墙垛

5. 下列不属于楼地面块料面层工程量的扣减范围的是（　　）。

   A. 设备基础　B. 独立柱
   C. 250mm×250mm 的孔洞　D. 附墙垛

6. 楼梯面层以水平投影面积计算时，该面积不包括（　　）。

   A. 楼梯休息平台　B. 踏步
   C. 600 mm 楼梯井　D. 梯口梁

三、简答题

1. 楼地面块料面层和水泥砂浆面层工程量的计算规则主要差别在哪里？

2. 楼地面的点缀工程量及定额套项有哪些规定？

3. 楼梯面层如何计算工程量？开敞楼梯间与走廊间的分界线在哪里？

4. 台阶面层工程量如何计算？

5. 什么是地面点缀？如何计算工程量？

四、计算题

某商店平面图如图 16.11 所示，地面做法：C20 细石混凝土找平层 60 mm 厚，彩色镜面水磨石面层 20 mm 厚，2 mm×12 mm 铜条分隔，范围按纵横 1 000 mm 宽分格。试计算地面工程量，并确定定额项目。M：1 000 mm×2 500 mm（三个）。

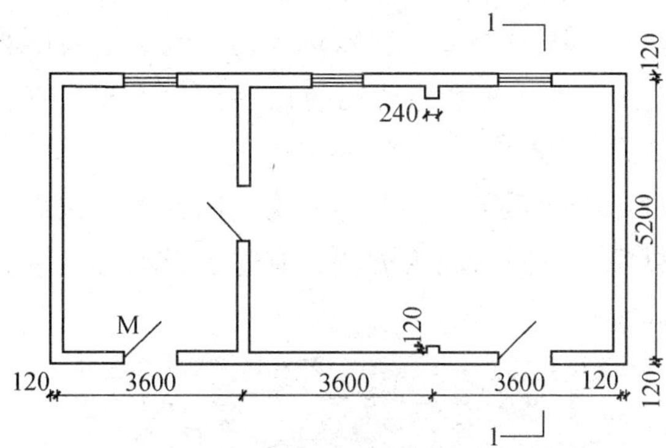

图 16.11　某商店平面图

第17章 墙柱面装饰工程

墙体饰面的构造包括抹灰底层、中间层、面层，但根据位置及功能的要求，还可以增加防潮、防腐、隔声、吸音、保温、隔热等。其除对结构层有保护作用外，还主要体现出艺术性，满足个人的审美要求。因使用的目的不同，所选用的材料不同，达到的装潢效果也不同。

墙柱面装饰常用材料有木质装饰类、塑料类、贴面类、裱糊类、涂刷类等。实际施工中，根据不同材料采用不同的施工方法，有时也会混合使用。各类墙柱面装饰效果如图 17.1 所示。

图 17.1　各类墙柱面装饰效果图

17.1　定额说明

本章定额包括墙面抹灰，柱（梁）面抹灰，零星抹灰，墙面块料面层，柱（梁）面镶贴块料，镶贴零星块料，墙饰面，柱（梁）饰面，幕墙工程，隔断，欧式风格等。

17.1.1　圆弧形、锯齿形、异形等不规则墙面抹灰、镶贴块料、幕墙

按相应项目执行，其中定额乘以系数 1.15。图 17.2 所示为圆弧面贴砖。

图 17.2　圆弧面贴砖

17.1.2　干挂石材骨架及玻璃幕墙型钢骨架

按钢骨架项目执行，预埋铁件按本定额混凝土及钢筋混凝土工程铁件制作安装项目执行。

17.1.3　女儿墙

女儿墙（包括泛水、挑砖）内侧抹灰、镶贴块料面层时，女儿墙无泛水挑砖者，按相应项目执行，其中人工乘以系数 1.1，机械乘以系数 1.1；女儿墙带泛水挑砖者，按墙面相应项目执行，其中人工乘以系数 1.3，机械乘以系数 1.3。女儿墙外侧并入外墙计算。

17.1.4　抹灰面层

（1）抹灰项目中设计与定额取定的砂浆配合比不同时，定额中的相关材料可以换算；设计与定额取定的厚度不同时，按增减厚度项目调整。

（2）砖墙中的钢筋混凝土梁、柱侧面抹灰＞0.5 m^2 的并入相应墙面项目执行。

（3）零星抹灰项目适用于各种壁柜、碗柜、飘窗板、空调隔板、暖气罩、池槽、花台以及≤0.5 m^2 的其他各种零星抹灰。

（4）抹灰工程的装饰线条适用于门窗套、挑檐、腰线、压顶、遮阳板外边、宣传栏边框等项目的抹灰以及凸出墙面且展开宽度≤300 mm 的竖、横线条抹灰。线条展开宽度＞300 mm 且≤400 mm 者，应按相应项目执行，其中定额乘以系数 1.33；展开宽度＞4 00mm 且≤500 mm 者，应按相应项目执行，其中定额乘以系数 1.67。

（5）打底找平项目中设计与定额取定的厚度不同时，按墙面相应增减厚度项目调整。

17.1.5　块料面层

（1）墙面镶贴块料、饰面高度在 300 mm 以内时，应按本定额楼地面装饰工程踢脚线项目执行。

(2) 勾缝镶贴面砖项目，面砖消耗量分别按缝宽 5 mm 和 10 mm 考虑，当设计与定额取定的宽度不同时，其块料及灰缝材料（预拌水泥砂浆）可以调整。

(3) 玻化砖、干挂玻化砖或玻岩板按面砖相应项目执行。

(4) 块料面层斜拼时，应按相应项目执行，其中人工乘以系数 1.1。

17.1.6 其他项目的柱帽、柱墩

定额除已列有挂贴石材柱帽、柱墩项目外，其他项目的柱帽、柱墩并入相应柱面面积内，每个柱帽或柱墩另增加人工，即抹灰 0.25 工日，块料 0.38 工日，饰面 0.5 工日。

17.1.7 木龙骨基层

按双向考虑，设计为单向时按相应项目执行，其中人工乘以系数 0.55，材料乘以系数 0.55。

17.1.8 奥松板基层

按胶合板基层相应项目执行。

17.1.9 隔断、幕墙

(1) 玻璃幕墙中的玻璃按成品玻璃考虑；幕墙中已综合避雷装置，但幕墙的封边、封顶费用另行计算。型钢、挂件设计与定额取定的用量不同时，定额中的相关材料用量可以调整。玻璃幕墙中的铝合金型材设计与定额取定的用量不同时，定额中的相关材料用量可以调整。玻璃幕墙和铝板幕墙如图 17.3 所示。

图 17.3 玻璃幕墙和铝板幕墙

(2) 幕墙饰面中的结构胶和耐候胶设计与定额取定的用量不同时，定额中的相关材料用量可以调整，施工损耗按 15%计算。

(3) 玻璃幕墙设计带有相同材质的平、推拉窗者，并入幕墙面积计算，窗的型材

用量应予调整，窗的五金用量相应增加，五金施工损耗按 2%计算。

（4）面层、隔墙（间壁）、隔断（护壁）项目中，除注明者外，均未包括压边、收边、装饰线（板），设计要求时，按本定额其他装饰工程相应项目执行。

（5）隔墙（间壁）、隔断（护壁）、幕墙等项目中，当设计与定额取定的龙骨间距、规格不同时，定额中的相关材料可以调整。隔断如图 17.4 所示。

图 17.4　隔断

（6）兼强板隔墙（断）等项目，应按本定额金属结构工程相应项目执行。

（7）浴厕隔断中，门的材质与隔断相同时，并入隔断面积计算；材质不同时，应按本定额门窗工程相应项目执行。

17.1.10　欧式风格

欧式风格如图 17.5 所示。

图 17.5　欧式风格

（1）欧式成品构件大于 25 kg 时，每增加 10 kg，增加两个膨胀螺栓 M10×80。

（2）欧式成品构件按螺栓固定考虑，较大构件通过钢架固定另行计算。

（3）粘贴聚苯板线条按本定额保温、隔热、防腐工程相应项目执行。

（4）欧式成品构件刮腻子、油漆、涂料，应按本定额油漆、涂料、裱糊装饰工程相应项目执行，人工乘以系数 1.15，材料乘以系数 1.25。

欧式风格是装修的一种风格，在形式上以浪漫主义为基础，装修材料常用大理石、多彩的织物、精美的地毯、精致的法国壁挂，整个风格豪华、富丽，充满强烈的动感效果。另一种装修风格是洛可可风格，其爱用轻快纤细的曲线装饰，效果典雅、亲切，欧洲的王公贵族都偏爱这种风格。欧式风格按不同的地域文化可分为北欧、简欧和传统欧式。

一般以拱门与半拱门窗和白色毛墙面设计，地面用马赛克、小石子、瓷砖、贝类、玻璃片、玻璃珠等做点缀装饰，还有带花纹的石膏线、罗马柱、阳角线、挂镜线、丰富的墙面装饰线条或护墙板等构件。

17.1.11 设计要求做防火处理

本章设计要求做防火处理时，应按本定额油漆、涂料、裱糊装饰工程相应项目执行。

17.2 工程量计算规则

17.2.1 墙面抹灰

墙面抹灰按设计图示尺寸以面积计算，扣除墙裙、门窗洞口和单个面积＞0.3 m^2 的空圈所占面积，不扣除踢脚线、挂镜线及单个面积≤0.3 m^2 的孔洞所占面积和墙与构件交接处的面积，门窗洞口、空圈、孔洞的侧壁及顶面不增加面积，附墙柱侧面抹灰并入相应的墙面面积内。

（1）内墙面抹灰面积按设计图示主墙间净长乘以高度计算，其高度按设计图示室内地面至顶棚底面净高计算。

（2）内墙裙抹灰面积按设计图示内墙净长乘以高度计算。

（3）外墙面抹灰面积按设计图示外墙垂直投影面积计算。

（4）外墙裙抹灰面积按设计图示外墙裙长度乘以高度计算。

（5）女儿墙（包括泛水、挑砖）内侧、阳台栏板（不扣除花格所占孔洞面积）内侧与阳台栏板外侧抹灰按设计图示尺寸以其投影面积计算。

17.2.2 其他抹灰

（1）柱面抹灰按设计图示结构断面周长乘以抹灰高度计算。

（2）装饰线条抹灰按设计图示尺寸以延长米计算。

（3）装饰抹灰分格嵌缝按抹灰面面积计算。

（4）零星项目抹灰按设计图示尺寸以展开面积计算。

17.2.3　块料面层

（1）墙面镶贴块料面层按设计图示尺寸以镶贴表面面积计算。

（2）柱面镶贴块料面层按设计图示饰面外围尺寸乘以高度计算。

（3）面砖加浆勾缝项目按设计图示面砖尺寸以面积计算。

（4）镶贴零星块料石材柱墩、柱帽项目是按圆弧形成品考虑的，按设计图示其圆的最大外径以周长计算；其他类型的柱帽、柱墩项目按设计图示尺寸以展开面积计算。

（5）女儿墙（包括泛水、挑砖）内侧、阳台栏板（不扣除花格所占孔洞面积）内侧与阳台栏板外侧镶贴块料面层按设计图示尺寸以展开面积计算。

17.2.4　饰面

（1）墙饰面的龙骨、基层、面层项目按设计图示饰面尺寸以面积计算，扣除门窗洞口及单个面积＞0.3 m^2 的空圈所占面积，不扣除单个面积≤0.3 m^2 的孔洞所占面积，门窗洞口、孔洞的侧壁及顶面不增加面积。

（2）柱（梁）饰面的龙骨、基层、面层项目按设计图示饰面尺寸以面积计算，柱帽、柱墩饰面并入相应的柱面面积内计算。

17.2.5　幕墙、隔断

（1）玻璃幕墙、铝板幕墙按设计图示框外围尺寸以面积计算。

（2）半玻璃隔断、全玻璃幕墙如有加强肋者，按设计图示尺寸以展开面积计算。

（3）隔断按设计图示框外围尺寸以面积计算，扣除门窗洞口及单个面积＞0.3 m^2 的孔洞所占面积。

17.2.6　欧式风格

（1）欧式花饰及其刷漆按设计图示尺寸以面积计算，不规则或多边形欧式花饰及其刷漆按设计图示外接矩形、外接三角形以面积计算。罗马柱和花饰如图 17.6 所示。

（2）欧式附墙罗马柱身按设计图示尺寸以高度计算。

（3）欧式附墙柱头、柱墩按设计图示数量以个计算。

（4）欧式扶手头、饰物块按设计图示数量以件计算。欧式风格楼梯扶手如图 17.7 所示。

图 17.6 罗马柱和花饰

图 17.7 欧式风格楼梯扶手

【例 17.1】 某工程平面图和剖位图如图 17.8 所示，内墙面抹干混抹灰砂浆（底层）M10 且厚 14 mm，干混抹灰砂浆面层 6 mm，共 20 mm 厚；内墙裙采用干混抹灰水泥砂浆 M10 打底且厚 15 mm，面层刷 108 胶一道，试计算内墙面抹灰工程量和内墙裙抹灰工程量，并确定定额项目。M：1 000 mm×2 700 mm（共 3 个）。C：1 500 mm ×1 800 mm（共 4 个）。

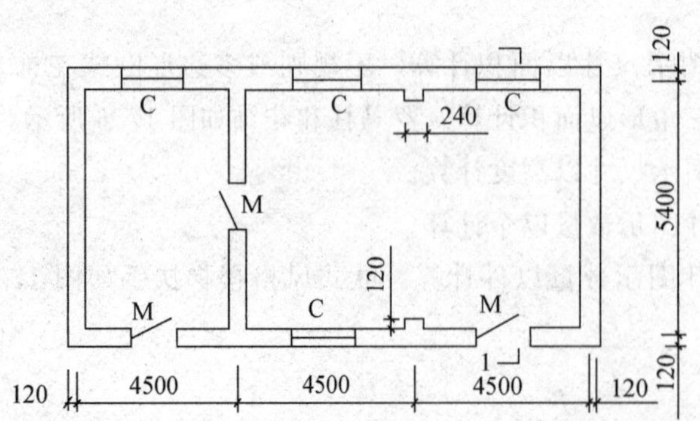

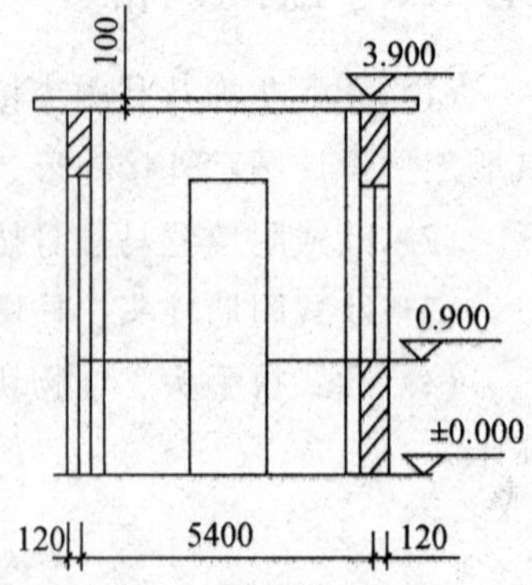

图 17.8 某工程平面图与剖立面图

解

(1) 内墙面抹灰工程量＝［(4.50×3－0.24×2＋0.12×2)×2＋(5.40－0.24)×4］×(3.90－0.10－0.90)－1.00×(2.70－0.90)×4－1.50×1.80×4＝118.76(m^2)

内墙面抹干混抹灰砂浆(底层)M10 且厚 14 mm，干混抹灰砂浆面层 6 mm，共 20 mm 厚　套 12-1

定额基价＝2 967.46 元/100m^2

定额直接费＝2 967.46 元/100m^2×118.76÷100＝ 3 524.16(元)

(2) 内墙裙抹灰工程量＝［(4.50×3－0.24×2＋0.12×2)×2＋(5.40－0.24)×4－1.00×4］×0.90＝38.84(m^2)

干混抹灰水泥砂浆 M10 打底且厚 15 mm 套　12-24

定额基价＝2 054.30 元/100m^2

定额直接费＝2 054.30 元/100m^2×38.84÷100＝797.89(元)

【例 17.2】　某工程平面图与剖立面图如图 17.9 所示，外墙面抹水泥砂浆，底层为 1∶3 水泥砂浆打底 14 mm 厚，面层为 1∶2 水泥砂浆抹面 6 mm 厚；外墙裙水刷石，1∶3 水泥砂浆打底 12 mm 厚，1∶1.25 水泥白石子 10 mm 厚(分格)，挑檐水刷白石，厚度与配合比均与定额相同，试计算外墙面抹灰和外墙裙工程量，并确定定额项目。M：1 000 mm×2 500 mm。C：1 200 mm×1 500 mm

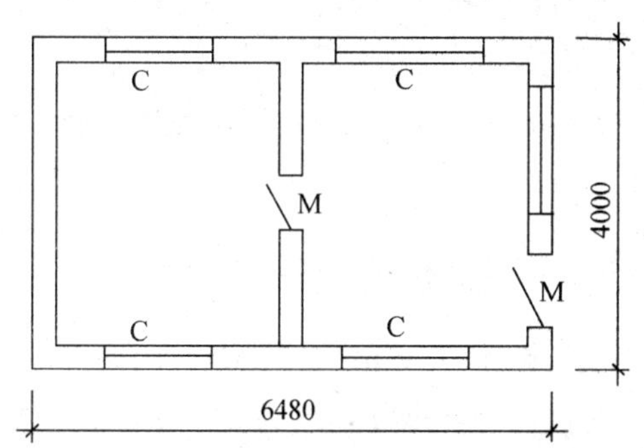

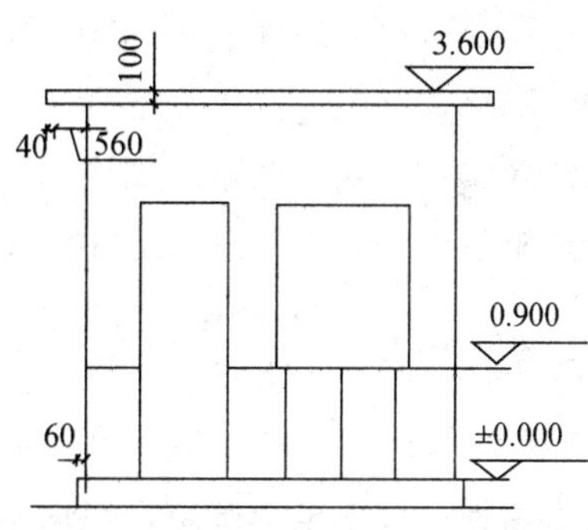

图 17.9　某工程平面图与剖立面图

解

(1) 外墙面水泥砂浆工程量＝(6.48＋4.00)×2×(3.6－0.10－0.90)－1.00×(2.50－0.90)－1.20×1.50×5＝43.90(m^2)

砖墙面(外墙)抹水泥砂浆　套 12-2

定额基价＝3 426.22 元/100m^2

定额直接费＝3 426.22 元/100m^2×43.90÷100＝1 504.11(元)

(2) 外墙裙水刷白石子工程量＝［(6.48＋4.00)×2－1.00］×0.90＝17.96(m^2)

砖墙面水刷白石子 12 mm＋(1∶1.25)10 mm 厚　套 12-15

定额基价＝4 765.90 元/100m^2

定额直接费＝4 765.90 元/100m^2×17.96÷100＝855.96（元）

【例 17.3】 某变电室外墙面尺寸如图 17.10 所示，门窗侧面宽度 100 mm，外墙水泥砂浆粘贴规格 194 mm×94 mm 瓷质外墙砖，灰缝 5 mm，试计算工程量，并确定定额项目。M：15 00 mm×2 000 mm。C1：1 500 mm×1 500 mm。C2：1 200 mm×800 mm。

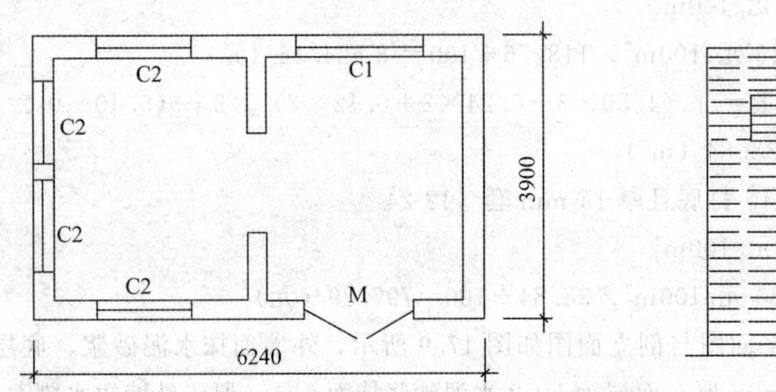

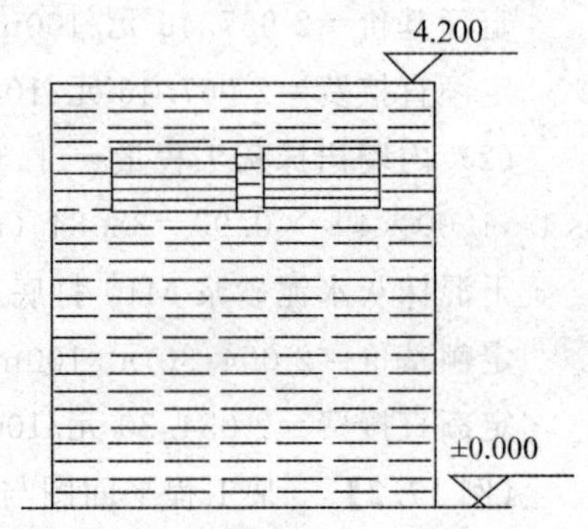

图 17.10 某变电室平面图与侧立面图

解

外墙面砖工程量＝（6.24＋3.90）×2×4.20－（1.50×2.00）－（1.50×1.50）－（1.20×0.80）×4＋［1.50＋2.00×2＋1.50×4＋（1.20＋0.80）×2×4］×0.10＝78.84（m^2）

外墙面水泥砂浆粘贴（规格 194 mm×94 mm，灰缝 5 mm）瓷质面砖　套 12-66

定额基价＝9 691.16（元/100m^2）

定额直接费＝$\frac{78.84\text{m}^2}{100}$×96 911.16 元/100m^2＝7 640.51（元）

【例 17.4】 某银行营业厅有四根圆柱；木龙骨 30 mm×40 mm，间距 250 mm，成品木龙骨；细木工板基层，镜面不锈钢面层；柱高 3.9 m，直径 1 200 mm。试计算工程量，并确定定额项目。

解

(1) 木龙骨工程量＝1.2×3.14×3.9×4×1.15＝67.60（m^2）

按照定额说明，木龙骨包圆柱，其相应定额项目乘以系数 1.15。

木龙骨断面 12 cm^2，间距 250 mm　套 12-125

定额基价＝3 563.01 元/100m^2

定额直接费＝67.60÷100×3 563.01 元/100m^2＝2 408.60（元）

(2) 细木工基础板工程量＝1.2×3.14×3.9×4＝58.78（m^2）

木龙骨上细木工板做基层　套 12-146

定额基价＝3 845.42 元/100m^2

定额直接费＝58.78÷100×3 845.42 元/100m²＝2 260.34（元）

（3）镜面不锈钢面层工程量＝1.2×3.14×3.9×4＝58.78（m²）

镜面不锈钢，圆柱面　套 12-219

定额基价＝17 684.60 元/100m²

定额直接费＝58.78÷100×17 684.60 元/100m²＝10395.01（元）

【例 17.5】　某砖混结构室内隔间平面图如图 17.11 所示，间壁墙采用铝合金玻璃隔断，门洞尺寸为 1 000 mm×2 000 mm。试计算铝合金玻璃隔断工程量，确定定额项目。

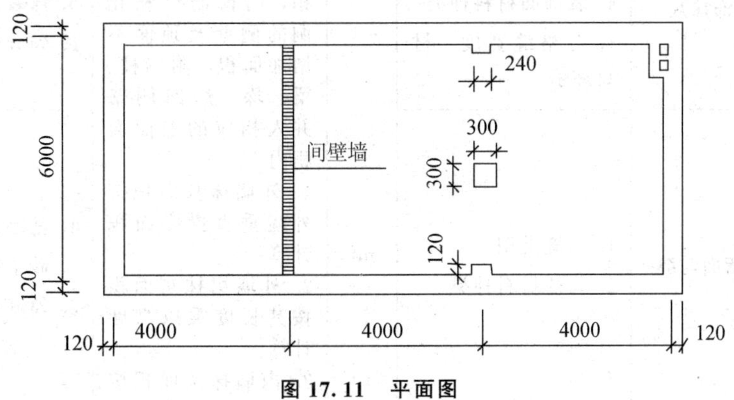

图 17.11　平面图

解

铝合金玻璃隔断工程量＝（6.0－0.24）×3.00－1.00×2.00＝15.28（m²）

铝合金玻璃隔断工程　套 12-241

定额基价＝13 807.27 元/100m²

定额直接费＝15.28÷100×13 807.27 元/100m²＝2 109.75（元）

17.3　工程量清单计价规范

17.3.1　墙面抹灰

墙面抹灰工程量清单项目设置、项目特征描述、计量单位及工程量计算规则应按表 17.1 的规定执行。

表 17.1　墙面抹灰（编码：011201）

<table>
<tr><th>项目编码</th><th>项目名称</th><th>项目特征</th><th>计量单位</th><th>工程量计算规则</th><th>工作内容</th></tr>
<tr><td>011201001</td><td>墙面一般抹灰</td><td rowspan="2">1. 墙体类型
2. 底层厚度、砂浆配合比
3. 面层厚度、砂浆配合比
4. 装饰面材料种类
5. 分格缝宽度、材料种类</td><td rowspan="4">m²</td><td rowspan="4">按设计图示尺寸以面积计算，扣除墙裙、门窗洞口及单个＞0.3 m² 的孔洞面积，不扣除踢脚线、挂镜线和墙与构件交接处的面积，门窗洞口和孔洞的侧壁及顶面不增加面积，附墙柱、梁、垛、烟囱侧壁并入相应的墙面面积内
1. 外墙抹灰面积按外墙垂直投影面积计算
2. 外墙裙抹灰面积按其长度乘以高度计算
3. 内墙抹灰面积按主墙间的净长乘以高度计算
（1）无墙裙的，高度按室内楼地面至顶棚底面计算
（2）有墙裙的，高度按墙裙顶至顶棚底面计算
4. 内墙裙抹灰面按内墙净长乘以高度计算</td><td rowspan="2">1. 基层清理
2. 砂浆制作、运输
3. 底层抹灰
4. 抹面层
5. 抹装饰面
6. 勾分格缝</td></tr>
<tr><td>011201002</td><td>墙面装饰抹灰</td></tr>
<tr><td>011201003</td><td>墙面勾缝</td><td>1. 勾缝类型
2. 勾缝材料种类</td><td>1. 基层清理
2. 砂浆制作、运输
3. 勾缝</td></tr>
<tr><td>011201004</td><td>立面砂浆找平层</td><td>1. 基层类型
2. 找平的砂浆厚度、配合比</td><td>1. 基层清理
2. 砂浆制作、运输
3. 抹灰找平</td></tr>
</table>

注：①立面砂浆找平项目适用于仅做找平层的立面抹灰。

②抹石灰砂浆、水泥砂浆、混合砂浆、聚合物水泥砂浆、麻刀石灰浆、石膏灰浆等按墙面一般抹灰列项，水刷石、斩假石、干粘石、假面砖等按墙面装饰抹灰列项。

③飘窗凸出外墙面增加的抹灰不计算工程量，在综合单价中考虑。

17.3.2　柱（梁）面抹灰

柱（梁）面抹灰工程量清单项目设置、项目特征描述、计量单位及工程量计算规则应按表 17.2 的规定执行。

表 17.2　柱（梁）面抹灰（编码：011202）

项目编码	项目名称	项目特征	计量单位	工程量计算规则	工作内容
011202001	柱、梁面一般抹灰	1. 柱（梁）体类型 2. 底层厚度、砂浆配合比 3. 面层厚度、砂浆配合比 4. 装饰面材料种类 5. 分格缝宽度、材料种类	m^2	1. 柱面抹灰：按设计图示柱断面周长乘以高度以面积计算 2. 梁面抹灰：按设计图示梁断面周长乘以长度以面积计算	1. 基层清理 2. 砂浆制作、运输 3. 底层抹灰 4. 抹面层 5. 勾分格缝
011202002	柱、梁面装饰抹灰				
011202003	柱、梁面砂浆找平	1. 柱（梁）体类型 2. 找平的砂浆厚度、配合比			1. 基层清理 2. 砂浆制作、运输 3. 抹灰找平
011202004	柱、梁面勾缝	1. 勾缝类型 2. 勾缝材料种类		按设计图示柱断面周长乘高度以面积计算	1. 基层清理 2. 砂浆制作、运输 3. 勾缝

注：①砂浆找平项目适用于仅做找平层的柱（梁）面抹灰。

②抹石灰砂浆、水泥砂浆、混合砂浆、聚合物水泥砂浆、麻刀石灰浆、石膏灰浆等按柱（梁）面一般抹灰编码列项，水刷石、斩假石、干粘石、假面砖等按柱（梁）面装饰抹灰编码列项。

17.3.3　零星抹灰

零星抹灰工程量清单项目设置、项目特征描述、计量单位及工程量计算规则应按表 17.3 的规定执行。

表 17.3　零星抹灰（编码：011203）

项目编码	项目名称	项目特征	计量单位	工程量计算规则	工作内容
011203001	零星项目一般抹灰	1. 墙体类型 2. 底层厚度、砂浆配合比 3. 面层厚度、砂浆配合比 4. 装饰面材料种类 5. 分格缝宽度、材料种类	m^2	按设计图示尺寸以面积计算	1. 基层清理 2. 砂浆制作、运输 3. 底层抹灰 4. 抹面层 5. 抹装饰面 6. 勾分格缝
011203002	零星项目装饰抹灰	1. 墙体类型 2. 底层厚度、砂浆配合比 3. 面层厚度、砂浆配合比 4. 装饰面材料种类 5. 分格缝宽度、材料种类			
011203003	零星项目砂浆找平	1. 基层类型 2. 找平的砂浆厚度、配合比			1. 基层清理 2. 砂浆制作、运输 3. 抹灰找平

注：①抹石灰砂浆、水泥砂浆、混合砂浆、聚合物水泥砂浆、麻刀石灰浆、石膏灰浆等按零星项目一般抹灰编码列项，水刷石、斩假石、干粘石、假面砖等按零星项目装饰抹灰编码列项。

②墙、柱（梁）面≤0.5 m^2 的少量分散的抹灰按零星抹灰项目编码列项。

17.3.4 墙面块料面层

墙面块料面层工程量清单项目设置、项目特征描述、计量单位及工程量计算规则应按表 17.4 的规定执行。

表 17.4 墙面块料面层（编码：011204）

<table>
<tr><th>项目编码</th><th>项目名称</th><th>项目特征</th><th>计量单位</th><th>工程量计算规则</th><th>工作内容</th></tr>
<tr><td>011204001</td><td>石材墙面</td><td rowspan="3">1. 墙体类型
2. 安装方式
3. 面层材料品种、规格、颜色
4. 缝宽、嵌缝材料种类
5. 防护材料种类
6. 磨光、酸洗、打蜡要求</td><td rowspan="3">m²</td><td rowspan="3">按镶贴表面积计算</td><td rowspan="3">1. 基层清理
2. 砂浆制作、运输
3. 黏结层铺贴
4. 面层安装
5. 嵌缝
6. 刷防护材料
7. 磨光、酸洗、打蜡</td></tr>
<tr><td>011204002</td><td>拼碎石材墙面</td></tr>
<tr><td>011204003</td><td>块料墙面</td></tr>
<tr><td>011204004</td><td>干挂石材钢骨架</td><td>1. 骨架种类、规格
2. 防锈漆品种、遍数</td><td>t</td><td>按设计图示以质量计算</td><td>1. 骨架制作、运输、安装
2. 刷漆</td></tr>
</table>

注：①在描述碎块项目的面层材料特征时可不用描述规格、品牌、颜色。

②石材、块料与黏结材料的结合面刷防渗材料的种类在防护层材料种类中描述。

③安装方式可描述为砂浆或黏结剂粘贴、挂贴、干挂等，不论哪种安装方式，都要详细描述与组价相关的内容。

【例 17.6】 某变电室外墙面尺寸如图 17.12 所示，M：1 500 mm×2 000 mm；C1：1 500 mm×1 500 mm；C2：1 200 mm×800 mm；门窗侧面宽度 100 mm，外墙水泥砂浆粘贴规格 194 mm×94 mm 瓷质外墙砖，灰缝 5 mm，试计算外墙面砖清单工程量。

解 外墙面砖清单工程量＝（6.24＋3.90）×2×4.20－（1.50×2.00）－（1.50×1.50）－（1.20×0.80）×4＋［1.50＋2.00×2＋1.50×4＋（1.20＋0.80）×2×4］×0.10＝78.84（m²）

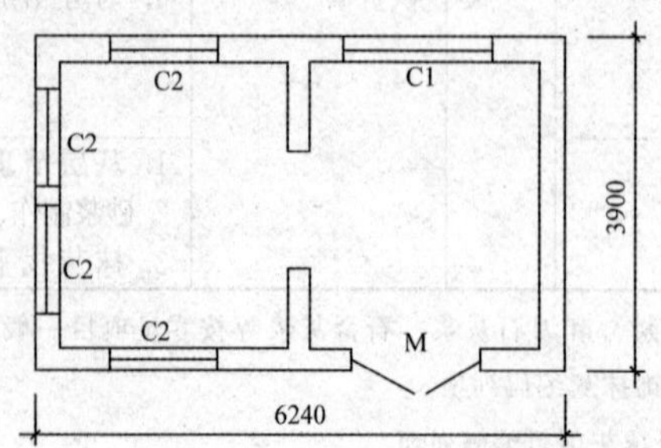

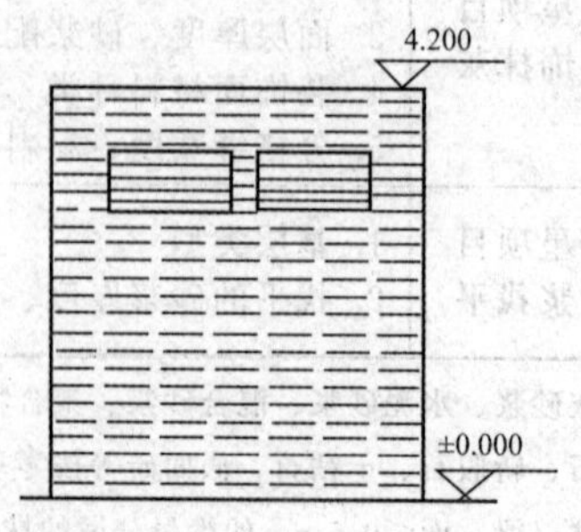

图 17.12 某变电室外墙尺寸图

17.3.5　柱（梁）面镶贴块料

柱（梁）面镶贴块料工程量清单项目设置、项目特征描述、计量单位及工程量计算规则应按表 17.5 的规定执行。

表 17.5　柱（梁）面镶贴块料（编码：011205）

项目编码	项目名称	项目特征	计量单位	工程量计算规则	工作内容
011205001	石材柱面	1. 柱截面类型、尺寸 2. 安装方式 3. 面层材料品种、规格、颜色 4. 缝宽、嵌缝材料种类 5. 防护材料种类 6. 磨光、酸洗、打蜡要求	m^2	按镶贴表面积计算	1. 基层清理 2. 砂浆制作、运输 3. 黏结层铺贴 4. 面层安装 5. 嵌缝 6. 刷防护材料 7. 磨光、酸洗、打蜡
011205002	块料柱面				
011205003	拼碎块柱面				
011205004	石材梁面	1. 安装方式 2. 面层材料品种、规格、颜色 3. 缝宽、嵌缝材料种类 4. 防护材料种类 5. 磨光、酸洗、打蜡要求			
011205005	块料梁面				

注：①在描述碎块项目的面层材料特征时，可不用描述规格、品牌、颜色。

②石材、块料与黏结材料的结合面刷防渗材料的种类在防护层材料种类中描述。

③柱梁面干挂石材的钢骨架按表 17.4 相应项目编码列项。

17.3.6　镶贴零星块料

镶贴零星块料工程量清单项目设置、项目特征描述、计量单位及工程量计算规则应按表 17.6 的规定执行。

表 17.6 镶贴零星块料（编码：011206）

项目编码	项目名称	项目特征	计量单位	工程量计算规则	工作内容
011206001	石材零星项目	1. 基层类型部位 2. 安装方式 3. 面层材料品种、规格、颜色 4. 缝宽、嵌缝材料种类 5. 防护材料种类 6. 磨光、酸洗、打蜡要求	m^2	按镶贴表面积计算	1. 基层清理 2. 砂浆制作、运输 3. 面层安装 4. 嵌缝 5. 刷防护材料 6. 磨光、酸洗、打蜡
011206002	块料零星项目				
011206003	拼碎块零星项目				

注：①在描述碎块项目的面层材料特征时，可不用描述规格、品牌、颜色。

②石材、块料与黏结材料的结合面刷防渗材料的种类在防护层材料种类中描述。

③零星项目干挂石材的钢骨架按表 17.4 相应项目编码列项。

④墙柱面≤0.5 m^2 的少量分散的镶贴块料面层应按零星项目执行。

17.3.7 墙饰面

墙饰面工程量清单项目设置、项目特征描述、计量单位及工程量计算规则应按表 17.7 的规定执行。

表 17.7 墙饰面（编码：011207）

项目编码	项目名称	项目特征	计量单位	工程量计算规则	工作内容
011207001	墙面装饰板	1. 龙骨材料种类、规格、中距 2. 隔离层材料种类、规格 3. 基层材料种类、规格 4. 面层材料品种、规格、颜色 5. 压条材料种类、规格	m^2	按设计图示墙净长乘净以高以面积计算，扣除门窗洞口及单个＞0.3m^2的孔洞所占面积	1. 基层清理 2. 龙骨制作、运输、安装 3. 钉隔离层 4. 基层铺钉 5. 面层铺贴

17.3.8 柱（梁）饰面

柱（梁）饰面工程量清单项目设置、项目特征描述、计量单位及工程量计算规则应按表 17.8 的规定执行。

表 17.8　柱（梁）饰面（编码：011208）

项目编码	项目名称	项目特征	计量单位	工程量计算规则	工作内容
011208001	柱（梁）面装饰	1. 龙骨材料种类、规格、中距 2. 隔离层材料种类 3. 基层材料种类、规格 4. 面层材料品种、规格、颜色 5. 压条材料种类、规格	m^2	按设计图示饰面外围尺寸以面积计算，柱帽、柱墩并入相应柱饰面工程量内	1. 清理基层 2. 龙骨制作、运输、安装 3. 钉隔离层 4. 基层铺钉 5. 面层铺贴

17.3.9　幕墙工程

幕墙工程工程量清单项目设置、项目特征描述、计量单位及工程量计算规则应按表 17.9 的规定执行。

表 17.9　幕墙工程（编码：011209）

项目编码	项目名称	项目特征	计量单位	工程量计算规则	工作内容
011209001	带骨架幕墙	1. 骨架材料种类、规格、中距 2. 面层材料品种、规格、颜色 3. 面层固定方式 4. 隔离带、框边封闭材料品种、规格 5. 嵌缝、塞口材料种类	m^2	按设计图示框外围尺寸以面积计算，与幕墙同种材质的窗所占面积不扣除	1. 骨架制作、运输、安装 2. 面层安装 3. 隔离带、框边封闭 4. 嵌缝、塞口 5. 清洗
011209002	全玻（无框玻璃）幕墙	1. 玻璃品种、规格、颜色 2. 黏结塞口材料种类 3. 固定方式		按设计图示尺寸以面积计算，带肋全玻幕墙按展开面积计算	1. 幕墙安装 2. 嵌缝、塞口 3. 清洗

17.3.10　隔断

隔断工程量清单项目设置、项目特征描述、计量单位及工程量计算规则应按表 17.10 的规定执行。

表 17.10 隔断（编码：011210）

项目编码	项目名称	项目特征	计量单位	工程量计算规则	工作内容
011210001	木隔断	1. 骨架、边框材料种类、规格 2. 隔板材料品种、规格、颜色 3. 嵌缝、塞口材料品种 4. 压条材料种类		按设计图示框外围尺寸以面积计算，不扣除单个≤0.3 m^2 的孔洞所占面积；浴厕门的材质与隔断相同时，门的面积并入隔断面积内	1. 骨架及边框制作、运输、安装 2. 隔板制作、运输、安装 3. 嵌缝、塞口 4. 装钉压条
011210002	金属隔断	1. 骨架、边框材料种类、规格 2. 隔板材料品种、规格、颜色 3. 嵌缝、塞口材料品种	m^2	按设计图示框外围尺寸以面积计算，不扣除单个≤0.3 m^2 的孔洞所占面积；浴厕门的材质与隔断相同时，门的面积并入隔断面积内	1. 骨架及边框制作、运输、安装 2. 隔板制作、运输、安装 3. 嵌缝、塞口
011210003	玻璃隔断	1. 边框材料种类、规格 2. 玻璃品种、规格、颜色 3. 嵌缝、塞口材料品种		按设计图示框外围尺寸以面积计算，不扣除单个≤0.3 m^2 的孔洞所占面积	1. 边框制作、运输、安装 2. 玻璃制作、运输、安装 3. 嵌缝、塞口
011210004	塑料隔断	1. 边框材料种类、规格 2. 隔板材料品种、规格、颜色 3. 嵌缝、塞口材料品种			1. 骨架及边框制作、运输、安装 2. 隔板制作、运输、安装 3. 嵌缝、塞口
011210005	成品隔断	1. 隔断材料品种、规格、颜色 2. 配件品种、规格	1. m^2 2. 间	1. 按设计图示框外围尺寸以面积计算。 2. 按设计间的数量以间计算。	1. 隔断运输、安装 2. 嵌缝、塞口

（续表）

项目编码	项目名称	项目特征	计量单位	工程量计算规则	工作内容
011210006	其他隔断	1. 骨架、边框材料种类、规格 2. 隔板材料品种、规格、颜色 3. 嵌缝、塞口材料品种	m^2	按设计图示框外围尺寸以面积计算，不扣除单个≤0.3 m^2 的孔洞所占面积	1. 骨架及边框安装 2. 隔板安装 3. 嵌缝、塞口

本章小结

通过本章的学习，要求掌握以下内容：

1. 墙、柱面装饰与隔断、幕墙工程项目的定额说明；
2. 墙、柱面装饰与隔断、幕墙工程的工程量计算规则及定额套项的运用；
3. 墙、柱面装饰与隔断、幕墙工程工程量清单计价办法中分项工程工程量的计算规则。

习题

一、填空题

1. 内墙抹灰计算时，无墙裙的，其高度按室内地面至________的距离计算。
2. 内墙抹灰计算时，有顶棚的，其高度按室内地面至________的距离计算。
3. 外墙抹灰时，按设计外墙抹灰的__________以平方米计算。
4. 墙面贴块料面层工程量按__________面积计算。

二、单项选择题

1. 外墙面抹灰面积按外墙面的垂直投影面积计算，应扣除门窗洞口和空圈所占的面积，不扣除（　　）m^2 以内的空洞面积。

   A. 0.1　　B. 0.3　　C. 0.5　　D. 0.6

2. 柱面镶贴块料工程量按（　　）计算。

   A. 实铺面积　　B. 结构断面周长乘以高度

C. 展开面积　　　　　　　　　　　D. 按设计图示尺寸以实铺面积

三、多项选择题

1. 内墙面抹灰面积计算中，下列（　　）面积不扣除。

A. 门窗洞　B. 空圈　　　　　C. 踢脚线　　　　　D. 挂镜线

2. 外墙面抹灰面积计算中，要按展开面积并入墙面抹灰中的是（　　）。

A. 门洞口侧壁抹灰　　　　　　　B. 空圈侧壁抹灰

C. 顶面抹灰　　　　　　　　　　D. 挂镜线

E. 垛抹灰

3. 玻璃幕墙要计算的项目有（　　）。

A. 幕墙　　　　　　　　　　　　B. 幕墙与自然楼层的连接

C. 幕墙与建筑物的顶端封边　　　D. 幕墙上的窗面积

E. 幕墙与建筑物的侧边封边

4. 墙柱面零星装饰适用于（　　）。

A. 腰线　　B. 雨篷　　　　　C. 门窗套　　　　　D. 栏板内侧抹灰

E. 每个面积在 1 m^2 以内的零星项目

四、简答题

1. 计算内墙面一般抹灰时，长度、高度的取值有何规定？

2. 外墙面的块料面层工程量如何计算？与外墙抹灰工程量的计算差别在哪？

3. 外墙面的抹灰工程量计算规则。

五、计算题

已知某三层建筑首层平面图、标准层平面图、1—1 剖面图如图 17.13 至图 17.15 所示。已知：

(1) 砖墙厚为 240 mm。轴线居中，门窗框料厚度 80 mm；

(2) M-1 为 1 200 mm×2 400 mm，M-2 为 900 mm×2 000 mm，C-1 为 1 500 mm×1 800 mm。窗台离地面高为 900 mm。

(3) 墙面装饰做法：内墙面为混合砂浆抹面，刮腻子涂刷乳胶漆；外墙面粘贴米色 200 mm×300 mm 外墙砖。

试计算：

(1) 一层内墙面抹灰工程量，并确定定额套项；

(2) 外墙面粘贴外墙砖工程量，并确定定额套项；

(3) 假设二层墙面满贴壁纸，墙面壁纸工程量，并确定定额套项；

(4) 假设三层墙面水泥砂浆粘贴 300 mm×600 mm 瓷砖，墙面砖工程量，并确定定额套项。

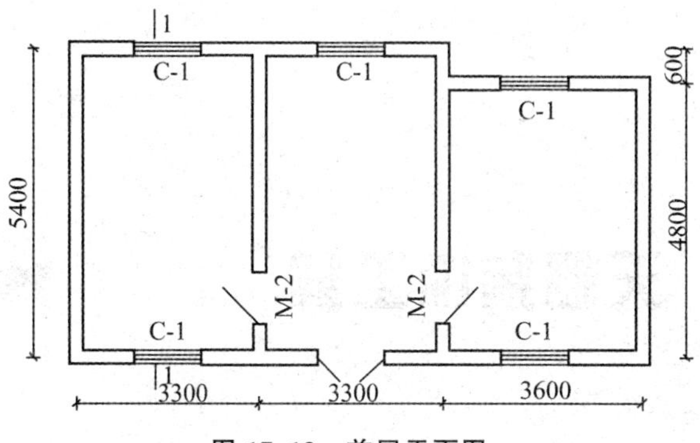

图 17.13　首层平面图

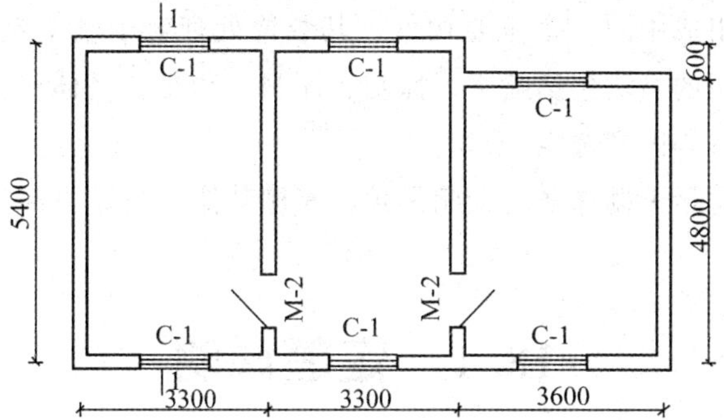

图 17.14　二、三层平面图

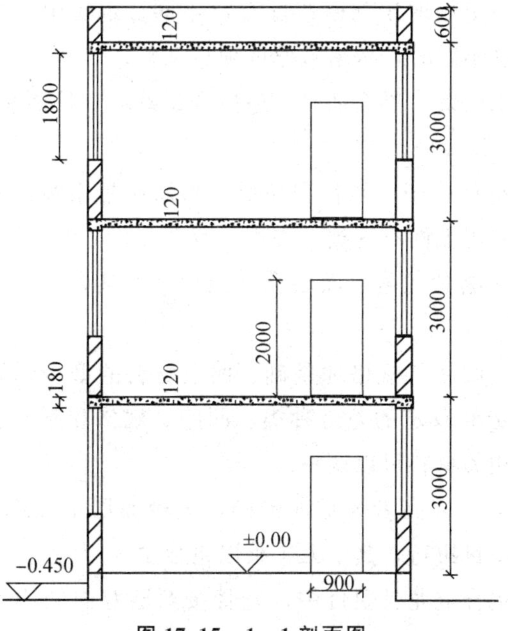

图 17.15　1—1 剖面图

第18章　天棚装饰工程

天棚又称顶棚、吊顶等，是室内空间的上顶界面，在围合室内环境中起着重要作用，它是建筑物的组成中的一个重要构件，其装饰处理对于整个室内装饰效果相当大的影响。其装饰常用的做法包括喷浆、抹灰、涂料吊顶等，具体根据房屋的功能要求、外观形式、饰面材料等因素选定。

天棚工程主要包括天棚抹灰、天棚吊顶、天棚其他装饰等项目。

18.1　定额说明

本章定额包括天棚抹灰、天棚吊顶、天棚其他装饰。

抹灰项目中设计与定额取定的砂浆配合比不同，定额中的相关材料可以换算；如设计与定额取定的厚度不同时，按增减厚度项目调整。

混凝土天棚刷素水泥浆、界面剂时，应按本定额墙、柱面装饰工程相应项目执行，其中人工乘以系数1.15。

吊顶的基本构造包括吊筋、龙骨和面层。吊筋通常用圆钢制作，龙骨可用木、钢和铝合金制作，面层常用纸面石膏板、夹板、铝合金板、塑料扣板等。

(1) 除烤漆龙骨天棚为龙骨、面层合并列项外，其余均为天棚龙骨、基础、面层分别列项。

(2) 龙骨的种类、间距、规格和基础、面层材料的型号、规格按常用材料和常规做法考虑，当设计与定额取定的龙骨种类、间距、规格和基础、面层材料的型号、规格不同时，定额中的相关材料可以调整。

(3) 天棚面层在同一标高者为平面天棚，天棚面层不在同一标高者为跌级天棚。跌级天棚面层按相应项目执行，其中人工乘以系数1.3。

(4) 轻钢龙骨、铝合金龙骨项目中，龙骨按双层双向结构考虑，即中小龙骨紧贴大龙骨底面吊挂；若为单层结构，即大中龙骨底面在同一水平者，应按相应项目执行，其中人工乘以系数0.85。

(5) 轻钢龙骨、铝合金龙骨项目中，面层规格与定额不同时，应按相近面积的项

目执行。

(6) 轻钢龙骨和铝合金龙骨不上人型吊杆长度为 0.6 m，上人型吊杆长度为 1.4 m。当设计与定额取定的吊杆长度不同时，定额中的相关材料可以调整。

(7) 平面天棚和跌级天棚指一般直线形天棚，不包括灯光槽的制作安装；灯光槽制作安装按本章相应项目执行。艺术造型天棚项目包括灯光槽的制作安装。

(8) 天棚面层不在同一标高，且高差在 400 mm 以下或跌级三级以内的一般直线形平面天棚按跌级天棚相应项目执行；高差在 400 mm 以上且跌级超过三级以及圆弧形、拱形等造型天棚按艺术造型天棚相应项目执行。

(9) 天棚项目已包括检查孔的工料，不另行计算。

(10) 龙骨、基层、面层的防火处理及天棚龙骨的刷防腐油，石膏板刮嵌缝膏、贴绷带，应按本定额油漆、涂料、裱糊装饰工程相应项目执行。

(11) 细木工板基层按胶合板基层相应项目执行，当细木工板厚度大于 9 mm 时，应按胶合板基层 9 mm 项目执行，其中人工乘以系数 1.1。

(12) 天棚压条、装饰线条按本定额其他装饰工程相应项目执行。

(13) 板式楼梯底面抹灰按本章相应定额项目执行；锯齿形楼梯底面抹灰按相应定额项目执行，其中人工乘以系数 1.35。

18.2　工程量计算规则

18.2.1　天棚抹灰

按设计结构尺寸以展开面积计算天棚抹灰，不扣除间壁墙、垛、柱、附墙烟囱、检查口和管道所占的面积，带梁天棚的梁两侧抹灰面积并入天棚面积内，板式楼梯底面抹灰面积（包括踏步、休息平台以及宽度≤500 mm 的楼梯井）按水平投影面积乘以系数 1.15 计算，锯齿形楼梯底面板抹灰面积（包括踏步、休息平台以及宽度≤500 mm 的楼梯井）按水平投影面积乘以系数 1.37 计算。

顶棚抹灰工程量＝主墙间净长度×主墙间净宽度＋梁侧面面积

18.2.2　天棚吊顶

(1) 天棚龙骨按主墙间水平投影面积计算，不扣除间壁墙、垛、柱、附墙烟囱、检查口和管道所占的面积，扣除单个面积＞0.3 m^2 的孔洞、独立柱及与天棚相连的窗帘盒所占的面积。斜面龙骨按斜面计算。

顶棚吊顶龙骨工程量＝主墙间净长度×主墙间净宽度

轻钢龙骨分为大、中、小三种。铝合金龙骨由 L 形墙侧边龙骨、T 形主龙骨和 T 形支撑龙骨组合成型。U 形轻钢龙骨吊顶安装示意如图 18.1 所示。

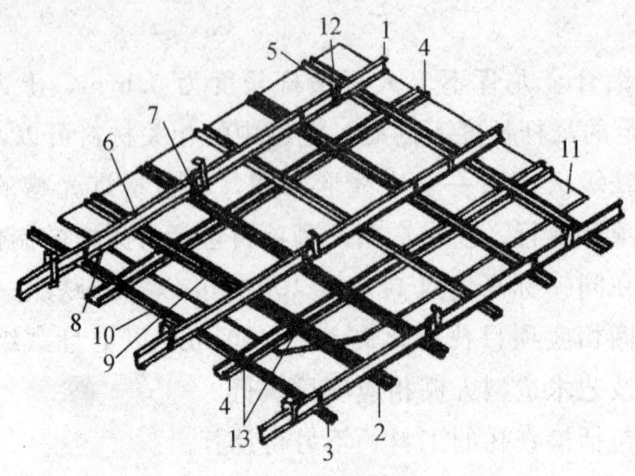

图 18.1 U形轻钢龙骨吊顶安装示意图

1—大龙骨；2—中龙骨；3—小龙骨；4—横撑龙骨；5—大吊挂件；6—中吊挂件；7—小吊挂件
8—大接插件；9—中接插件；10—小接插件；11—罩面板；12—吊杆；13—龙骨支托连接

LT 型铝合金龙骨吊顶安装示意如图 18.2 所示。

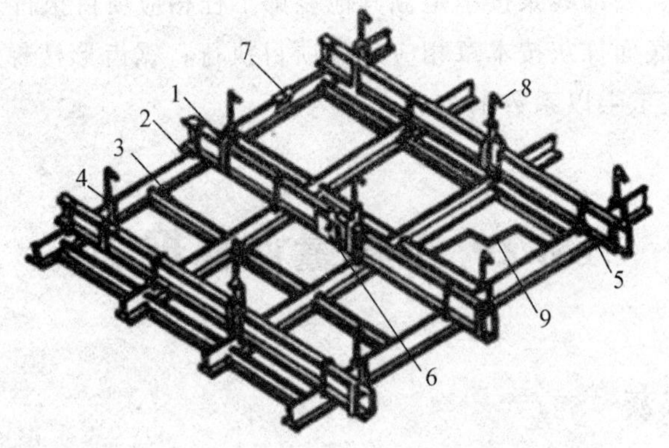

图 18.2 LT型铝合金龙骨吊顶安装示意图

1—大龙骨；2—中龙骨；3—小龙骨；4—大吊挂件；5—中吊挂件
6—大接插件；7—中接插件；8—吊杆；9—罩面板

(2) 天棚吊顶的基础和面层均按设计图示尺寸以展开面积计算。天棚面中的灯槽及跌级、阶梯式、锯齿式、吊挂式、藻井式天棚按展开面积计算。不扣除间壁墙、垛、柱、附墙烟囱、检查口和管道所占的面积，扣除单个面积＞0.3 m^2 的孔洞、独立柱及与天棚相连的窗帘盒所占的面积。

天棚块料面层计算：

$$10\ m^2 = 10 \times (1 + \text{损耗率})$$

$$10\ m^2\ \text{用量} = \frac{10}{\text{块长} \times \text{块宽}} \times (1 + \text{损耗率})$$

18.2.3 天棚其他装饰

(1) 灯带（槽）按设计图示尺寸以框外围面积计算。

(2) 送风口、回风口及灯光孔按设计图示数量计算。

灯带、送风口如图 18.3 所示。

图 18.3　灯带、送风口

【例 18.1】　预制钢筋混凝土板底吊不上人型装配式 U 形轻钢龙骨，间距 450 mm ×450 mm，龙骨上铺钉胶合板 5 mm，面层粘贴 6 mm 厚铝塑板，尺寸如图 18.4 所示，试计算顶棚工程量，并确定定额项目。

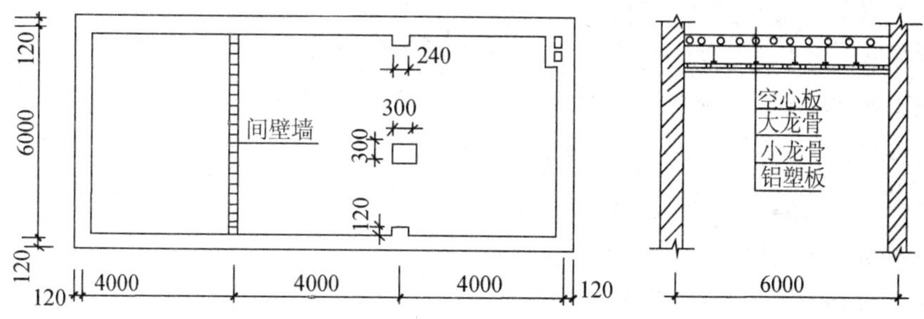

图 18.4　某工程平面图和剖面图

解

(1) 轻钢龙骨工程量＝(12－0.24)×(6－0.24)＝67.74m^2

不上人型装配式 U 形轻钢龙骨，间距 450 mm×450 mm　套定额 13-45

定额基价＝7 181.34 元/100m^2

定额直接费＝7 181.34÷100×67.74＝4 864.64 元

(2) 基层板工程量＝(12－0.24)×(6－0.24)－0.30×0.30＝67.65(m^2)

轻钢龙骨上铺胶合板基层 5 mm　套定额 13-81

定额基价＝2 011.14 元/100m^2

定额直接费＝2 011.14÷100×67.65＝1 360.54(元)

(3) 铝塑板面层工程量＝(12－0.24)×(6－0.24)－0.30×0.30＝67.65(m^2)

铝塑板贴在胶合板上　套定额 13-99

定额基价＝6 673.97 元/100m^2

定额直接费＝6 673.97÷100×67.65＝4 514.94(元)

【例 18.2】 某天棚尺寸如图 18.5 所示，钢筋混凝土板下吊方木天棚龙骨（双层楞木规格 300 mm×300 mm），面层为塑料板，试计算顶棚工程量，并确定定额项目。

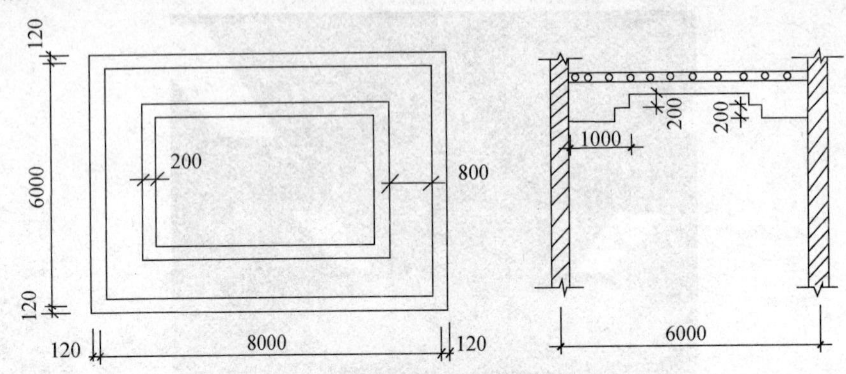

图 18.5 某天棚平面图和剖面图

解

(1) 双层楞木工程量＝（8.00－0.24）×（6.00－0.24）＝44.70（m^2）

双层楞木龙骨顶棚 套定额 13-20

定额基价＝6 208.91（元/100m^2）

定额直接费＝6 208.91÷100×44.70＝2 775.38（元）

(2) 塑料板顶棚工程量＝（8.00－0.24）×（6.00－0.24）＋（8.00－0.24－0.90×2＋6.00－0.24－0.90×2）×2×0.20×2＝52.64（m^2）

塑料板顶棚面板 套定额 13-94

定额基价＝6 003.79 元/100m^2

定额直接费＝6 003.79÷100×52.64＝3 160.40（元）

【例 18.3】 铝塑板规格为 500 mm×500 mm，损耗率为 5%，试计算铝塑板用量。

解

$$10\text{m}^2 = 10\times(1+5\%) = 10.5\ (\text{m}^2)$$

$$10\ \text{m}^2\ 用量 = \frac{10}{0.5\times 0.5}\times(1+5\%) = 42\ (块)$$

18.3 工程量清单计价规范

18.3.1 天棚抹灰

天棚抹灰工程量清单项目设置、项目特征描述、计量单位及工程量计算规则应按表 18.1 的规定执行。

表 18.1　天棚抹灰（编码：011301）

项目编码	项目名称	项目特征	计量单位	工程量计算规则	工作内容
011301001	天棚抹灰	1. 基层类型 2. 抹灰厚度、材料种类 3. 砂浆配合比	m^2	按设计图示尺寸以水平投影面积计算，不扣除间壁墙、垛、柱、附墙烟囱、检查口和管道所占的面积，带梁天棚、梁两侧抹灰面积并入天棚面积内，板式楼梯底面抹灰按斜面积计算，锯齿形楼梯底板抹灰按展开面积计算	1. 基层清理 2. 底层抹灰 3. 抹面层

18.3.2　天棚吊顶

天棚吊顶工程量清单项目设置、项目特征描述、计量单位及工程量计算规则应按表 18.2 的规定执行。

表 18.2　天棚吊顶（编码：011302）

项目编码	项目名称	项目特征	计量单位	工程量计算规则	工作内容
011302001	吊顶天棚	1. 吊顶形式、吊杆规格、高度 2. 龙骨材料种类、规格、中距 3. 基层材料种类、规格 4. 面层材料品种、规格 5. 压条材料种类、规格 6. 嵌缝材料种类 7. 防护材料种类	m^2	按设计图示尺寸以水平投影面积计算，天棚面中的灯槽及跌级、锯齿形、吊挂式、藻井式天棚面积不展开计算，不扣除间壁墙、检查口、附墙烟囱、柱垛和管道所占面积，扣除单个＞0.3 m^2 的孔洞、独立柱及与天棚相连的窗帘盒所占的面积	1. 基层清理、吊杆安装 2. 龙骨安装 3. 基层板铺贴 4. 面层铺贴 5. 嵌缝 6. 刷防护材料

（续表）

<table>
<tr><th>项目编码</th><th>项目名称</th><th>项目特征</th><th>计量单位</th><th>工程量计算规则</th><th>工作内容</th></tr>
<tr><td>011302002</td><td>格栅吊顶</td><td>1. 龙骨材料种类、规格、中距
2. 基层材料种类、规格
3. 面层材料品种、规格
4. 防护材料种类</td><td rowspan="5">m²</td><td rowspan="5">按设计图示尺寸以水平投影面积计算</td><td>1. 基层清理
2. 安装龙骨
3. 基层板铺贴
4. 面层铺贴
5. 刷防护材料</td></tr>
<tr><td>011302003</td><td>吊筒吊顶</td><td>1. 吊筒形状、规格
2. 吊筒材料种类
3. 防护材料种类</td><td>1. 基层清理
2. 吊筒制作安装
3. 刷防护材料</td></tr>
<tr><td>011302004</td><td>藤条造型悬挂吊顶</td><td rowspan="2">1. 骨架材料种类、规格
2. 面层材料品种、规格</td><td rowspan="2">1. 基层清理
2. 龙骨安装
3. 铺贴面层</td></tr>
<tr><td>011302005</td><td>织物软雕吊顶</td></tr>
<tr><td>011302006</td><td>网架（装饰）吊顶</td><td>网架材料品种、规格</td><td>1. 基层清理
2. 网架制作安装</td></tr>
</table>

18.3.3 采光天棚

采光天棚工程量清单项目设置、项目特征描述、计量单位及工程量计算规则应按表 18.3 的规定执行。

表 18.3 采光天棚工程（编码：011303）

项目编码	项目名称	项目特征	计量单位	工程数量	工作内容
011303001	采光天棚	1. 骨架类型 2. 固定类型、固定材料品种、规格 3. 面层材料品种、规格 4. 嵌缝、塞口材料种类	m²	按框外围展开面积计算	1. 清理基层 2. 面层制安 3. 嵌缝、塞口 4. 清洗

18.3.4 天棚其他装饰

天棚其他装饰工程量清单项目设置、项目特征描述、计量单位及工程量计算规则应按表 18.4 的规定执行。

表 18.4　天棚其他装饰（编码：011304）

项目编码	项目名称	项目特征	计量单位	工程量计算规则	工作内容
011304001	灯带（槽）	1. 灯带形式、尺寸 2. 格栅片材料品种、规格 3. 安装固定方式	m^2	按设计图示尺寸以框外围面积计算	安装、固定
011304002	送风口、回风口	1. 风口材料品种、规格 2. 安装固定方式 3. 防护材料种类	个	按设计图示数量计算	1. 安装、固定 2. 刷防护材料

本章小结

通过本章的学习，要求掌握以下内容：

1. 熟悉天棚工程的定额说明；
2. 熟练掌握天棚工程工程量计算规则及计算方法；
3. 熟练掌握天棚工程的清单计价规则。

学习时应注意天棚工程各分部分项工程的定额项目划分与清单项目划分的区别与联系，定额计算规则与清单计算规则的区别与联系。

习题

一、填空题

1. 灯带清单量按图示尺寸以____________计算。

2. 轻钢龙骨、铝合金龙骨项目中，龙骨按双层双向结构考虑，即中、小龙骨紧贴大龙骨底面吊挂；若为单层结构，设计大、中龙骨均在同一高度上，应按相应项目执行，其中人工乘以系数______。

二、选择题

1. 天棚抹灰分项项目编码可以设置为（　　）。

A. 011301001　　　　B. 011301001001

C. 011302001001　　D. 011301002001

2. 下列项目中按自然计量单位计算清单工程量的是（　　）。

A. 灯带　　B. 送风口　　C. 门窗　　D. 特殊五金

3. 天棚吊顶分项不包括的是（　　）。

A. 藤条造型悬挂吊顶　　B. 灯带

C. 吊筒吊顶　　D. 格栅吊顶

4. 天棚抹灰按图示尺寸以（　　）计算清单工程量。

A. 水平投影面积　　B. 展开面积

C. 垂直投影面积　　D. 以上都不是

5. 天棚其他装饰分项包括（　　）。

A. 灯带　　B. 回风口

C. 送风口　　D. 网架吊顶

6. 顶棚抹灰面积计算时，不扣除的有（　　）。

A. 柱、垛　　B. 内隔墙

C. 600 mm×600 mm 的检查口　　D. 梁侧面面积

7. 顶棚装饰面层工程量计算时，不扣除的有（　　）。

A. 格栅灯　　B. 暗窗帘盒

C. 独立柱　　D. 附墙烟囱

三、简答题

1. 什么是平级天棚吊顶和跌级天棚吊顶？
2. 吊顶饰面工程量计算规则。
3. 什么是一级天棚龙骨？什么是二级至三级天棚龙骨？

四、计算题

1. 水泥石灰砂浆面层井字梁天棚如图 18.6 所示，主梁为 250 mm×500 mm，次梁为 200 mm×400 mm，试计算工程量，并确定定额项目及直接工程费。

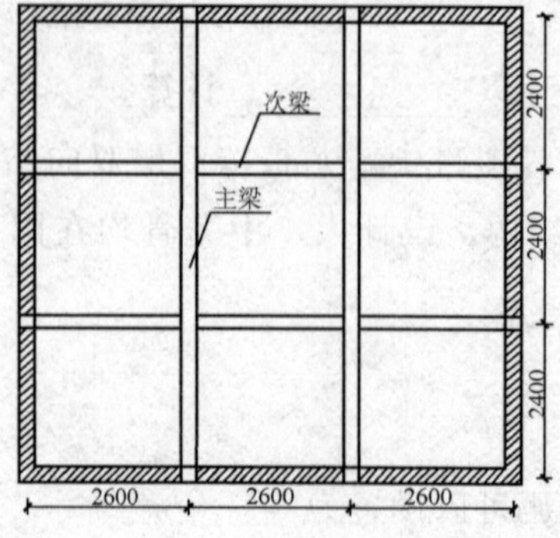

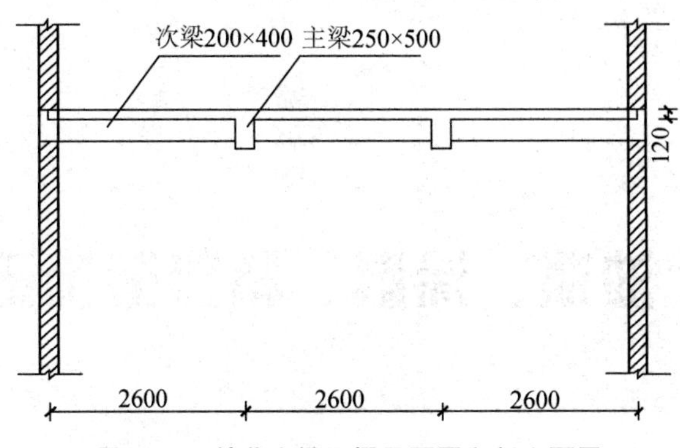

图 18.6　某井字梁天棚平面图和剖立面图

2. 预制钢筋混凝土板底吊不上人型装配式 U 形轻钢龙骨如图 18.1 所示，间距 300 mm×300 mm，龙骨上铺钉细木工板，面层采用木夹板，不拼花，试计算龙骨、基层板、面层板工程量及定额直接工程费。

第19章　油漆、涂料、裱糊装饰工程

油漆是一种能牢固连续覆盖在物体表面，可起到保护、装饰、标志和其他特殊用途的化学混合物。

油漆按油漆基层材料分为木材面（木器）、金属面、抹灰面油漆。木材面油漆按油漆部位分为单层木门、单层木窗、木扶手（不带托板）、其他木材面层、木地板油漆。木材面油漆按油漆材料分为调和漆、聚氨酯漆、酚醛清漆、醇酸清漆、硝基清漆、过氯乙烯漆、防火漆等。金属面油漆按油漆材料分为调和漆、耐高温防腐漆、红丹防锈漆、醇酸磁漆、沥青漆、银粉漆（如暖气片上涂得漆）、过氯乙烯漆、防火漆等。抹灰面油漆按油漆材料分为调和漆、乳胶漆、过氯乙烯漆、乙烯漆类、航标漆、水性水泥漆、真石漆、氟碳漆、裂纹漆等。

涂料是一种可用不同的施工工艺涂覆在物体表面，形成牢固、具有一定的强度、连续的固态薄膜。这样形成的膜统称为“涂膜”，又称为漆膜或涂层。室内和室外所用涂料是有区别的。室内用的涂料主要有水溶性涂料和溶剂性涂料（产生污染物）两种。

涂料按粉刷部位不同分为墙面、柱面、天棚面、梁面刷涂料。涂料按材料不同分为喷塑、内墙108涂料、多彩涂料、仿瓷涂料、外墙丙烯酸酯涂料、凹凸型涂料、石灰油浆、大白浆、白水泥、彩砂喷涂、胶砂喷涂、美术涂饰、腻子及其他等。图19.1所示为外墙涂料。

图19.1　外墙涂料

裱糊按部位不同分为墙面、天棚面裱糊。裱糊按材料分为普通壁纸、金属墙纸、

织锦缎。墙纸按花形分为对花、不对花，如图 19.2 所示。

图 19.2　墙纸

19.1　定额说明

本章定额包括木门油漆，木扶手及其他板条、线条油漆，其他木材面油漆，金属面油漆，抹灰面油漆。喷刷涂料，裱糊，其他等，适用于工业与民用建筑的新建、扩建和改建的房屋装饰中油漆、涂料、裱糊专业工程。

当设计与定额取定的喷、涂、刷遍数不同时，应按本章相应每增加一遍项目进行调整。

(1) 油漆、涂料项目中均已考虑刮腻子。当抹灰面油漆、喷刷涂料设计与定额取定的刮腻子遍数不同时，应按本章喷刷涂料中刮腻子每增减一遍项目进行调整。喷刷涂料中刮腻子项目仅适用于单独刮腻子工程。

(2) 附着安装在同材质装饰面上的木线条、石膏线条油漆、喷刷涂料，与装饰面同色者，并入装饰面计算；与装饰面分色者，单独计算。

(3) 门窗套、窗台板、腰线、压顶、扶手（栏板上扶手）等抹灰面刷油漆、涂料，与整体墙面同色者，并入墙面计算；与整体墙面分色者，单独计算，应按墙面相应项目执行，其中人工乘以系数 1.43。

(4) 纸面石膏板等装饰板材面刮腻子、油漆、喷刷涂料，应按抹灰面刮腻子、油漆、喷刷涂料相应项目执行。

(5) 附墙柱抹灰面喷刷油漆、涂料、裱糊，应按墙面相应项目执行；独立柱抹灰面喷刷油漆、涂料、裱糊，应按墙面相应项目执行，其中人工乘以系数 1.2。

(6) 拱形、穹顶型天棚喷刷油漆、涂料、裱糊，应按天棚相应项目执行，其中人工乘以系数 1.3。

油漆定额说明

（7）油漆。

（8）涂料。

涂料定额说明

19.2 工程量计算规则

19.2.1 木门油漆工程

执行单层木门油漆的项目，其工程量计算规则及相应系数见表19.1。

表19.1 工程量计算规则和系数表

项目		系数	工程量计算规则（设计图示尺寸）
1	单层木门	1.00	门洞口面积
2	单层半玻门	0.85	
3	单层全玻门	0.75	
4	半截百叶门	1.50	
5	全百叶门	1.70	
6	厂房大门	1.10	
7	纱门窗	0.80	
8	特种门（包括冷藏门）	1.00	
9	装饰门扇	0.90	扇外围尺寸面积
10	间壁、隔断	1.00	单面外围面积
11	玻璃间壁露明墙筋	0.80	
12	木栅栏、木栏杆（带扶手）	0.90	

注：①多面刷按单面计算工程量。

②注意油漆工程工程量计算中系数的选取。

19.2.2 木扶手及其他板条、线条油漆工程量

（1）执行木扶手（不带托板）油漆的项目，其工程量计算规则及相应系数见表19.2。

表19.2 工程量计算规则和系数表

项目		系数	工程量计算规则（设计图示尺寸）
1	木扶手（不带托板）	1.00	延长米
2	木扶手（带托板）	2.50	
3	封檐板、顺水（博风）板	1.70	
4	黑板框、生活园地框	0.50	

（2）木线条油漆按设计图示尺寸以长度计算。

19.2.3　其他木材面油漆工程

（1）执行其他木材面油漆的项目，其工程量计算规则及相应系数见表 19.3。

表 19.3　工程量计算规则和系数表

项　目		系　数	工程量计算规则（设计图示尺寸）
1	木板、胶合板天棚	1.00	长×宽
2	屋面板带檩条	1.10	斜长×宽
3	清水板条檐口天棚	1.10	长×宽
4	吸音板（墙面或天棚）	0.87	
5	鱼鳞板墙	2.40	
6	木护墙、木墙裙、木踢脚线	0.83	
7	窗台板、窗帘盒	0.83	
8	出入口盖板、检查口	0.87	
9	壁橱	0.83	展开面积
10	木屋架	1.77	跨度（长）×中高×1/2
11	以上未包括的其余木材面油漆	0.83	展开面积

（2）木地板油漆按设计图示尺寸以面积计算，空洞、空圈、暖气包槽、壁龛的开口部分并入相应的工程量内计算。

（3）木龙骨刷防火、防腐涂料按设计图示尺寸以龙骨架投影面积计算。

（4）基层板刷防火、防腐涂料按实际涂刷面积计算。

（5）油漆面抛光、打蜡按相应刷油部位油漆工程量计算规则计算。

19.2.4　金属面油漆工程

（1）执行金属面油漆、涂料的项目，其工程量按设计图示尺寸以展开面积计算。质量在 500 kg 以内的单个金属构件，可参考表 19.4 中相应的系数，将质量（t）折算为面积。

表 19.4　质量折算面积参考系数表

项　目		系　数
1	钢栅栏门、栏杆、窗栅	64.98
2	钢爬梯	44.84
3	踏步式刚扶梯	39.90
4	轻型屋架	53.20
5	零星铁件	58.00

（2）执行金属平板屋面、镀锌铁皮面（涂刷磷化、锌黄底漆）油漆的项目，其工程量计算规则及相应的系数见表 19.5。

表 19.5　工程量计算规则和系数表

项　目		系　数	工程量计算规则（设计图示尺寸）
1	平板屋面	1.00	斜长×宽
2	瓦垄铁皮屋面	1.20	
3	排水、伸缩缝盖板	1.05	展开面积
4	吸气罩	2.20	水平投影面积
5	包镀锌薄钢板门	2.20	门窗洞口面积

注：①多面涂刷按单面计算工程量。

②注意油漆、涂料、裱糊工程工程量计算中系数的选取。

19.2.5　抹灰面油漆、涂料工程

（1）抹灰面油漆、涂料（另做说明的除外）按设计图示尺寸以面积计算。

（2）踢脚线刷耐磨漆按设计图示尺寸以长度计算。

（3）槽形底板、混凝土折瓦板、有梁板底、密肋梁板底、井字梁板底刷油漆、涂料按设计图示尺寸展开面积计算。

（4）墙面及天棚面刷石灰油浆、白水泥、石灰浆、石灰大白浆、普通水泥浆、可赛银浆、大白浆等涂料工程量按抹灰面积工程量计算规则计算。

（5）混凝土花格窗、栏杆花饰刷（喷）油漆、涂料按设计图示洞口面积计算。

（6）天棚、墙、柱面基层板缝粘贴胶带纸按相应天棚、墙、柱面基层板面积计算。

19.2.6　裱糊工程

墙面、天棚面裱糊按设计图示尺寸以面积计算。

【例 19.1】　某工程尺寸如图 19.3 所示，三合板木墙裙润水粉、满刮腻子，刷硝基清漆五遍，磨退出亮，墙面、顶棚刷乳胶漆两遍（抹灰面），试计算工程量，并确定定额项目。

解

（1）墙裙刷硝基清漆工程量＝［6.00－0.24＋3.60－0.24］×2－1.00＋0.12×2］×1.00×1.00（系数）＝17.48（m^2）

墙裙刷硝基清漆五遍　套 14-103

定额基价＝6 915.00 元/100m^2

定额直接费＝6 915.00 元/100m^2÷100×17.48＝1 208.74（元）

注：油漆、涂料项目中均已考虑刮腻子。

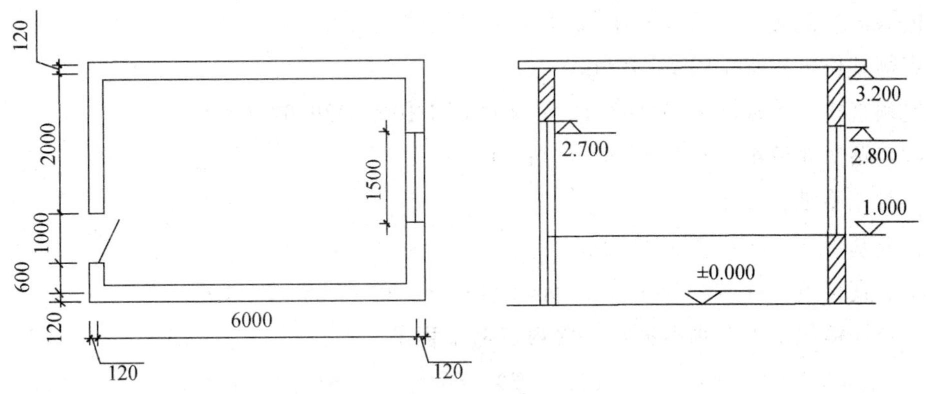

图 19.3　平面图和剖面图

(2) 顶棚刷乳胶漆工程量＝5.76×3.36＝19.35 (m^2)

顶棚刷乳胶漆两遍　套 14-200

定额基价＝2 464.93 元/100m^2

定额直接费＝2 464.93 元/100m^2÷100×19.35＝476.96（元）

(3) 墙面刷乳胶漆工程量＝（5.76＋3.36）×2×2.20－1.00×（2.70－1.00）－1.50×1.80＋（1＋1.7×2）×0.12＋（1.5＋1.8×2）×0.12＝36.868m^2

墙面刷乳胶漆两遍（抹灰面）　套 14-199

定额基价＝2 057.16 元/100m^2

定额直接费＝2 057.16÷100×36.868＝758.43 元

【例 19.2】　某工程如图 19.4 所示，内墙抹灰面满刮腻子二遍，贴对花墙纸；挂镜线以上及顶棚刷仿瓷涂料三遍，试计算工程量，并确定定额项目。

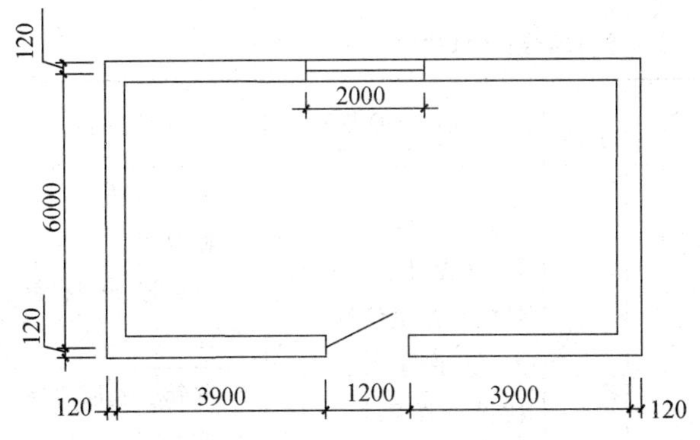

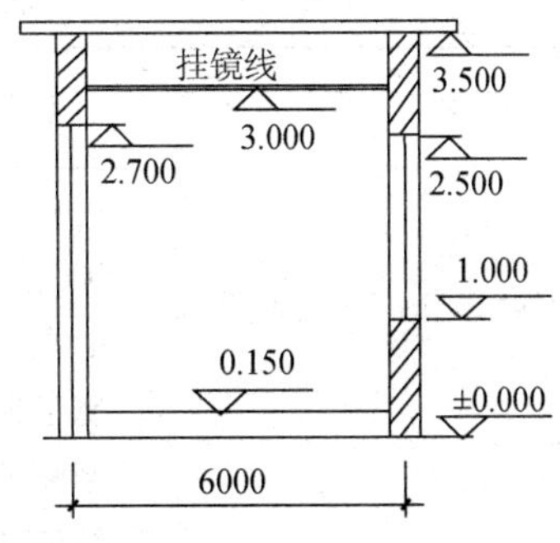

图 19.4　某工程平面图及剖面图

解

(1) 墙面满刮腻子二遍工程量＝（9.00－0.24＋6.00－0.24）×2×（3－0.15）－2×1.5-1.2×（2.7－0.15）＋（2＋1.5×2）×0.12＋［1.2＋2×（2.7－0.15）］×0.12＝78.06 (m^2)

内墙面满刮腻子二遍　套 14-251

定额基价＝1 187.12 元/100m²

定额直接费＝78.06×1 187.12 元/100m²÷100＝926.67（元）

（2）贴对花墙纸工程量＝78.06（m²）

贴对花墙纸　套 14-259

定额基价＝4 183.06 元/100m²

定额直接费＝78.06×4 183.06 元/100m²÷100＝3 265.30（元）

（3）挂镜线以上及顶棚刷仿瓷涂料三遍工程量

＝（9.00－0.24＋6.00－0.24）×2×（3.5－3）＋（9－0.24）×（6－0.24）＝64.98（m²）

内挂镜线以上及顶棚刷仿瓷涂料三遍　套 14-219

定额基价＝2 692.21 元/100m²

定额直接费＝64.98×2 692.21 元/100m²÷100＝1 749.40（元）

19.3　工程量清单计价规范

19.3.1　门油漆

门油漆工程量清单项目设置、项目特征描述、计量单位及工程量计算规则应按表 19.6 的规定执行。

表 19.6　门油漆（编号：011401）

项目编码	项目名称	项目特征	计量单位	工程量计算规则	工程内容
011401001	木门油漆	1. 门类型 2. 门代号及洞口尺寸 3. 腻子种类 4. 刮腻子遍数 5. 防护材料种类 6. 油漆品种、刷漆遍数	1. 樘 2. m²	1. 以樘计量，按设计图示数量计量 2. 以平方米计量，按设计图示洞口尺寸以面积计算	1. 基层清理 2. 刮腻子 3. 刷防护材料、油漆
011401002	金属门油漆				1. 除锈、基层清理 2. 刮腻子 3. 刷防护材料、油漆

注：①木门油漆应区分木大门、单层木门、双层（一玻一纱）木门、双层（单裁口）木门、全玻自由门、半玻自由门、装饰门及有框门或无框门等项目，分别编码列项。

②金属门油漆应区分平开门、推拉门、钢质防火门列项。

③以平方米计量，项目特征可不必描述洞口尺寸。

19.3.2　窗油漆

窗油漆工程量清单项目设置、项目特征描述、计量单位及工程量计算规则应按表 19.7 的规定执行。

表 19.7　窗油漆（编号：011402）

项目编码	项目名称	项目特征	计量单位	工程量计算规则	工程内容
011402001	木窗油漆	1. 窗类型 2. 窗代号及洞口尺寸 3. 腻子种类 4. 刮腻子遍数 5. 防护材料种类 6. 油漆品种、刷漆遍数	1. 樘 2. m^2	1. 以樘计量，按设计图示数量计量 2. 以平方米计量，按设计图示洞口尺寸以面积计算	1. 基层清理 2. 刮腻子 3. 刷防护材料、油漆
011402002	金属窗油漆				1. 除锈、基层清理 2. 刮腻子 3. 刷防护材料、油漆

注：①木窗油漆应区分单层木窗、双层（一玻一纱）木窗、双层框扇（单裁口）木窗、双层框三层（二玻一纱）木窗、单层组合窗、双层组合窗、木百叶窗、木推拉窗等项目，分别编码列项。

②金属窗油漆应区分平开窗、推拉窗、固定窗、组合窗、金属隔栅窗分别列项。

③以平方米计量，项目特征可不必描述洞口尺寸。

19.3.3　木扶手及其他板条、线条油漆

木扶手及其他板条、线条油漆工程量清单项目设置、项目特征描述、计量单位及工程量计算规则应按表 19.8 的规定执行。

表 19.8　木扶手及其他板条、线条油漆（编号：011403）

项目编码	项目名称	项目特征	计量单位	工程量计算规则	工程内容
011403001	木扶手油漆	1. 断面尺寸 2. 腻子种类 3. 刮腻子遍数 4. 防护材料种类 5. 油漆品种、刷漆遍数	m	按设计图示尺寸以长度计算	1. 基层清理 2. 刮腻子 3. 刷防护材料、油漆
011403002	窗帘盒油漆				
011403003	封檐板、顺水板油漆				
011403004	挂衣板、黑板框油漆				
011403005	挂镜线、窗帘棍、单独木线油漆				

注：木扶手应区分带托板与不带托板，分别编码列项，若是木栏杆带扶手，木扶手不应单独列项，应包含在木栏杆油漆中。

19.3.4 木材面油漆

木材面油漆工程量清单项目设置、项目特征描述、计量单位及工程量计算规则应按表 19.9 的规定执行。

表 19.9 木材面油漆（编号：011404）

项目编码	项目名称	项目特征	计量单位	工程量计算规则	工程内容
011404001	木板、纤维板、胶合板油漆	1. 腻子种类 2. 刮腻子遍数 3. 防护材料种类 4. 油漆品种、刷漆遍数	m^2	按设计图示尺寸以面积计算	1. 基层清理 2. 刮腻子 3. 刷防护材料、油漆
011404002	木护墙、木墙裙油漆				
011404003	窗台板、筒子板、盖板、门窗套、踢脚线油漆				
011404004	清水板条天棚、檐口油漆				
011404005	木方格吊顶天棚油漆				
011404006	吸音板墙面、天棚面油漆				
011404007	暖气罩油漆				
011404008	木间壁、木隔断油漆			按设计图示尺寸以单面外围面积计算	
011404009	玻璃间壁露明墙筋油漆				
011404010	木栅栏、木栏杆（带扶手）油漆				

19.3.5 金属面油漆

金属面油漆工程量清单项目设置、项目特征描述、计量单位及工程量计算规则应按表 19.10 的规定执行。

表 19.10　金属面油漆（编号：011405）

项目编码	项目名称	项目特征	计量单位	工程量计算规则	工程内容
011405001	金属面油漆	1. 构件名称 2. 腻子种类 3. 刮腻子要求 4. 防护材料种类 5. 油漆品种、刷漆遍数	1. t 2. m^2	1. 以 t 计量，按设计图示尺寸以质量计算 2. 以 m^2 计量，按设计展开面积计算	1. 基层清理 2. 刮腻子 3. 刷防护材料、油漆

19.3.6　抹灰面油漆

抹灰面油漆工程量清单项目设置、项目特征描述、计量单位及工程量计算规则应按表 19.11 的规定执行。

表 19.11　抹灰面油漆（编号：011406）

项目编码	项目名称	项目特征	计量单位	工程量计算规则	工程内容
011406001	抹灰面油漆	1. 基层类型 2. 腻子种类 3. 刮腻子遍数 4. 防护材料种类 5. 油漆品种、刷漆遍数	m^2	按设计图示尺寸以面积计算	1. 基层清理 2. 刮腻子 3. 刷防护材料、油漆
011406002	抹灰线条油漆	1. 线条宽度、道数 2. 腻子种类 3. 刮腻子遍数 4. 防护材料种类 5. 油漆品种、刷漆遍数	m	按设计图示尺寸以长度计算	
011406003	满刮腻子	1. 基层类型 2. 腻子种类 3. 刮腻子遍数	m^2	按设计图示尺寸以面积计算	1. 基层清理 2. 刮腻子

19.3.7　喷刷涂料

喷刷涂料工程量清单项目设置、项目特征描述、计量单位及工程量计算规则应按表 19.12 的规定执行。

表 19.12　喷刷涂料（编号：011407）

项目编码	项目名称	项目特征	计量单位	工程量计算规则	工程内容
011407001	墙面喷刷涂料	1. 基层类型 2. 喷刷涂料部位 3. 腻子种类 4. 刮腻子要求 5. 涂料品种、喷刷遍数	m^2	按设计图示尺寸以面积计算	1. 基层清理 2. 刮腻子 3. 刷、喷涂料
011407002	天棚喷刷涂料				
011407003	空花格、栏杆刷涂料	1. 腻子种类 2. 刮腻子遍数 3. 涂料品种、刷喷遍数	m^2	按设计图示尺寸以单面外围面积计算	1. 基层清理 2. 刮腻子 3. 刷、喷涂料
011407004	线条刷涂料	1. 基层清理 2. 线条宽度 3. 刮腻子遍数 4. 刷防护材料、油漆	m	按设计图示尺寸以长度计算	
011407005	金属构件刷防火涂料	1. 喷刷防火涂料构件名称 2. 防火等级要求 3. 涂料品种、喷刷遍数	1. m^2 2. t	1. 以 t 计量，按设计图示尺寸以质量计算 2. 以 m^2 计量，按设计展开面积计算	1. 基层清理 2. 刷防护材料、油漆
011407006	木材构件喷刷防火涂料		1. m^2 2. m^3	1. 以 m^2 计量，按设计图示尺寸以面积计算 2. 以 m^3 计量，按设计结构尺寸以体积计算	1. 基层清理 2. 刷防火材料

注：喷刷墙面涂料部位要注明内墙或外墙。

19.3.8　裱糊

裱糊工程量清单项目设置、项目特征描述、计量单位及工程量计算规则应按表 19.13 的规定执行。

表 19.13　裱糊（编号：011408）

项目编码	项目名称	项目特征	计量单位	工程量计算规则	工程内容
011408001	墙纸裱糊	1. 基层类型 2. 裱糊部位 3. 腻子种类 4. 刮腻子遍数 5. 黏结材料种类 6. 防护材料种类 7. 面层材料品种、规格、颜色	m^2	按设计图示尺寸以面积计算	1. 基层清理 2. 刮腻子 3. 面层铺粘 4. 刷防护材料
011408002	织锦缎裱糊				

本章小结

通过本章的学习，要求掌握以下内容：

1. 油漆、涂料、裱糊装饰工程项目的定额说明；

2. 油漆、涂料、裱糊装饰工程的工程量计算规则，熟练掌握相应项目的定额套项；

3. 油漆、涂料、裱糊装饰工程工程量清单计价办法中各分项工程工程量的计算规则。

学习时，应注意建筑工程各分部分项工程的定额项目划分与清单项目划分的区别与联系，定额计算规则与清单计算规则的区别与联系。

习题

一、选择题

单层木门油漆的工程量，(　　)。

A. 按实际涂刷面积　　B. 按双面门扇面积计算

C. 按单面门扇面积计算　　D. 按门洞面积计算

二、简答题

1. 计算内墙面一般抹灰时，长度和高度是如何计算的?

2. 外墙面一般抹灰的工程量如何计算? 外墙面装饰抹灰工程量如何计算? 两者计算规则如何区别?

第20章　其他装饰工程

20.1　定额说明

本章定额包括柜类、货架，压条、装饰线，扶手、栏杆、栏板装饰，暖气罩，浴厕配件，雨篷、旗杆，招牌、灯箱，美术字，石材、瓷砖加工。

20.1.1　柜类、货架

（1）柜、台、架以现场加工、手工制作为主，按常用规格考虑。当设计与定额取定的材料规格不同时，定额中的相关材料可以调整。

（2）柜、台、架项目包括五金配件（设计有特殊要求者除外），未考虑压板拼花及饰面板上贴其他材料的花饰、造型艺术品。

（3）木质柜、台、架项目中板材按胶合板考虑，当设计与定额取定的板材种类不同时，定额中的相关材料可以调整。

20.1.2　压条、装饰线

（1）压条、装饰线均按成品安装考虑。

（2）装饰线条（顶角装饰线除外）按直线形在墙面安装考虑。墙面安装圆弧形装饰线条，天棚面安装直线形或圆弧形装饰线条，按相应项目乘以系数执行。

①墙面安装圆弧形装饰线条，应按相应项目执行，其中人工乘以系数1.2，材料乘以系数1.1。

②天棚面安装直线形装饰线条，应按相应项目执行，其中人工乘以系数1.34。

③天棚面安装圆弧形装饰线条，应按相应项目执行，其中人工乘以系数1.6，材料乘以系数1.1。

④装饰线条直接安装在金属龙骨上，应按相应项目执行，其中人工乘以系数1.68。

20.1.3　扶手、栏杆、栏板装饰

（1）扶手、栏杆、栏板项目（护窗栏杆除外）适用于楼梯、走廊、回廊及其他装

饰性扶手、栏杆、栏板。

(2) 扶手、栏杆、栏板项目已综合考虑扶手弯头（非整体弯头）的费用，如遇木扶手、大理石扶手为整体弯头，弯头另按本章相应项目执行。

(3) 当设计栏板、栏杆的主材消耗量与定额不同时，其消耗量可以调整。

(4) 弧形栏杆、扶手按相应项目执行，其中人工乘以系数 1.3。

20.1.4　暖气罩

(1) 挂板式是指暖气罩直接钩挂在暖气片上；平墙式是指暖气片凹嵌入墙中，暖气罩与墙面平齐；明式是指暖气片全凸或半凸出墙面，暖气罩凸出于墙外。

(2) 暖气罩项目未包括封边线、装饰线，发生时按本章相应装饰线条项目执行。

20.1.5　浴厕配件

(1) 大理石洗漱台项目不包括石材磨边、倒角及开面盆洞口，发生时按本章相应项目执行。

(2) 浴厕配件项目按成品安装考虑。

20.1.6　雨篷、旗杆

(1) 点支式、托架式雨篷的型钢、爪件的规格、数量按常规做法考虑，当设计与定额取定的型钢、爪件的规格、数量不同时，定额中的相关材料可以调整。托架式雨篷的斜拉杆费用另行计算。

(2) 铝塑板、不锈钢面层雨篷项目按平面考虑。

(3) 旗杆项目按常规做法考虑，不包括旗杆基础、旗杆台座及其饰面。

20.1.7　招牌、灯箱

(1) 招牌、灯箱项目，当设计与定额取定的材料品种、规格不同时，定额中的相关材料可以调整。

(2) 一般平面广告牌是指正立面平整无凸面的广告牌，复杂平面广告牌是指正立面有凹凸面造型的广告牌，箱（竖）式广告牌是指具有多面体的广告牌。

(3) 广告牌基层以附墙方式考虑，设计为独立式时，按相应项目执行，其中人工乘以系数 1.1。

(4) 招牌、灯箱项目均不包括广告牌喷绘、灯饰、灯光、店徽、其他艺术装饰及配套机械。

20.1.8　美术字

(1) 美术字项目均按成品安装考虑。

(2) 美术字按最大外接矩形面积区分规格，按相应项目执行。

20.1.9 石材、瓷砖加工

石材瓷砖倒角、磨制圆边、开槽、开孔等项目均按现场加工考虑。

20.2 工程量计算规则

20.2.1 柜类、货架

柜类、货架（图20.1）工程量按各项目计量单位计算。其中，以“m^2”为计量单位的项目，其工程量均按照正立面的高度（包括脚的高度在内）乘以宽度计算。

图20.1 货架

20.2.2 压条、装饰线

(1) 压条（图20.2）、装饰线条（图20.3）按照线条中心线长度计算。

图20.2 压条

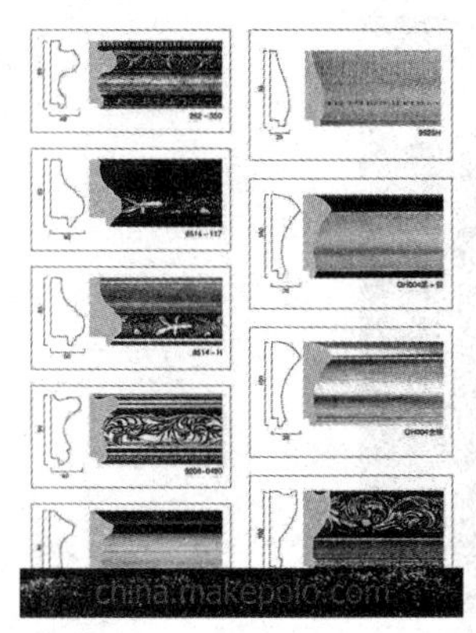

图 20.3　装饰线条

（2）石膏角花（图 20.4）、灯盘（图 20.5）按照设计图示数量计算。

图 20.4　石膏角花

图 20.5　灯盘

20.2.3　扶手、栏杆、栏板装饰

（1）扶手、栏杆、栏板装饰、成品栏杆（带扶手）均按照中心线长度计算，不扣除弯头长度。如遇木扶手、大理石扶手为整体弯头，扶手消耗量需扣除整体弯头的长度，设计不明确的，每只整体弯头按照 40 mm 扣除。

（2）单独弯头按照设计图示数量计算。木质楼梯弯头如图 20.6 所示，大理石扶手如图 20.7 所示。

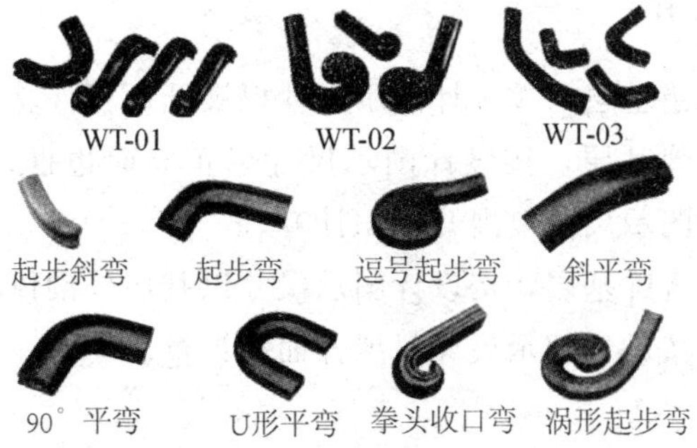

图 20.6　木质楼梯弯头

图 20.7 大理石扶手

20.2.4 暖气罩

暖气罩（包括脚的高度在内）按照边框外围尺寸垂直投影面积计算，成品暖气罩安装按照设计图示数量计算。

20.2.5 浴厕配件

（1）大理石洗漱台按照设计图示尺寸以展开面积计算，挡板、吊沿板面积并入其中，不扣除孔洞、挖弯、削角所占面积。

（2）大理石台面面盆开孔按照设计图示数量计算。

（3）盥洗室台镜（带框）、盥洗室木镜箱按边框外围面积计算。

（4）盥洗室塑料镜箱、毛巾杆、毛巾环、浴帘杆、浴缸拉手、肥皂盒、卫生纸盒、晒衣架、晾衣绳等按设计图示数量计算。

20.2.6 雨篷、旗杆

（1）雨篷按设计图示尺寸水平投影面积计算。

（2）不锈钢旗杆按设计图示数量计算。

（3）电动升降系统和风动系统按套数计算。

20.2.7 招牌、灯箱

（1）柱面、墙面灯箱基层，按设计图示尺寸以展开面积计算。

（2）一般平面广告牌基层，按设计图示尺寸以正立面边框外围面积计算；复杂平面广告牌基层，按设计图示尺寸以展开面积计算。

（3）箱（竖）式广告牌基层，按设计图示尺寸以基层外围体积计算。

（4）广告牌面层，按设计图示尺寸以展开面积计算。

20.2.8　美术字

美术字按设计图示数量计算。

20.2.9　石材、瓷砖加工

(1) 石材、瓷砖倒角按块料设计倒角长度计算。

(2) 石材磨边按成型圆边长度计算。

(3) 石材开槽按块料成型开槽长度计算。

(4) 石材、瓷砖开孔按成型孔洞数量计算。

【例 20.1】　某工程檐口上方设招牌，长 28 m，高 1.5 m，一般钢结构基层，铝塑板面层，上嵌 8 个 1 m×1 m 钛金大字，试计算工程量，确定定额项目。

解

(1) 基层工程量＝28×1.5＝42 (m^2)

一般钢结构基层　套 15-161

定额基价＝1 459.89 元/10m^2

一般钢结构基层分部分项工程费＝42×1 459.89÷10＝6 131.54 (元)

(2) 面层工程量＝42 (m^2)

铝塑板面层　套 15-172

定额基价＝676.79 元/10m^2

铝塑板面层分部分项工程费＝42×676.79÷10＝2 842.52 (元)

(3) 美术字工程量＝8 (个)

1.0 m^2 以内钛金大字　套 15-193

定额基价＝4 926.75 元/10 个

1.0 m^2 以内钛金大字分部分项工程费＝4 926.75÷10×8＝3 941.4 (元)

【例 20.2】　平墙式胶合板暖气罩尺寸如图 20.8 所示，共 18 个，试计算工程量，并确定定额项目。

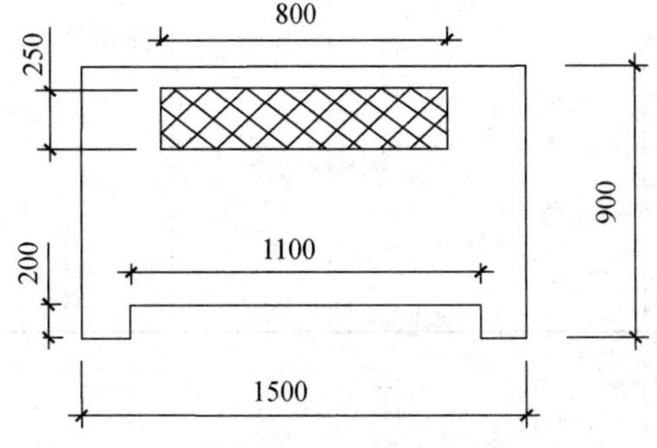

图 20.8　平墙式胶合板暖气罩尺寸图

解

平墙式胶合板暖气罩工程量＝（1.5×0.9－1.10×0.20）×18＝20.34（m^2）

平墙式胶合板暖气罩　套 15-113

定额基价＝1 496.19 元/$10m^2$

平墙式胶合板暖气罩分部分项工程费＝1 496.19÷10×20.34＝3 043.25（元）

20.3　工程量清单计价规范

20.3.1　柜类、货架

柜类、货架工程量清单项目设置、项目特征描述、计量单位及工程量计算规则应按表 20.1 的规定执行。

表 20.1　柜类、货架（编号：011501）

项目编码	项目名称	项目特征	计量单位	工程量计算规则	工作内容
011501001	柜台	1. 台柜规格 2. 材料种类、规格 3. 五金种类、规格 4. 防护材料种类 5. 油漆品种、刷漆遍数	1. 个 2. m 3. m^3	1. 以个计量，按设计图示数量计算 2. 以米计量，按设计图示尺寸以延长米计算 3. 以立方米计量，按设计图示尺寸以体积计算	1. 台柜制作、运输、安装（安放） 2. 刷防护材料、油漆 3. 五金件安装
011501002	酒柜				
011501003	衣柜				
011501004	存包柜				
011501005	鞋柜				
011501006	书柜				
011501007	厨房壁柜				
011501008	木壁柜				
011501009	厨房地柜				
011501010	厨房吊柜				
011501011	矮柜				
011501012	吧台背柜				
011501013	酒吧吊柜				
011501014	酒吧台				
011501015	展台				
011501016	收银台				
011501017	试衣间				
011501018	货架				
011501019	书架				
011501020	服务台				

20.3.2　压条、装饰线

工程量清单项目设置、项目特征描述、计量单位及工程量计算规则应按表 20.2 的规定执行。

表 20.2　压条、装饰线（编号：011502）

项目编码	项目名称	项目特征	计量单位	工程量计算规则	工作内容
011502001	金属装饰线	1. 基层类型 2. 线条材料品种、规格、颜色 3. 防护材料种类	m	按设计图示尺寸计算	1. 线条制作、安装 2. 刷防护材料
011502002	木质装饰线				
011502003	石材装饰线				
011502004	石膏装饰线				
011502005	镜面玻璃线	1. 基层类型 2. 线条材料品种、规格、颜色 3. 防护材料种类			
011502006	铝塑装饰线				
011502007	塑料装饰线				
011502008	GRC 装饰线条	1. 基层类型 2. 线条规格 3. 线条安装部位 4. 填充材料种类			线条制作、安装

20.3.3　扶手、栏杆、栏板装饰

扶手、栏杆、栏板装饰工程量清单项目设置、项目特征描述、计量单位及工程量计算规则应按表 20.3 的规定执行。

表 20.3 扶手、栏杆、栏板装饰（编号：011503）

<table>
<tr><th>项目编码</th><th>项目名称</th><th>项目特征</th><th>计量单位</th><th>工程量计算规则</th><th>工作内容</th></tr>
<tr><td>011503001</td><td>金属扶手、栏杆、栏板</td><td rowspan="3">1. 扶手材料种类、规格
2. 栏杆材料种类、规格
3. 栏板材料种类、规格、颜色
4. 固定配件种类
5. 防护材料种类</td><td rowspan="7">m</td><td rowspan="7">按设计图示扶手中心线长度（包括弯头长度）计算</td><td rowspan="3">1. 制作
2. 运输
3. 安装
4. 刷防护材料</td></tr>
<tr><td>011503002</td><td>硬木扶手、栏杆、栏板</td></tr>
<tr><td>011503003</td><td>塑料扶手、栏杆、栏板</td></tr>
<tr><td>011503004</td><td>GRC栏杆、扶手</td><td>1. 栏杆的规格
2. 安装间距
3. 扶手类型规格
4. 填充材料种类</td><td rowspan="4">1. 制作
2. 运输
3. 安装
4. 刷防护材料</td></tr>
<tr><td>011503005</td><td>金属靠墙扶手</td><td rowspan="3">1. 扶手材料种类、规格
2. 固定配件种类
3. 防护材料种类</td></tr>
<tr><td>011503006</td><td>硬木靠墙扶手</td></tr>
<tr><td>011503007</td><td>塑料靠墙扶手</td></tr>
<tr><td>011503008</td><td>玻璃栏板</td><td>1. 栏杆玻璃的种类、规格、颜色
2. 固定方式
3. 固定配件种类</td><td>m</td><td>按设计图示扶手中心线长度（包括弯头长度）计算</td><td>1. 制作
2. 运输
3. 安装
4. 刷防护材料</td></tr>
</table>

20.3.4 暖气罩

暖气罩工程量清单项目设置、项目特征描述、计量单位及工程量计算规则应按表20.4规定执行。

表 20.4 暖气罩（011504）

<table>
<tr><th>项目编码</th><th>项目名称</th><th>项目特征</th><th>计量单位</th><th>工程量计算规则</th><th>工作内容</th></tr>
<tr><td>011504001</td><td>饰面板暖气罩</td><td rowspan="3">1. 暖气罩材质
2. 防护材料种类</td><td rowspan="3">m^2</td><td rowspan="3">按设计图示尺寸以垂直投影面积（不展开）计算</td><td rowspan="3">1. 暖气罩制作、运输、安装
2. 刷防护材料</td></tr>
<tr><td>011504002</td><td>塑料板暖气罩</td></tr>
<tr><td>011504003</td><td>金属暖气罩</td></tr>
</table>

20.3.5　浴配配件

浴配配件工程量清单项目设置、项目特征描述、计量单位及工程量计算规则应按表 20.5 的规定执行。

表 20.5　浴厕配件（编号：011505）

<table>
<tr><th>项目编码</th><th>项目名称</th><th>项目特征</th><th>计量单位</th><th>工程量计算规则</th><th>工作内容</th></tr>
<tr><td>011505001</td><td>洗漱台</td><td>1. 材料品种、规格、颜色
2. 支架、配件品种、规格</td><td>1. m^2
2. 个</td><td>1. 按设计图示尺寸以台面外接矩形面积计算，不扣除孔洞、挖弯、削角所占面积，挡板、吊沿板面积并入台面面积内
2. 按设计图示数量计算</td><td>1. 台面及支架运输、安装
2. 杆、环、盒、配件安装
3. 刷油漆</td></tr>
<tr><td>011505002</td><td>晒衣架</td><td rowspan="8">1. 材料品种、规格、颜色
2. 支架、配件品种、规格</td><td rowspan="4">个</td><td rowspan="8">按设计图示数量计算</td><td rowspan="4">1. 台面及支架运输、安装
2. 杆、环、盒、配件安装
3. 刷油漆</td></tr>
<tr><td>011505003</td><td>帘子杆</td></tr>
<tr><td>011505004</td><td>浴缸拉手</td></tr>
<tr><td>011505005</td><td>卫生间扶手</td></tr>
<tr><td>011505006</td><td>毛巾杆（架）</td><td>套</td><td rowspan="4">1. 台面及支架制作、运输、安装
2. 杆、环、盒、配件安装
3. 刷油漆</td></tr>
<tr><td>011505007</td><td>毛巾环</td><td>副</td></tr>
<tr><td>011505008</td><td>卫生纸盒</td><td rowspan="2">个</td></tr>
<tr><td>011505009</td><td>肥皂盒</td></tr>
<tr><td>011505010</td><td>镜面玻璃</td><td>1. 镜面玻璃品种、规格
2. 框材质、断面尺寸
3. 基层材料种类
4. 防护材料种类</td><td>m^2</td><td>按设计图示尺寸以边框外围面积计算</td><td>1. 基层安装
2. 玻璃及框制作、运输、安装</td></tr>
<tr><td>011505011</td><td>镜箱</td><td>1. 箱体材质、规格
2. 玻璃品种、规格
3. 基层材料种类
4. 防护材料种类
5. 油漆品种、刷漆遍数</td><td>个</td><td>按设计图示数量计算</td><td>1. 基层安装
2. 箱体制作、运输、安装
3. 玻璃安装
4. 刷防护材料、油漆</td></tr>
</table>

20.3.6 雨篷、旗杆

雨篷、旗杆工程量清单项目设置、项目特征描述、计量单位及工程量计算规则应按表 20.6 的规定执行。

表 20.6 雨篷、旗杆（编号：011506）

项目编码	项目名称	项目特征	计量单位	工程量计算规则	工作内容
011506001	雨篷吊挂饰面	1. 基层类型 2. 龙骨材料种类、规格、中距 3. 面层材料品种、规格 4. 吊顶（天棚）材料品种、规格 5. 嵌缝材料种类 6. 防护材料种类	m^2	按设计图示尺寸以水平投影面积计算	1. 底层抹灰 2. 龙骨基层安装 3. 面层安装 4. 刷防护材料、油漆
011506002	金属旗杆	1. 旗杆材料、种类、规格 2. 旗杆高度 3. 基础材料种类 4. 基座材料种类 5. 基座面层材料、种类、规格	根	按设计图示数量计算	1. 土石挖、填、运 2. 基础混凝土浇注 3. 旗杆制作、安装 4. 旗杆台座制作、饰面
011506003	玻璃雨篷	1. 玻璃雨篷固定方式 2. 龙骨材料种类、规格、中距 3. 玻璃材料品种、规格 4. 嵌缝材料种类 5. 防护材料种类	m^2	按设计图示尺寸以水平投影面积计算	1. 龙骨基层安装 2. 面层安装 3. 刷防护材料、油漆

20.3.7 招牌、灯箱

招牌、灯箱工程量清单项目设置、项目特征描述、计量单位及工程量计算规则应按表 20.7 的规定执行。

表 20.7　招牌、灯箱（编号：011507）

<table>
<tr><th>项目编码</th><th>项目名称</th><th>项目特征</th><th>计量单位</th><th>工程量计算规则</th><th>工作内容</th></tr>
<tr><td>011507001</td><td>平面、箱式招牌</td><td rowspan="3">1. 箱体规格
2. 基层材料种类
3. 面层材料种类
4. 防护材料种类</td><td>m^2</td><td>按设计图示尺寸的正立面边框外围面积以平方米计算，复杂形的凸凹造型部分不增加面积</td><td rowspan="4">1. 基层安装
2. 箱体及支架制作、运输、安装
3. 面层制作、安装
4. 刷防护材料、油漆</td></tr>
<tr><td>011507002</td><td>竖式标箱</td><td rowspan="3">个</td><td rowspan="3">按设计图示数量计算</td></tr>
<tr><td>011507003</td><td>灯箱</td></tr>
<tr><td>011507004</td><td>信报箱</td><td>1. 箱体规格
2. 基层材料种类
3. 面层材料种类
4. 保护材料种类
5. 户数</td></tr>
</table>

20.3.8　美术字

美术字工程量清单项目设置、项目特征描述、计量单位及工程量计算规则应按表 20.8 的规定执行。

表 20.8　美术字（编号：011508）

<table>
<tr><th>项目编码</th><th>项目名称</th><th>项目特征</th><th>计量单位</th><th>工程量计算规则</th><th>工作内容</th></tr>
<tr><td>011508001</td><td>泡沫塑料字</td><td rowspan="5">1. 基层类型
2. 镌字材料品种、颜色
3. 字体规格
4. 固定方式
5. 油漆品种、刷漆遍数</td><td rowspan="5">个</td><td rowspan="5">按设计图示数量计算</td><td rowspan="5">1. 字制作、运输、安装
2. 刷油漆</td></tr>
<tr><td>011508002</td><td>有机玻璃字</td></tr>
<tr><td>011508003</td><td>木质字</td></tr>
<tr><td>011508004</td><td>金属字</td></tr>
<tr><td>011508005</td><td>吸塑字</td></tr>
</table>

本章小结

本章内容包括柜类、货架，压条、装饰线，扶手、栏杆、栏板装饰，暖气罩，浴厕配件，雨篷、旗杆，招牌、灯箱，美术字，石材、瓷砖加工等，虽然内容比较零散，但是对工程的总造价影响比较大，需要参照市场价格，做到准确算量和报价。

习题

一、填空题

1. 压条、装饰线条按照（　　　　　　　　　　　　　　　　　）计算。
2. 金属扶手、栏杆、栏板按（　　　　　　　　　　　　　　　　　）（包括弯头长度）计算。
3. 塑料板暖气罩按（　　　　　　　　　　　　　　　　　）计算。
4. 晒衣架按（　　　　　　　　）计算。
5. 镜面玻璃按（　　　　　　　　　　　　　　　　　）计算。
6. 玻璃雨篷按（　　　　　　　　　　　　　　　）计算。
7. 平面、箱式招牌按（　　　　　　　　　　　　　　　　　　　）以平方米计算。复杂形的凸凹造型部分不增加面积
8. 泡沫塑料字按设计图示数量计算。

二、判断题

1. 洗漱台只能按照个数计算。（　　）
2. 灯箱按照个数计算。（　　）
3. 暖气罩按照展开面积计算。（　　）
4. 肥皂盒按照个数计算。（　　）
5. 栏杆按照长度计算。（　　）
6. 栏板按照面积计算。（　　）

第21章　保温、隔热、防腐工程

随着全球经济的发展，能源形势逐渐严峻，建筑节能已成为当今世界发展的潮流，更是当今世界发展的需要。在国内外，目前应用最多的建筑外墙围护结构节能措施即是外墙外保温系统。合适的外墙外保温层厚度可以提高建筑围护结构的保温隔热性能，降低建筑能耗。对外墙外保温系统保温层厚度的研究已成为一个重要的问题。外墙保温是指由保温材料组成，在外保温系统中起到保温隔热作用的构造层。

外墙外保温（图 21.1）是一项节能环保绿色工程，节能优先已成为中国可持续能源发展的战略决策，在这种形势下，外墙外保温技术与产品面临良好的发展机遇，应大力予以推广与应用。外墙外保温有保温和隔热两大显著优势，建筑物围护结构（包括屋顶、外墙、门窗等）的保温和隔热性能对冬夏季室内热环境和采暖空调能耗有重要影响，围护结构保温和隔热性能优良的建筑物，不仅冬暖夏凉室内环境好，而且采暖、空调能耗低。外墙外保温还可以改善人类居住环境的舒适度。在进行外保温后，由于内部的实体墙热容量大，室内能蓄存更多的热量，使诸如太阳辐射或间歇采暖造成的室内温度变化减缓，室温较为稳定，生活较为舒适；也使太阳辐射得热、人体散热、家用电器及炊事散热等因素产生的“自由热”得到较好的利用，有利于节能。而在夏季，外保温层能减少太阳辐射热的进入和室外高气温的综合影响，使外墙内表面温度和室内空气温度得以降低。可见，外墙外保温有利于使建筑冬暖夏凉。

图 21.1　保温屋面、外墙保温

21.1 定额说明

本章定额包括保温隔热、防腐面层、其他防腐。

1. 保温、隔热工程

（1）保温层的保温材料配合比、材质、厚度与设计不同时，可以换算。

（2）弧形墙的墙面保温隔热层，按相应项目的人工乘以系数 1.1。

（3）柱面保温根据墙面保温定额项目，人工乘以系数 1.19，材料乘以系数 1.04。

（4）墙面岩棉板保温、聚苯乙烯板保温及保温装饰一体保温，如使用钢骨架，钢骨架按定额墙柱面装饰工程相应定额执行。

（5）抗裂保护层工程，如用塑料膨胀螺栓固定，每 1 m^2 增加人工 0.03 工日，塑料膨胀螺栓 6.12 套。

（6）零星保温执行本章定额中的线条保温项目。

（7）钢屑砂浆整体面层不包括水泥砂浆找平层，如设计要求有找平层者，按本定额“楼地面装饰工程”相应项目另行计算。

（8）本保温隔热工程项目只包括保温隔热材料的铺贴，不包括隔气、防潮保护层或衬墙等。

（9）EPS 模块外墙保温项目适用于既有节能改造项目。

（10）凡是采用内蒙古自治区工程建设标准《ICF 模块外保温工程建筑构造图集》（DBJ03－49－2012）、《ICF 外墙外保温工程技术规程》（DBJ03－59－2014）设计的工程，套用 ICF 外墙保温子目。

（11）保温隔热材料应根据设计规范，必须达到国家规定要求的等级标准。

2. 防腐工程

防腐工程此处略讲，感兴趣同学可扫码翻阅相关书籍。

防腐工程定额说明

21.2 工程量计算规则

21.2.1 保温隔热工程

（1）屋面找坡层工程量按照设计图示尺寸以体积计算。

屋面保温层隔热平均厚度＝保温层宽度÷2×坡度＋最薄处厚度

屋面保温层隔热平均厚度＝保温层宽度×坡度÷2＋最薄处厚度

保温层、找坡层最薄处厚度如图 22.2 所示。

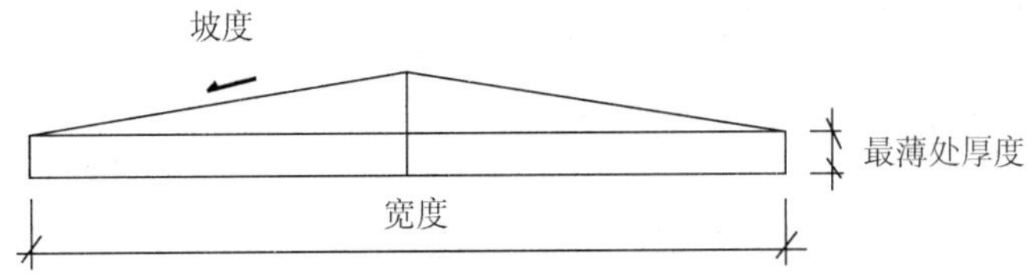

图 21.2　保温层、找坡层最薄处厚度示意图

【说明】平均厚度指保温层兼作找坡层时，其保温层的厚度按平均厚度计算。

(2) 屋面保温隔热层工程量按设计图示尺寸以面积计算，扣除面积＞0.3 m² 孔洞所占面积。其他项目按设计图示尺寸以定额项目规定的计量单位计算。

(3) 天棚保温隔热层工程量按设计图示尺寸以面积计算，扣除面积＞0.3 m² 柱、垛、孔洞所占面积，与天棚相连的梁按展开面积计算，其工程量并入天棚内。柱帽保温隔热层，并入天棚保温隔热层工程量内。

顶棚保温隔热层工程量＝主墙角净长度×主墙角净宽度×设计厚度＋梁侧面保温隔热层体积＋柱帽保温隔热层体积

(4) 墙面保温隔热层工程量按设计图示尺寸以面积计算，扣除门窗洞口及面积＞0.3 m² 梁、洞口所占面积；门窗洞口侧壁以及与墙相连的柱，并入保温墙体工程量内；墙体及混凝土板下铺贴隔热层，不扣除木框及木龙骨的体积。其中，外墙按隔热层中心线计算，内墙按隔热层净长度计算。

墙体保温隔热工程量＝（外墙保温隔热层中心线长度×设计高度－洞口面积）×厚度＋（内墙保温隔热层净长度×设计高度－洞口面积）×厚度＋洞口侧壁体积

(5) 柱、梁保温隔热层工程量按设计图示尺寸以面积计算，柱按设计图示柱断面保温层中心线展开长度乘以高度以面积计算，扣除面积＞0.3 m² 梁所占面积；梁按设计图示梁断面保温层中心线展开长度乘以保温层长度以面积计算。

柱保温层工程量＝保温层中心线展开长度×设计高度×厚度

(6) 楼地面保温隔热层工程量按设计图示尺寸以面积计算，扣除柱、垛及单个面积＞0.3 m² 孔洞所占面积。

楼地面隔热层工程量＝（主墙角净长度×主墙角净宽度－应扣面积）×设计厚度

(7) 其他保温隔热层工程量按设计图示尺寸展开面积计算，扣除面积＞0.3 m² 孔洞所占面积。

(8) 面积大于 0.3 m² 孔洞侧壁周围及梁头、连系梁等其他零星工程保温隔热工程量，并入墙面的保温隔热工程量内。

(9) 保温层排气管按设计图示尺寸以长度计算，不扣除管件所占长度，保温排气孔以数量计算。

(10) 防火隔离带工程量按设计图示尺寸以面积计算。

(11) 池槽隔热层工程量按池槽保温隔热层的面积计算，池壁按墙面定额项目计算，池底按地面定额项目计算。

池槽壁保温隔热层工程量＝设计图示长度×高度

池底保温隔热层工程量=设计图示长×宽

21.2.2 防腐工程

（1）防腐工程面层、隔离层及防腐油漆工程量均按设计图示尺寸以面积计算。

（2）平面防腐工程量应扣除凸出地面的构筑物、设备基础等以及面积>0.3 m² 孔洞、柱、垛等所占面积，门洞、空圈、暖气包槽、壁龛的开口部分不增加面积。

（3）立面防腐工程量应扣除门、窗、洞口以及面积>0.3 m² 孔洞、梁所占面积，门、窗、洞口侧壁、垛凸出部分按展开面积并入墙内。

（4）池、槽块料防腐面层工程量按设计图示尺寸以展开面积计算。

（5）砌筑沥青浸渍砖工程量按设计图示尺寸以面积计算。

（6）踢脚板防腐工程量按设计图示长度乘以高度以面积计算，扣除门洞所占面积，并相应增加侧壁展开面积。

（7）混凝土面及抹灰面防腐工程量按设计图示尺寸以面积计算。

【例 21.1】 某建筑物屋顶平面图如图 21.3 所示，四周设置女儿墙，女儿墙厚 240 mm，无挑檐。屋面做法：水泥珍珠岩保温层，最薄处 60 mm，屋面坡度 i=1.5%，1∶3 水泥砂浆找平层 15 mm 厚，刷冷底子油一道，石油沥青玛蹄脂二毡三油防水层，弯起 250 mm。试计算保温层工程量，并确定定额项目。

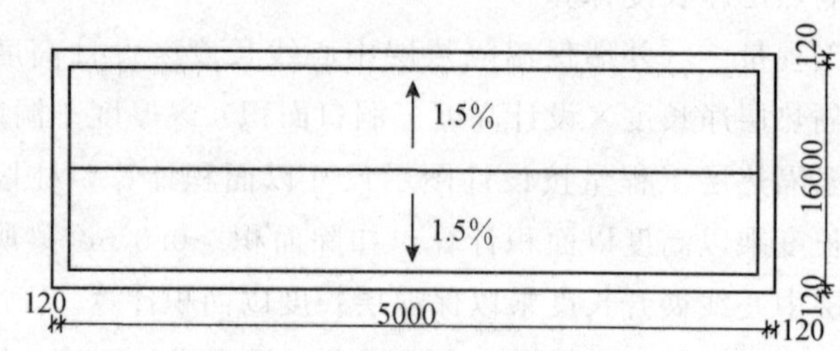

图 21.3　某建筑的屋顶平面图

解定额工程量=（16－0.24）×（50－0.24）×［0.06+（16－0.24）÷2×1.5%］=139.75（m³）

水泥珍珠岩保温层屋面　套用定额 10-18

定额基价=2 866.21 元/10m³

定额直接费=2 866.21 元/10m³×139.75÷10=40 055.28（元）

【例 21.2】 某工程改造项目建筑平面图如图 21.4 所示。立面图如图 21.5 所示，该工程外墙保温做法：基层表面清理；铺贴 EPS 保温板二布二涂；窗洞口抹 30 mm 厚聚苯颗粒砂浆；门窗边做保温宽度 120 mm。试计算该工程外墙外保温的分部分项工程量。M-1：1200mm×2400mm。C-1：2100mm×1800mm。C-2：1200mm×1800mm。

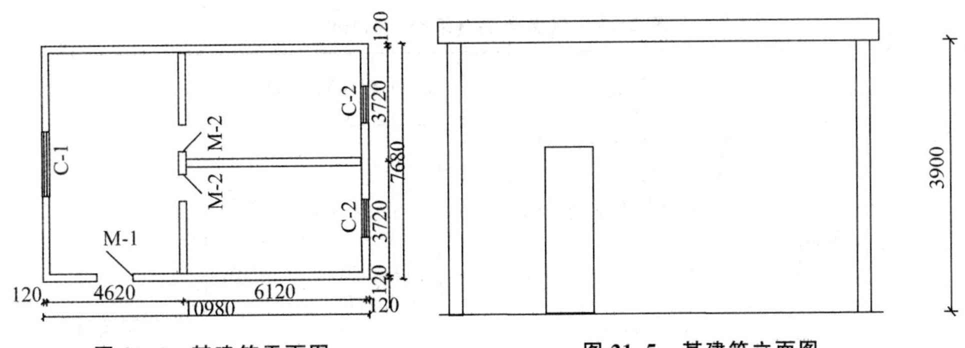

图 21.4　某建筑平面图

图 21.5　某建筑立面图

解

墙面工程量＝（10.98＋7.68）×2×3.90－（1.2×2.4＋2.1×1.8＋1.2×1.8×2）＝134.57（m^2）

门窗侧边工程量＝［1.2＋2.4×2＋（2.1＋1.8）×2＋（1.2＋1.8）×2×2＝25.8（m）

铺贴 EPS 保温板二布二涂　套定额 10-107

定额基价＝8 026.59（元/100m^2）

定额直接费＝8 026.59 元/100m^2×134.57÷100＝10 801.38（元）

窗洞口抹 30 mm 厚聚苯颗粒砂浆　套定额 10-114

定额基价＝1 183.389（元/100m）

定额直接费＝1 183.38 元/100m×25.8÷100＝305.31（元）

21.3　工程量清单计价规范

21.3.1　保温隔热

保温隔热工程量清单项目设置、项目特征描述、计量单位及工程量计算规则应按表 21.1 的规定执行。

表 21.1　保温隔热（编码：011001）

项目编码	项目名称	项目特征	计量单位	工程量计算规则	工作内容
011001001	保温隔热屋面	1. 保温隔热材料品种、规格、厚度 2. 隔气层材料品种、厚度 3. 黏结材料种类、做法 4. 防护材料种类、做法	m^2	按设计图示尺寸以面积计算，扣除面积＞0.3 m^2 孔洞所占面积	1. 基层清理 2. 刷黏结材料 3. 铺黏保温层 4. 铺、刷（喷）防护材料
011001002	保温隔热天棚	1. 保温隔热面层材料品种、规格、性能 2. 保温隔热材料品种、规格及厚度 3. 黏结材料种类及做法 4. 防护材料种类及做法		按设计图示尺寸以面积计算，扣除面积＞0.3 m^2 以上柱、垛、孔洞所占面积，与天棚相连的梁按展开面积计算，并入天棚工程量内	
011001003	保温隔热墙面	1. 保温隔热部位 2. 保温隔热方式 3. 踢脚线、勒脚线保温做法 4. 龙骨材料品种、规格 5. 保温隔热面层材料品种、规格、性能 6. 保温隔热材料品种、规格及厚度 7. 增强网及抗裂防水砂浆种类 8. 黏结材料种类及做法 9. 防护材料种类及做法		按设计图示尺寸以面积计算，扣除门窗洞口以及面积＞0.3 m^2 梁、孔洞所占面积；门窗洞口侧壁需作保温时，并入保温墙体工程量内	1. 基层清理 2. 刷界面剂 3. 安装龙骨 4. 填贴保温材料 5. 保温板安装 6. 粘贴面层 7. 铺设增强格网、抹抗裂、防水砂浆面层 8. 嵌缝 9. 铺、刷（喷）防护材料
011001005	保温隔热楼地面	1. 保温隔热部位 2. 保温隔热材料品种、规格、厚度 3. 隔气层材料品种、厚度 4. 黏结材料种类、做法 5. 防护材料种类、做法		按设计图示尺寸以面积计算，扣除面积＞0.3 m^2 柱、垛、孔洞所占面积	1. 基层清理 2. 刷粘结材料 3. 铺粘保温层 4. 铺、刷（喷）防护材料

注：①保温隔热装饰面层，按本规范相关项目编码列项；仅做找平层，按本规范中“平面砂浆找平层”或“立面砂浆找平层”项目编码列项。

②保温隔热方式指内保温、外保温、夹心保温。

【例 21.3】 试编制例 21.1 中屋面的保温隔热工程量清单。

解 保温层工程量＝（16－0.24）×（50－0.24）＝784.22（m^2）

具体见表 21.2。

表 21.2 保温隔热屋面工程量清单计算表

清单编码	工程名称	项目特征	计量单位	工程量	金额（元）		
					综合单价	合价	其中：暂估价
011001001001	保温隔热屋面	1. 保温隔热材料品种、规格、厚度：水泥珍珠岩保温层，最薄处 60 mm，屋面坡度 i＝1.5％	m^2	784.22			

21.3.2 防腐面层

防腐面层工程量清单项目设置、项目特征描述、计量单位及工程量计算规则应按表 21.3 的规定执行。

表 21.3 防腐面层（编码：011002）

项目编码	项目名称	项目特征	计量单位	工程量计算规则	工作内容
011002001	防腐混凝土面层	1. 防腐部位 2. 面层厚度 3. 混凝土种类 4. 胶泥种类、配合比	m^2	按设计图示尺寸以面积计算 1. 平面防腐：扣除凸出地面的构筑物、设备基础等以及面积＞0.3 m^2 孔洞、柱、垛所占面积 2. 立面防腐：扣除门、窗、洞口以及面积＞0.3 m^2 孔洞、梁所占面积，门、窗、洞口侧壁、凸出部分按展开面积并入墙面积内	1. 基层清理 2. 基层刷稀胶泥 3. 混凝土制作、运输、摊铺、养护

（续表）

<table>
<tr><th>项目编码</th><th>项目名称</th><th>项目特征</th><th>计量单位</th><th>工程量计算规则</th><th>工作内容</th></tr>
<tr><td>011002002</td><td>防腐砂浆面层</td><td>1. 防腐部位
2. 面层厚度
3. 砂浆、胶泥种类、配合比</td><td rowspan="3">m²</td><td rowspan="3">按设计图示尺寸以面积计算
1. 平面防腐：扣除凸出地面的构筑物、设备基础等以及面积＞0.3 m² 孔洞、柱、垛所占面积
2. 立面防腐：扣除门、窗、洞口以及面积＞0.3 m² 孔洞、梁所占面积，门、窗、洞口侧壁、凸突出部分按展开面积并入墙面积内</td><td>1. 基层清理
2. 基层刷稀胶泥
3. 砂浆制作、运输、摊铺、养护</td></tr>
<tr><td>011002005</td><td>聚氯乙烯板面层</td><td>1. 防腐部位
2. 面层材料品种、厚度
3. 黏结材料种类</td><td>1. 基层清理
2. 配料、涂胶
3. 聚氯乙烯板铺设</td></tr>
<tr><td>011002006</td><td>块料防腐面层</td><td>1. 防腐部位
2. 块料品种、规格
3. 黏结材料种类
4. 勾缝材料种类</td><td>1. 基层清理
2. 铺贴块料
3. 胶泥调制、勾缝</td></tr>
</table>

21.3.3 其他防腐

其他防腐工程量清单项目设置、项目特征描述、计量单位及工程量计算规则应按表 21.4 的规定执行。

表 21.4 其他防腐（编码：011003）

<table>
<tr><th>项目编码</th><th>项目名称</th><th>项目特征</th><th>计量单位</th><th>工程量计算规则</th><th>工作内容</th></tr>
<tr><td>011003001</td><td>隔离层</td><td>1. 隔离层部位
2. 隔离层材料品种
3. 隔离层做法
4. 粘贴材料种类</td><td>m²</td><td>按设计图示尺寸以面积计算
1. 平面防腐：扣除凸出地面的构筑物、设备基础等以及面积＞0.3 m² 孔洞、柱、垛所占面积
2. 立面防腐：扣除门、窗、洞口以及面积＞0.3 m² 孔洞、梁所占面积，门、窗、洞口侧壁、垛凸出部分按展开面积并入墙面积内</td><td>1. 基层清理、刷油
2. 煮沥青
3. 胶泥调制
4. 隔离层铺设</td></tr>
</table>

（续表）

项目编码	项目名称	项目特征	计量单位	工程量计算规则	工作内容
011003003	防腐涂料	1. 涂刷部位 2. 基层材料类型 3. 刮腻子的种类、遍数 4. 涂料品种、刷涂遍数	m^2	按设计图示尺寸以面积计算 1. 平面防腐：扣除凸出地面的构筑物、设备基础等以及面积＞0.3 m^2 孔洞、柱、垛所占面积 2. 立面防腐：扣除门、窗、洞口以及面积＞0.3 m^2 孔洞、梁所占面积，门、窗、洞口侧壁、垛突出部分按展开面积并入墙面积内	1. 基层清理 2. 刮腻子 3. 刷涂料

本章小结

通过本章的学习，要求掌握以下内容：

1. 了解保温、防腐及隔热的做法及相关知识；

2. 掌握保温、隔热、防腐等工程分项工程量的计算方法，其中保温层的计算是本章的重点内容之一，其内容包括混凝土板上保温、混凝土板上架空隔热、顶棚保温及立面保温；

3. 熟练掌握相应项目的定额套项；

4. 保温、隔热、防腐 工程工程量清单计价办法中各分项工程工程量的计算规则。

习题

一、选择题

1. 保温隔热的工程量，一般应按设计图示尺寸以（　　）计算。

　A. 面积（m^2）　　B. 厚度（mm）

　C. 长度（m）　　D. 体积（m^3）

2. 保温隔热工程工程量，按照设计图示尺寸以体积计算的是（　　）。

　A. 保温柱　　B. 保温隔热顶棚

C. 隔热楼地面　　　　　　　　　　D. 保温隔热墙

3. 根据《房屋建筑与装饰工程工程量计算规范》(GB 50854－2013) 下列关于保温隔热工程量计算规则叙述错误的是（　　）。

A. 保温隔热屋面按设计图示尺寸以面积计算。扣除面积＞0.3 m^2 孔洞所占面积

B. 保温隔热天棚按设计图示尺寸以面积计算，扣除面积＞0.3 m^2 柱、垛、孔洞所占面积，与天棚相连的梁面积并入天棚工程量内

C. 保温隔热墙面按设计图示尺寸以面积计算，扣除门窗洞口以及面积＞0.3 m^2 孔洞所占面积；门窗洞口侧壁不增加

D. 保温隔热楼地面按设计图示尺寸以面积计算，扣除面积＞0.3 m^2 柱、垛、孔洞所占面积，门洞、空圈、暖气包槽、壁龛的开口部分亦不增加面积

二、简答题

1. 如何计算屋面保温工程量和清单工程量?
2. 如何计算墙面保温工程量?
3. 如何计算天棚保温工程量?

第22章 措施项目

22.1 定额说明

本章定额包括脚手架工程，模板工程，垂直运输工程，建筑物超高增加费，大型机械备进出场及安拆，施工排水、降水六节。

建筑物檐高以设计室外地坪至檐口滴水高度（平屋顶是指屋面板底高度，斜屋面是指外墙外边线与斜屋面板底的交点）为准。凸出主体建筑屋顶的楼梯间、电梯间、水箱间、屋面天窗等不计入檐口高度之内。

同一建筑物结构相同有不同檐高时，按建筑物的不同檐高纵向分割，分别计算建筑面积，并按各自的檐高执行相应项目。同一建筑物有多种结构，按不同结构分别计算建筑面积，分别计算后的建筑物檐高均应以该建筑总檐高为准。

除专业专用工业厂房和构筑物外，一般工业与民用项目，均分别执行综合脚手架定额。工业锅炉房执行工业厂房综合脚手架，民用锅炉房执行民用综合脚手架，电厂主厂房执行单项脚手架。

工业厂房综合脚手架综合了厂房屋架、吊车梁安装用的挑架子。

22.1.1 脚手架工程

1. 一般说明

(1) 本章脚手架措施项目是指施工需要的脚手架搭、拆、运输及脚手架摊销的工料消耗。

(2) 本章脚手架措施项目材料均按钢管式脚手架编制。

(3) 各项脚手架消耗量中未包括脚手架基础加固。基础加固是指脚手架立杆下端或脚手架底座下皮以下的一切做法。

(4) 高度在3.6 m以外墙面装饰不能利用原砌筑脚手架时，可计算装饰脚手架。装饰脚手架执行双排脚手架定额乘以系数0.3。室内凡计算了满堂脚手架者，其内墙面装饰不再计算墙面装饰脚手架，只按每100 m^2 墙面垂直投影面积增加改架一般技工

1.28 工日。

2. 综合脚手架

（1）单层建筑综合脚手架适用于檐高 20 m 以内的单层建筑工程。

（2）凡单层建筑工程执行单层建筑综合脚手架项目，二层及二层以上的建筑工程执行多层建筑综合脚手架项目，地下室部分执行地下室综合脚手架项目。

（3）综合脚手架中包括外墙砌筑及外墙粉饰、3.6 m 以内的内墙砌筑及混凝土浇捣用脚手架以及内墙面和天棚粉饰脚手架。

（4）执行综合脚手架，有下列情况者，可另执行单项脚手架项目。

①高度（垫层上皮至基础顶面）在 1.2 m 以外的混凝土或钢筋混凝土基础，按满堂脚手架基本层定额乘以系数 0.3；高度超过 3.6 m，每增加 1 m 按满堂脚手架增加层定额乘以系数 0.3。

②砌筑高度在 3.6 m 以外的砖内墙，按单排脚手架定额乘以系数 0.3；砌筑高度在 3.6 m 以外的砌块内墙，按相应双排外脚手架定额乘以系数 0.3。

③高度在 1.2 m 以外的屋顶烟囱的脚手架，按设计图示烟囱外围周长另加 3.6 m 乘以烟囱出屋顶高度以面积计算，执行里脚手架项目。

④砌筑高度在 1.2 m 以外的，管沟墙及砖基础，按设计图示砌筑长度乘以高度以面积计算，执行里脚手架项目。

⑤墙面粉刷高度在 3.6m 以外的执行内墙面粉刷脚手架项目。

⑥按照建筑面积计算规范的有关规定未计入建筑面积，但施工过程中需搭设脚手架的施工部位。

（5）凡不适宜使用综合脚手架的项目，可按相应的单项脚手架项目执行。

3. 单项脚手架

（1）建筑物外墙脚手架，设计室外地坪至檐口的砌筑高度在 15 m 以内的按单排脚手架计算，砌筑高度在 15 m 以外或砌筑高度虽不足 15 m，但外墙门窗及装饰面积超过外墙表面积 60％时，执行双排脚手架项目。

（2）外脚手架消耗量中已综合斜道、上料平台、护卫栏杆等。

（3）建筑物内墙脚手架，设计室内地坪至板底（或山墙高度的 1/2 处）的砌筑高度在 3.6 m 以内的，执行里脚手架项目。

（4）围墙脚手架，室外地坪至围墙顶面的砌筑高度在 3.6 m 以内的，按里脚手架计算；砌筑高度在 3.6 m 以外的，执行单排外脚手架项目。

（5）石砌墙体，砌筑高度在 1.2 m 以外时，执行双排外脚手架项目。

（6）大型设备基础，凡距地坪高度在 1.2 m 以外的，执行双排外脚手架项目。

（7）挑脚手架适用于外檐挑檐等部位的局部装饰。

（8）悬空脚手架适用于有露明屋架的屋面板勾缝、油漆或喷浆等部位。

（9）整体提升架适用于高层建筑的外墙施工。

（10）独立住、现浇混凝土单（连续）梁执行双排外脚手架定额项目乘以系数 0.3。

（11）球形网架在地面拼装、安装用的脚手架，按实际搭设计算；在顶部拼装时，按满堂脚手架计算。

（12）构筑物脚手架按照单项脚手架计算。

（13）使用滑升模板施工的现浇钢筋混凝土工程，不另行计算脚手架及安全网。如建筑物装饰采用吊篮脚手架及装饰脚手架，按相关规定计算。

（14）施工时采用活动式脚手架的工程，可按照里脚手架项目执行。

4. 其他脚手架

（1）建筑物临街因安全防护要求，脚手架需用纤维纺织布做维护或封闭者，按临街立面防护定额执行。

（2）临街水平防护棚指脚手架以外单独搭设的用于车辆通道、人行通道、临街防护和施工与其他物体隔离等的防护。

（3）电梯井架每一电梯台数为一孔。

22.1.2　模板工程

（1）模板分组合钢模板、大钢模板、复合模板、木模板，定额未注明模板类型的，均按木模板考虑。

（2）模板按企业自有编制，组合钢模板包括装箱，且已包括回库维修耗量。

（3）复合模板适用于竹胶、木胶等品种的复合板。

（4）圆弧形、带形基础模板执行带形基础相应项目，人工、材料、机械乘以系数 1.15。

（5）地下室底板模板执行满堂基础，满堂基础模板已包括集水井模板杯壳。

（6）满堂基础下翻构件的砖胎模，砖胎膜中砌体执行本定额“砌筑工程”砖基础相应项目；抹灰执行本定额“楼地面装饰工程”和“墙柱面装饰工程”抹灰的相应项目。

（7）独立桩承台执行独立基础项目；带形桩承台执行带形基础项目；与满堂基础相连的桩承台，执行满堂基础项目。高杯基础杯口高度大于杯口大边长度 3 倍以上时，杯口高度部分执行柱项目，杯形基础执行柱项目。

（8）现浇混凝土柱（不含构造柱）、墙、梁（不含圈、过梁）、板是按高度（板面或地面、垫层面至上层板面的高度）3.6 m 综合考虑的。如遇斜板面结构，柱分别按各柱的中心高度为准；墙按分段墙的平均高度为准；框架梁按每跨两端的支座平均高度为准；板（含梁板合计的梁）按高点与低点的平均高度为准。异形柱、梁是指柱与梁的断面形状为 L 形、十字形、T 形、Z 形的柱、梁。

（9）柱模板如遇弧形和异形组合，执行圆柱项目。

（10）短肢剪力墙是指截面厚度≤300 mm，各肢截面高度与厚度之比的最大值＞4 但≤8 的剪力墙；各肢截面高度与厚度之比的最大值≤4 的剪力墙执行柱项目。

(11) 外墙设计采用一次摊销止水螺杆方式支模时，将对拉螺栓材料换为止水螺杆，其消耗量按对拉螺栓数量乘以系数 12，取消塑料套管消耗量，其余不变墙面模板未考虑定位支撑因素。柱、梁面对拉螺栓堵眼增加费，执行墙面螺栓堵眼增加费项目，柱面螺栓堵眼人工、机械乘以系数 0.3，梁面螺栓堵眼人工、机械乘以系数 0.35。

(12) 板或拱形结构按板顶平均高度确定支模高度，电梯井壁按建筑物自然层层高确定支模高度。

(13) 斜梁（板）按坡度>10°且≤30°综合考虑。斜梁（板）坡度在 10°以内的执行梁、板项目；坡度在 30°以上、45°以内的人工乘以系数 1.05；坡度在 45°以上、60°以内的人工乘以系数 1.10；坡度在 60°以上的人工乘以系数 1.20。

(14) 混凝土梁（板）应分别计算执行相应项目，混凝土板适用于截面厚度≤250 mm；板中暗梁并入板内计算；墙、梁为弧形且半径≤9 m 时，执行弧形墙、梁项目。

(15) 现浇空心板执行平板项目，内模安装另行计算。

(16) 薄壳板模板不分筒式、球形、双曲形等，均执行同一项目。

(17) 型钢组合混凝土构件模板，按构件相应项目执行。

(18) 屋面混凝土女儿墙高度>1.2 m 时执行墙项目，≤1.2 m 时执行相应栏板项目。

(19) 混凝土栏板高度（含压顶扶手及翻沿），净高按 1.2 m 以内考虑，超过 1.2 m 时，执行相应墙项目。

(20) 现浇混凝土阳台板、雨篷板按三面悬挑形式编制，如一面为弧形栏板且半径≤9 m，执行圆弧形阳台板、雨篷板项目；如非三面悬挑形式的阳台、雨篷则执行梁、板相应项目。

(21) 挑檐、天沟壁高度≤400 mm，执行挑檐项目；挑檐、天沟壁高度>400 mm，按全高执行栏板项目。单件体积 0.1 m^3 以内，执行小型构件项目。

(22) 预制板间补现浇板缝，执行平板项目。

(23) 现浇飘窗板、空调板，执行悬挑板项目。

(24) 楼梯是按建筑物一个自然层双跑楼梯考虑的，如单坡直行楼梯（即一个自然层无休息平台），按相应项目人工、材料、机械乘以系数 1.2；三跑楼梯（1 个自然层，两个休息平台），按相应项目人工、材料、机械乘以系数 0.9；四跑楼梯（一个自然层，三个休息平台），按相应项目人工、材料、机械乘以系数 0.75。剪刀楼梯执行单坡直行楼梯。

(25) 与主体结构不同时，浇捣的厨房、卫生间等处墙体下部现浇混凝土翻边的模板执行圈梁相应项目。

(26) 散水模板执行垫层相应项目。

(27) 凸出混凝土柱、梁、墙面的线条并入相应构件内计算，再按凸出的线条道数执行模板增加费项目；但单独窗台板、栏板扶手、墙上压顶的单阶挑檐不另计算模板增加费；其他单阶线条凸出宽度>200 mm 的执行挑檐项目。

(28) 外形尺寸在 1 m^3 以内的独立池槽执行小型构件项目，1 m^3 以上的独立池槽及与建筑物相连的梁、板、墙结构式水池，分别执行梁、板、墙相应项目。

（29）小型构件是指单件体积在 0.1 m^3 以内且本节未列项目的小型构件。

（30）当设计要求为清水混凝土模板时，执行相应模板项目，并做如下调整：复合模板材料换算为镜面胶合板，机械不变，其人工按表 22.1 增加工日。

表 22.1　清水混凝土模板人工增加工日

项目	柱			梁			墙		板
	矩形柱	圆形柱	异形柱	矩形梁	异形梁	弧形、拱形梁	直形墙、弧形墙、电梯井壁墙	短肢剪力墙	有梁板、无梁板、平板
工日	4	5.2	6.2	5	5.2	5.8	3	2.4	4

（31）预制构件地模的摊销，已包括在预制构件的模板中。

（32）高大空间有梁板模板是指支撑高度在 8 m 以上或搭设跨度在 18 m 以上的复合模板项目，执行本定额时不再执行相应增加层的定额。

（33）倒锥壳水塔塔身钢滑升模板项目，适用于一般水塔塔身滑升模板工程。

（34）烟囱钢滑升模板项目均已包括烟囱筒身、牛腿、烟道口，水塔钢滑升模板均已包括直筒、门窗洞口等模板用量。

22.1.3　垂直运输工程

（1）垂直运输工程工作内容包括单位工程在合理工期内完成全部工程项目所需要的垂直运输机械台班，不包括机械的场外往返运输、一次安拆及路基铺垫和轨道铺拆等的费用。若建筑与装饰工程单独计价，建筑工程按全部垂直运输费用的 80%计算，装饰工程按 20%计算。

（2）檐高 3.6 m 以内的单层建筑，不计算垂直运输机械台班。

（3）本定额层高按 3.6 m 考虑，超过 3.6 m 者，应另计层高超高垂直运输增加费，每超高 1 m，其超高部分按相应定额增加 10%，超高不足 1 m 按 1 m 计算。

22.1.4　建筑物超高增加费

建筑物超高增加人工、机械定额适用于建筑物檐口高度超过 20 m 的全部工程项目。若建筑与装饰工程单独计价，建筑工程按全部超高费用的 80%计算，装饰工程按 20%计算。

22.1.5　大型机械设备进出场及安拆

（1）大型机械设备进出场及安拆费是指机械整体或分体自停放场地运至施工现场或由一个施工地点运至另一个施工地点，所发生的机械进出场运输和转移费用以及机械在施工现场进行安装、拆卸所需的人工费、材料费、机械费、试运转费和安装所需的辅助设施的费用。

（2）塔式起重机轨道式基础。塔式起重机轨道铺拆以直线形为准，如铺设弧线形，定额乘以系数1.15。

（3）大型机械设备安拆费。

①机械安拆费是安装、拆卸的一次性费用。

②机械安拆费中包括机械安装完毕后的试运转费用。

③柴油打桩机的安拆费中，已包括轨道的安拆费用。

④自升式塔式起重机安拆费按塔高45 m确定，大于45 m且檐高≤200 m，塔高每增高10 m，按相应定额增加费用10%，尾数不足10 m按10 m计算。

（4）大型机械设备进出场费。

①进出场费中已包括往返一次的费用，其中回程费按单程运费的25%考虑。

②进出场费中已包括臂杆、铲斗及附件、道木、道轨的运费。

③机械运输路途中的台班费，不另计取。

（5）大型机械现场的行驶路线须修正铺垫时，其人工修整可按实际计算。同一施工现场各建筑物之间的运输，定额按100 m以内综合考虑，如转移距离超过100 m且在300 m以内的，按相应场外运输费用乘以系数0.3；在500m以内的，按相应场外运输费用乘以系数0.6。使用道木铺垫按15次摊销，使用碎石零星铺垫按一次摊销。

22.1.6　施工排水、降水

（1）轻型井点以50根为一套，使用时累计根数轻型井点少于25根，使用费用按相应定额乘以系数0.7。

（2）井管间距应根据地质条件和施工降水要求，按施工组织设计确定，施工组织设计未考虑时，可按轻型井点管距1.2 m确定。

（3）聚乙烯螺旋管成孔直径不同时，只调整相应的中粗砂含量，其余不变；聚乙烯螺旋管直径不同时，调整管材价格的同时，按管子周长的比例调整相应的尼龙过滤网和镀锌铁丝含量。

（4）排水井分为集水井和大口井两种。集水井定额项目按基坑内设置考虑，井深在4 m以内，按本定额计算。如井深超过4 m，定额按比例调整。大口井按井管直径分两种规格，抽水结束时回填大口井的人工和材料未包括在消耗量内，实际发生时另行计算。

22.2　工程量计算规则

22.2.1　脚手架工程

1. 综合脚手架

综合脚手架按设计图示尺寸以建筑面积计算，如图22.1所示。

图 22.1　综合脚手架

2. 单项脚手架

(1) 外脚手架、整体提升架按外墙外边线长度（含墙垛及附墙井道）乘以外墙高度以面积计算，如图 22.2 所示。

图 22.2　外脚手架

(2) 计算内、外墙脚手架时，均不扣除门、窗、洞口、空圈等所占面积。同一建筑物高度不同时，应按不同高度分别计算。

(3) 里脚手架按墙面垂直投影面积计算，如图 22.3 所示。

图 22.3　里脚手架

(4) 独立柱按设计图示尺寸，以结构外围周长另加 3.6 m 乘以高度以面积计算，如图 22.4 所示。

图 22.4　独立柱脚手架

(5) 现浇钢筋混凝土梁按梁顶面至地面（或楼面）间的高度乘以梁净长以面积计算。

(6) 满堂脚手架（图 22.5），按室内净面积计算，其高度在 3.6～5.2 m 时计算基本层，在 5.2 m 以，每增加 1.2 m 计算一个增加层，不足 0.6 m 按一个增加层乘以系数 0.5 计算。其计算公式为

满堂脚手架增加层＝（室内净高－5.2m）÷1.2

图 22.5　满堂脚手架

(7) 挑脚手架按搭设长度乘以层数以长度计算，如图 22.6 所示。

图 22.6　挑脚手架

（8）悬空脚手架按搭设水平投影面积计算。

（9）吊篮脚手架按外墙垂直投影面积计算，不扣除门窗洞口所占面积，如图 22.7 所示。

图 22.7　吊篮脚手架

（10）内墙面粉饰脚手架按内墙面垂直投影面积计算，不扣除门窗洞口所占面积，如图 22.8 所示。

图 22.8　内墙面粉饰脚手架

（11）挑出式安全网按挑出的水平投影面积计算，如图 22.9 所示。

图 22.9　挑出式安全网

3. 其他脚手架

(1) 电梯井架按单孔以“座”计算，如图 22.10 所示。

图 22.10 电梯井架

(2) 临街水平防护棚按水平投影面积计算，如图 22.11 所示。

图 22.11 临街水平防护棚

(3) 临街立面防护按临街面的实际防护立面投影面积计算，如图 22.12 所示。

图 22.12 临街立面防护

(4) 混凝土浇灌道架子，适用于基础（包括设备基础）及沟道工程，面积按实搭

水平投影面积计算。高度：设备基础按基础底至顶面高度计算，其他按基础底面至设计室外地坪的全深计算。如果全深或高度超过 5 m，其超出部分按 1.2 m 为一个增加层，余数 0.6 m 以内不计，超过 0.6 m 按一个增加层计算。为简化计算，以下浇灌道脚手架可分别按夯底面积乘以相应系数计算：混凝土独立或杯形基础乘以系数 1.12；混凝土沟道、设备基础、带形基础乘 0.76；满堂基础乘以系数 0.9；基础大开挖者，按大开挖的底面积乘以系数 0.70。

（5）简易混凝土浇灌道架子适用于泵送混凝土的泵管简易支架，按实际搭设水平投影面积计算。

（6）钢结构工程脚手架按单项脚手架执行，相应子目乘以系数 0.6。

【例 22.1】　某建筑物平面图、1—1 剖面图如图 22.13 所示，墙厚为 240 mm，室内外高差为 0.600 mm，钢管脚手架，试计算外脚手架和里脚手架工程量，并确定定额项目。

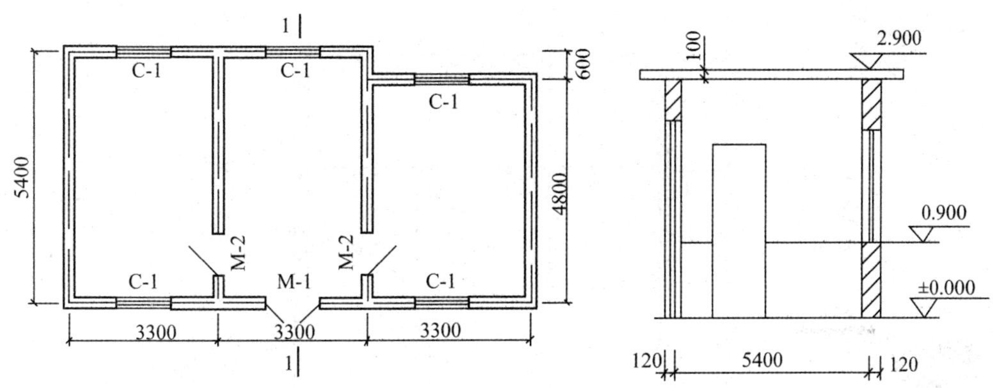

图 22.13　某建筑物平面图、1—1 剖面图

解　（1）计算外脚手架工程量。

$$S_{外}=(3.3\times3+0.24+5.4+0.24)\times(2.9+0.6)=55.23\ (m^2)$$

5 m 以内钢管单排外脚手架　套用定额 17-50

定额基价＝1 233.57 元/100m^2

分部分项工程费＝55.23/100×1 233.57＝681.30 元

（2）计算里脚手架工程量。

$$S_{里}=(5.4-0.24+4.8-0.24)\times(2.9-0.1)=27.22\ (m^2)$$

里脚手架　套用定额 17-59

定额基价＝570.01 元/100m^2

分部分项工程费＝27.22/100×570.01＝155.16（元）

【例 22.2】　某工程结构平面图和剖面图如图 22.14 所示，板顶标高为 6.300 m，现浇板底抹水泥砂浆，搭设满堂钢管脚手架，试计算满堂钢管脚手架工程量，并确定定额项目。

解（1）满堂脚手架工程量＝（9.9－0.24）×（2.7×3－0.24）＝75.93（m^2）

钢管满堂脚手架　套用定额 17-62

定额基价＝1 474.32 元/100m²

分部分项工程费＝75.93/100×1 474.32＝1 119.45（元）

（2）计算增加层＝（6.3－0.13－5.2）÷1.2＝0.81≈1

增加层　套用定额 17-63

定额基价＝271.13 元/100m²

分部分项工程费＝75.93/100×271.13＝205.87（元）

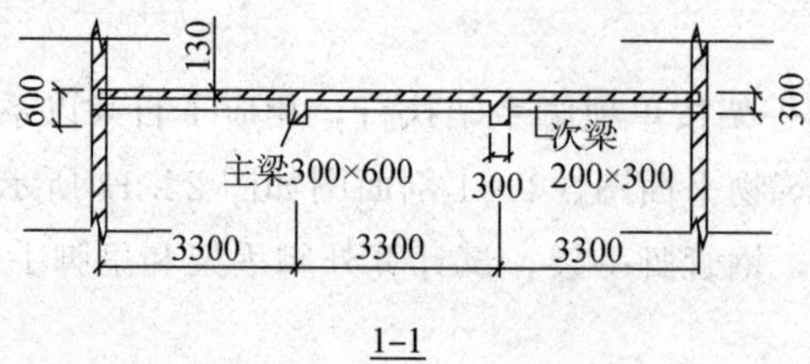

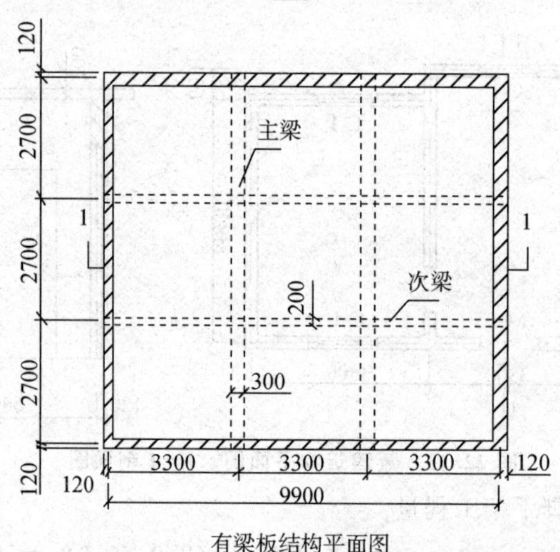

图 22.14　某工程结构平面图和剖面图

22.2.2　模板图

1. 现浇混凝土构件模板

现浇混凝土构件模板如图 22.15 至图 22.22 所示。

图 22.15　柱子模板及支架

图 22.16　现浇板的底模板及支架

图 22.17　框架梁的模板及支架

图 22.18　现浇板的模板及支架

图 22.19　有梁板的模板及支架

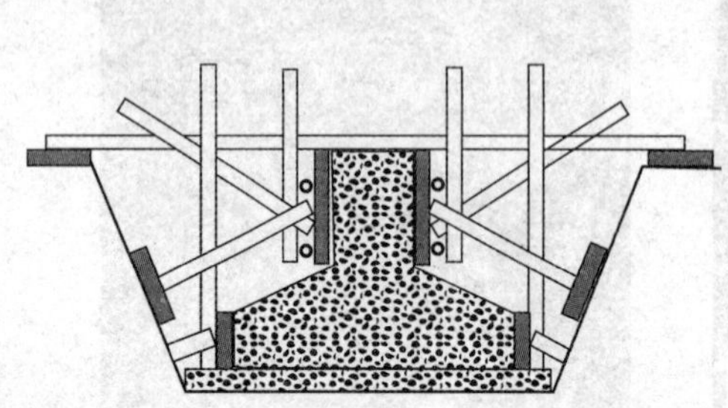

图 22.20　独立基础模板

图 22.21　构造柱模板

图 22.22　楼梯模板

(1) 除另有规定者外，现浇混凝土构件模板均按模板与混凝土的接触面积（扣除后浇带所占面积）计算。

(2) 基础。

①有肋式带形基础：肋高（指基础扩大顶面至梁顶面的高）≤1.2 m 时，合并计算；肋高>1.2 m 时，基础底板模板按无肋带形基础项目计算，扩大顶面以上部分模板按混凝土墙项目计算。

②独立基础：高度由混凝土垫层上表面计算到基础上表面。

③满堂基础：无梁式满堂基础有扩大或角锥形柱墩时，并入无梁式满堂基础内计算；有梁式满堂基础梁高（从梁面或梁底计算，梁高不含板厚）≤1.2 m 时，合并计算；＞1.2 m 时，底板按无梁式满堂基础模板项目计算，梁按混凝土有关规定计算。地下室底板按无梁式满堂基础模板项目计算。

④设备基础：块体设备基础按不同体积，计算模板工程量；框架设备基础应分别按基础、柱以及墙的相应项目计算；楼层面上的设备基础并入梁、板项目计算，如在同一设备基础中部分为块体、部分为框架，应分别计算。框架设备基础的柱模板高度应由底板或柱基上表面算至板的下表面；梁的长度按净长计算，梁的悬臂部分应并入梁内计算。

⑤设备基础地脚螺栓套孔按不同深度以数量计算。

(3) 构造柱均应按图示外露部分计算模板面积。带马牙槎构造柱的宽度按马牙槎处的宽度计算。

(4) 现浇混凝土墙、板上单孔面积在 0.3 m^2 以内的孔洞，不予扣除，洞侧壁模板亦不增加；单孔面积在 0.3 m^2 以外时，应予以扣除，洞侧壁模板面积并入墙、板模板工程量以内计算。对拉螺栓堵眼增加费按墙面、柱面、梁面模板接触面分别计算工程量。

(5) 现浇混凝土框架分别按柱、梁、板有关规定计算，附墙柱凸出墙面部分按柱工程量计算，暗梁、暗柱并入墙内工程量计算。

(6) 挑檐、天沟与板（包括屋面板、楼板）连接时，以外墙外边线为分界线；与梁（包括圈梁等）连接时，以梁外边线为分界线；外墙外边线以外或梁外边线以外为挑檐、天沟。

(7) 现浇混凝土悬挑板、雨篷、阳台按图示外挑部分尺寸的水平投影面积计算，挑出墙外的悬臂梁及板边模板不另计算。

(8) 现浇混凝土楼梯（包括休息平台、平台梁、斜梁和楼层板的连接梁）按水平投影面积计算，不扣除宽度小于 500 mm 楼梯井所占面积，楼梯的踏步、踏步板、平台梁等侧面模板不另行计算，伸入墙内部分亦不增加。当整体楼梯与现浇楼板无梯梁连接时，以楼梯最后一个踏步边缘加 300 mm 为界。

(9) 混凝土台阶不包括梯带，按图示台阶尺寸的水平投影面积计算，台阶端头两侧不另计算模板面积；架空式混凝土台阶按现浇楼梯计算；场馆看台按设计图示尺寸，以水平投影面积计算。

(10) 凸出的线条模板增加费，以凸出棱线的道数分别按长度计算，两条及多条线条相互之间净距小于 100 mm 的，每两条按一条计算。

(11) 后浇带按模板与后浇带的接触面积计算。

2. 预制混凝土构件模板

预制混凝土构件模板按模板与混凝土的接触面积计算，地模不计算接触面积。

3. 构筑物混凝土模板

(1) 液压滑升模板施工的烟囱、筒仓、倒锥壳水塔筒身均按混凝土尺寸以体积计算。

(2) 贮水（油）池、水塔、贮仓、圆筒形仓壁等，按图示尺寸混凝土与模板接触面面积以平方米计算。

(3) 倒锥壳水塔的水箱制作按混凝土尺寸以体积计算，水箱提升按不同容积以座计算。

(4) 钢筋混凝土地沟、检查井、化粪池等参照贮水（油）池相应项目执行。

22.2.3 垂直运输工程

(1) 建筑物垂直运输机械台班用量，区分不同建筑物结构及檐高按建筑面积计算。地下室面积与地上面积合并计算，独立地下室层高超过 3.6 m 可计算垂直运输费，垂直运输费按本章 20 m 以内“塔式起重机施工现浇框架”项目执行。

图 22.23 垂直运输

(2) 本章按泵送混凝土考虑，如采用非泵送混凝土，垂直运输费按以下方法增加：檐口高 20 m 以内，定额乘以系数 1.05；檐口高 20 m 以上且 100 m 以内，定额乘以系数 1.07；檐口高 100 m 以上且 200 m 以内，定额乘以系数 1.1；再乘以非泵送混凝土数量占全部混凝土数量的百分比。

(3) 钢结构工程垂直运输按其他结构相应的檐高乘以系数 0.4。

22.2.4 建筑物超高增加费

(1) 各项定额中包括的内容是建筑物檐口高度超过 20 m 的全部工程项目，但不包括垂直运输、各类构件的水平运输及各项脚手架。

(2) 建筑物超高增加费的人工、机械按建筑物超高部分的建筑面积计算。

【例 22.3】 某公共建筑工程为现浇框架结构（层高均为 3.3 m），主楼部分 20 层，檐口高度为 66.3 m，裙楼部分 8 层，檐口高度为 26.7 m，9 层及以上每层建筑面

积为 650 m^2，8 层及以下部分每层建筑面积为 1 000 m^2，试计算垂直运输机械工程量，建筑物超高增加费（6 层及 6 层以上考虑超高增加费），并确定定额项目。

解　(1) 垂直运输机械工程量。

①计算主楼部分工程量。

$S_{主}$=650×20=13 000（m^2）

檐高 70m 以内现浇框架结构　套用定额 17-299

定额基价=4 351.58 元/100m^2

分部分项工程费=13 000/100×4 351.58=565 705.40（元）

②计算裙楼部分工程量。

$S_{裙}$=（1 000−650）×8=2 800（m^2）

檐高 40 m 以内现浇框架结构　套用定额 17-298

定额基价=3 345.92（元/100m^2）

分部分项工程费=2 800/100×3 345.92=93 685.76（元）

③垂直运输费=565 705.40+93 685.76=659 391.16（元）

若建筑与装饰工程单独计价，建筑工程按全部垂直运输费用的 80%计算，装饰工程按 20%计算。其中：

建筑工程垂直运输费=659 391.16×80%=527 512.93（元）

装饰工程垂直运输费=659 391.16×20%=131 878.23（元）

(2) 超高增加费。

①计算主楼部分工程量。

$S_{主}$=650×（20−5）=9 750（m^2）

檐高 80 m 以内　套用定额 17-346

定额基价=8 822.51 元/100m^2

分部分项工程费=9 750/100×8 822.51=860 194.73（元）

②计算裙楼部分工程量。

$S_{裙}$=（1000−650）×（8−5）=1 050（m^2）

檐高 40m 以内　套用定额 17-344

定额基价=3 742.23（元/100m^2）

分部分项工程费=1 050/100×3 742.23=39 293.42（元）

③超高增加费=860 194.73+39 293.42=899 488.15（元）

若建筑与装饰工程单独计价，建筑工程按全部超高费用的 80%计算，装饰工程按 20%计算。其中：

建筑工程超高费=899 488.15×80%=719 590.52（元）

装饰工程超高费=899 488.15×20%=179 897.63（元）

22.2.5　大型机械设备进出场及安拆

大型机械设备安拆费及进出场费均按台次计算。

22.2.6 施工排水、降水

(1) 轻型井点、喷射井点排水的井管安装、拆除以“根”为单位计算，使用以“套·天”计算；真空深井、自流深井排水的安装、拆除以每口井计算，使用以每口“井·天”计算，如图 22.24 所示。

(2) 使用天数以每昼夜（24 h）为一天，应按施工组织设计要求的使用天数计算。

(3) 集水井按设计图示数量以“座”计算，大口井按累计井深以长度计算。

图 22.24 井点降水排水施工

22.3 工程量清单计价规范

本章工程量计算规范具体见表 22.2 至表 22.8。

表 22.2 脚手架工程（编号：011701）

项目编码	项目名称	项目特征	计量单位	工程量计算规则	工作内容
011701001	综合脚手架	1. 建筑结构形式 2. 檐口高度	m^2	按建筑面积计算	1. 场内、场外材料搬运 2. 搭、拆脚手架、斜道、上料平台 3. 安全网的铺设 4. 选择附墙点与主体连接 5. 测试电动装置、安全锁等 6. 拆除脚手架后材料的堆放

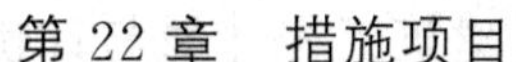

（续表）

项目编码	项目名称	项目特征	计量单位	工程量计算规则	工作内容
011701002	外脚手架	1. 搭设方式 2. 搭设高度 3. 脚手架材质	m^2	按所服务对象的垂直投影面积计算	1. 场内、场外材料搬运 2. 搭、拆脚手架、斜道、上料平台 3. 安全网的铺设 4. 拆除脚手架后材料的堆放
011701003	里脚手架				
011701004	悬空脚手架	1. 搭设方式 2. 悬挑宽度 3. 脚手架材质		按搭设的水平投影面积计算	
011701005	挑脚手架		m	按搭设长度乘以搭设层数以延长米计算	
011701006	满堂脚手架	1. 搭设方式 2. 搭设高度 3. 脚手架材质	m^2	按搭设的水平投影面积计算	
011701007	整体提升架	1. 搭设方式及启动装置 2. 搭设高度	m^2	按所服务对象的垂直投影面积计算	1. 场内、场外材料搬运 2. 搭、拆脚手架、斜道、上料平台 3. 安全网的铺设 4. 选择附墙点与主体连接 5. 测试电动装置、安全锁等 6. 拆除脚手架后材料的堆放
011701008	外装饰吊篮	1. 升降方式及启动装置 2. 搭设高度及吊篮型号	m^2	按所服务对象的垂直投影面积计算	1. 场内、场外材料搬运 2. 吊篮的安装 3. 测试电动装置、安全锁、平衡控制器等 4. 吊篮的拆卸

（续表）

项目编码	项目名称	项目特征	计量单位	工程量计算规则	工作内容
注：①使用综合脚手架时，不再使用外脚手架、里脚手架等单项脚手架；综合脚手架适用于能够按“建筑面积计算规则”计算建筑面积的建筑工程脚手架，不适用于房屋加层、构筑物及附属工程脚手架。 ②同一建筑物有不同檐高时，根据建筑物竖向切面分别按不同檐高编列清单项目。 ③整体提升架已包括 2 m 高的防护架体设施。 ④脚手架材质可以不描述，但应注明由投标人根据工程实际情况按照国家现行标准《建筑施工扣件式钢管脚手架安全技术规范》（JGJ 130－2011）、《建筑施工附着升降脚手架管理暂行规定》（建建〔2000〕230 号）等规范自行确定。					

表 22.3　混凝土模板及支架（撑）（编号：011702）

项目编码	项目名称	项目特征	计量单位	工程量计算规则	工作内容
011702001	基础	基础类型	m^2	按模板与现浇混凝土构件的接触面积计算 1. 现浇钢筋混凝土墙、板单孔面积≤0.3 m^2 的孔洞不予扣除，洞侧壁模板亦不增加；单孔面积＞0.3 m^2 时应予扣除，洞侧壁模板面积并入墙、板工程量内计算 2. 现浇框架分别按梁、板、柱有关规定计算；附墙柱、暗梁、暗柱并入墙内工程量内计算 3. 柱、梁、墙、板相互连接的重叠部分，均不计算模板面积 4. 构造柱按照图示外露部分计算模板面积	1. 模板制作 2. 模板安装、拆除、整理堆放及场内外运输 3. 清理模板黏结物及模内杂物，刷隔离剂等
011702002	矩形柱				
011702003	构造柱				
011702004	异形柱	柱截面形状			
011702005	基础梁	梁截面形状			
011702006	矩形梁	支撑高度			
011702007	异形梁	1. 梁截面形状 2. 支撑高度			
011702008	圈梁				
011702009	过梁				
011702010	弧形、拱形梁	1. 梁截面形状 2. 支撑高度			

（续表）

项目编码	项目名称	项目特征	计量单位	工程量计算规则	工作内容
011702011	直形墙		m^2	按模板与现浇混凝土构件的接触面积计算 1. 现浇钢筋混凝土墙、板单孔面积≤0.3 m^2 的孔洞不予扣除，洞侧壁模板亦不增加；单孔面积＞0.3 m^2 时应予扣除，洞侧壁模板面积并入墙、板工程量内计算 2. 现浇框架分别按梁、板、柱有关规定计算；附墙柱、暗梁、暗柱并入墙内工程量内计算 3. 柱、梁、墙、板相互连接的重叠部分，均不计算模板面积 4. 构造柱按照图示外露部分计算模板面积	1. 模板制作 2. 模板安装、拆除、整理堆放及场内外运输 3. 清理模板黏结物及模内杂物、刷隔离剂等
011702012	弧形墙				
011702013	短肢剪力墙、电梯井壁				
011702014	有梁板				
011702015	无梁板	支撑高度			
011702016	平板	支撑高度			
011702017	拱板				
011702018	薄壳板				
011702019	空心板				
011702020	其他板				
011702021	栏板				
011702022	天沟、檐沟	构件类型	m^2	按模板与现浇混凝土构件的接触面积计算	
011702023	雨篷、悬挑板、阳台板	1. 构件类型 2. 板厚度	m^2	按图示外挑部分尺寸的水平投影面积计算，挑出墙外的悬臂梁及板边不另计算	1. 模板制作 2. 模板安装、拆除、整理堆放及场内外运输 3. 清理模板黏结物及模内杂物，刷隔离剂等
011702024	楼梯	类型	m^2	按楼梯（包括休息平台、平台梁、斜梁和楼层板的连接梁）的水平投影面积计算，不扣除宽度≤500 mm 的楼梯井所占面积，楼梯踏步、踏步板、平台梁等侧面模板不另计算，伸入墙内部分亦不增加	
011702025	其他现浇构件	构件类型	m^2	按模板与现浇混凝土构件的接触面积计算	
011702026	电缆沟、地沟	1. 沟类型 2. 沟截面		按模板与电缆沟、地沟的接触面积计算	

（续表）

项目编码	项目名称	项目特征	计量单位	工程量计算规则	工作内容
011702027	台阶	台阶踏步宽	m^2	按图示台阶水平投影面积计算，台阶端头两侧不另计算模板面积，架空式混凝土台阶按现浇楼梯计算	1. 模板制作 2. 模板安装、拆除、整理堆放及场内外运输 3. 清理模板黏结物及模内杂物，刷隔离剂等
011702028	扶手	扶手断面尺寸，		按模板与扶手的接触面积计算	
011702029	散水			按模板与散水的接触面积计算	
011702030	后浇带	后浇带部位		按模板与后浇带的接触面积计算	
011702031	化粪池	1. 化粪池部位 2. 化粪池规格	m^2	按模板与混凝土的接触面积计算	
011702032	检查井	1. 检查井部位 2. 检查井规格			

注：①原槽浇灌的混凝土基础，不计算模板。

②混凝土模板与支撑（架）项目，只适用于以平方米计量，按模板与混凝土的接触面积计算。以立方米计量的模板及支撑（架）项目，按照混凝土及钢筋混凝土实体项目执行，其综合单价应包含模板及支撑（架）项目。

③采用清水模板时，应在项目特征中注明。

④若现浇混凝土梁、板支撑高度超过 3.6 m，项目特征应描述支撑高度。

表 22.4　垂直运输（编号：011703）

项目编码	项目名称	项目特征	计量单位	工程量计算规则	工作内容
011703001	垂直运输	1. 建筑物建筑类型及结构形式 2. 地下室建筑面积 3. 建筑物檐口高度、层数	1. m^2 2. 天	1. 按照建筑面积计算 2. 按施工工期日历天数计算	1. 垂直运输机械的固定装置、基础制作、安装 2. 行走式垂直运输机械轨道的铺设、拆除、摊销

注：①建筑物的檐口高度是指设计室外地坪至檐口滴水的高度（平层顶是指屋面板底高度），凸出主体建筑物屋顶的电梯机房、楼梯出口间、水箱间、瞭望塔、排烟机房等不计入檐口高度。

②垂直运输指施工工程在合同工期内所需垂直运输机械。

③同一建筑物有不同檐高时，按建筑物的不同檐高做纵向分割，分别计算建筑面积，以不同檐高分别编码列项。

表 22.5　超高施工增加（编号：011704）

项目编码	项目名称	项目特征	计量单位	工程量计算规则	工作内容
011704001	超高施工增加	1. 建筑物建筑类型及结构形式 2. 建筑物檐口高度、层数 3. 单层建筑物檐口高度超过 20 m，多层建筑物超过 6 层部分的建筑面积	m^2	按照建筑物超高部分的建筑面积计算	1. 建筑物超高引起的人工工效降低及由于人工工效降低引起的机械降低 2. 高层施工用水加压水泵的安装、拆除及工作台班 3. 通信联络设备的使用及摊销
注：①单层建筑物檐口高度超过 20 m，多层建筑物超过 6 层时，可按超高部分的建筑面积计算超高施工增加。计算层数时，地下室不计算层数。 ②同一建筑物有不同檐高时，按建筑物的不同檐高的建筑面积分别计算建筑面积，以不同檐高分别编码列项。					

表 22.6　大型机械设备进出场及安拆（编号：011705）

项目编码	项目名称	项目特征	计量单位	工程量计算规则	工作内容
011705001	大型机械设备进出场及安拆	1. 机械设备名称 2. 机械设备规格型号	台次	按使用机械设备的数量计算	1. 安拆费包括施工机械在现场进行安装、拆卸所需的人工、材料、机械和试运转费以及机械辅助设施的折旧、搭设、拆除等费用 2. 进出场费包括施工机械、设备整体或分体自停放地点运至施工现场或由一个施工地点运至另一个施工地点，所发生的运输、装卸、辅助材料等费用

表 22.7 施工排水、降水（编号：011706）

项目编码	项目名称	项目特征	计量单位	工程量计算规则	工作内容
011706001	成井	1. 成井方式 2. 地层情况 3. 成井直径 4. 井（滤）管类型、直径	m	按设计图示尺寸以钻孔深度计算	1. 准备钻孔机械、埋设护筒、钻机就位、泥浆制作、固壁、成孔、出渣、清孔等 2. 对接上、下井管（滤管）焊接、安放、下滤料，洗井、连接试抽等
011706002	排水、降水	1. 机械规格型号 2. 降排水管规格	昼夜	按排、降水日历天数计算	1. 管道安装、拆除，厂内搬运等 2. 抽水、值班、降水设备维修等
注：相应专项设计不具备时，可按暂估量计算。					

表 22.8 安全文明施工及其他措施项目（编号：011707）

项目编码	项目名称	工作内容及包含范围
011707001	安全文明施工	1. 环境保护：现场施工机械设备降低噪声、防扰民措施；水泥和其他易飞扬细颗粒建筑材料密闭存放或采取覆盖措施等；工程防扬尘洒水；土石方、建渣外运车辆防护措施等；现场污染源的控制、生活垃圾清理外运、场地排水排污措施；其他环境保护措施 2. 文明施工："五牌一图"；现场围挡的墙面美化（包括内外粉刷、刷白、标语等）、压顶装饰；现场厕所便槽刷白、贴面砖，水泥砂浆地面或地砖，建筑物内临时便溺设施；其他施工现场临时设施的装饰装修、美化措施；现场生活卫生设施；符合卫生要求的饮水设备、淋浴、消毒等设施；生活用洁净燃料；防煤气中毒、防蚊虫叮咬等措施；施工现场操作场地的硬化；现场绿化、治安综合治理；现场配备医药保健器材、物品和急救人员培训；现场工人的防暑降温费，电风扇、空调等设备及用电；其他文明施工措施 3. 安全施工：安全资料、特殊作业专项方案的编制，安全施工标志的购置及安全宣传；"三宝"（安全帽、安全带、安全网），"四口"（楼梯口、电梯井口、通道口、预留洞口），"五临边"（阳台围边、楼板围边、屋面围边、槽坑围边、卸料平台两侧），水平防护架、垂直防护架、外架封闭等防护；施工安全用电，包括配电箱三级配电、两级保护装置要求、外电防护措施；起重机、塔吊等起重设备（含井架、门架）及外用电梯的安全防护措施（含警示标志）费用及卸料平台的临边防护、层间安全门、防护棚等设施；建筑工地起重机械的检验检测；施工机具防护棚及其围栏的安全保护设施；施工安全防护通道；工人的安全防护用品、用具购置；消防设施与消防器材的配置；电气保护、安全照明设施；其他安全防护措施 4. 临时设施：施工现场采用彩色、定型钢板，砖、混凝土砌块等围挡的安砌、维修、拆除；施工现场临时建筑物、构筑物的搭设、维修、拆除，如临时宿舍、办公室、食堂、厨房、厕所、诊疗所、临时文化福利用房、临时仓库、加工场、搅拌台、临时简易水塔、水池等；施工现场临时设施的搭设、维修、拆除，如临时供水管道、临时供电管线、小型临时设施等；施工现场规定范围内临时简易道路铺设，临时排水沟、排水设施安砌、维修、拆除；其他临时设施的搭设、维修、拆除

（续表）

项目编码	项目名称	工作内容及包含范围
011707002	夜间施工	1. 夜间固定照明灯具和临时可移动照明灯具的设置、拆除 2. 夜间施工时，施工现场交通标志、安全标牌、警示灯等的设置、移动、拆除 3. 包括夜间照明设备及照明用电、施工人员夜班补助、夜间施工劳动效率降低等
011707003	非夜间施工照明	为保证工程施工正常进行，在地下室等特殊施工部位施工时所采用的照明设备的安拆、维护及照明用电等
011707004	二次搬运	由于施工场地条件限制而发生的材料、成品、半成品等一次运输不能到达堆放地点，必须进行的二次或多次搬运
011707005	冬雨季施工	1. 冬雨（风）季施工时增加的临时设施（防寒保温、防雨、防风设施）的搭设、拆除 2. 冬雨（风）季施工时，对砌体、混凝土等采用的特殊加温、保温和养护措施 3. 冬雨（风）季施工时，施工现场的防滑处理，对影响施工的雨雪的清除 4. 包括冬雨（风）季施工时增加的临时设施的摊销、施工人员的劳动保护用品、冬雨（风）季施工劳动效率降低等费用
011707006	地上地下设施建筑物的临时保护设施	在工程施工过程中，对已建成的地上、地下设施和建筑物进行的遮盖、封闭、隔离等必要保护措施
011707007	已完工程及设备保护	对已完工程及设备采取的覆盖、包裹、封闭、隔离等必要保护措施
注：本表所列项目应根据工程实际情况计算措施项目费用，需分摊的应合理计算摊销费用。		

本章小结

本章主要包括脚手架工程，模板工程，垂直运输，建筑物超高增加费，大型机械备进出场及安拆，施工排水、降水。掌握措施项目的计算规则，区分综合脚手架和其他的单项脚手架的适用范围，模板区分不同的构件分别计算。措施项目不是每个工程都有，根据具体的施工方案，确定具体的措施项目。

习题

一、判断题

1. 单价措施项目费属于分部分项工程费。 ( )
2. 措施费属于其他项目费。 ( )
3. 分部分项工程费与单价措施费的计算方法一样。 ( )
4. 模板按照面积计算。 ( )
5. 檐口高度在 3.6 m 以内的建筑物不计算垂直运输。 ( )

二、选择题

1. 以下不属于措施费的是（ ）。
   A. 安全文明施工费　B. 模板及支撑费
   C. 施工排水费　D. 工程排污费
2. 以下在投标报价中按照费率计算的是（ ）。
   A. 分部分项工程费　B. 单价措施费
   C. 材料暂估价　D. 规费
3. 单价措施费计算时包括（ ）。
   A. 安全文明施工费　B. 临时设施费
   C. 模板、脚手架　D. 已完工程及未完工程保护费
4. 内蒙古相关定额计算中，装饰工程垂直运输工程量按照（ ）计算。
   A. 建筑面积　B. 工日消耗
   C. 外墙垂直投影面积　D. 首层外墙水平投影面积
5. 混凝土工程、钢筋工程计入分部分项工程费，模板计入（ ）。
   A. 分部分项工程费　B. 其他项目费
   C. 措施项目费　D. 规费
6. 大型机械安装、拆卸按实际安拆次数以（ ）计算。
   A. 台数　B. 台次　C. 次数　D. 建筑面积

三、简答题

1. 简述脚手架的分类及适用条件。
2. 至少列出 5 项总价措施项目名称。
3. 详细说明装饰装修的垂直运输、超高增加及二次搬运及完工清理费如何计算。
4. 措施项目费在计算中包括哪两种？每一种具体包括哪些措施项目？

第 23 章　工程量清单计价应用举例

23.1　综合单价

清单综合单价是指完成单位合格产品所需要的综合费用，包括人工费、材料费、机具费、管理费和利润及风险。

综合单价的两种含义：一种是完成项目特征中所有综合内容，如挖土方包括挖土的工作、支护的工作、外运的工作及钎探的工作；另一种是综合费用。

清单综合单价＝完成清单项目所需方案的总费用/清单量

其中：

方案的总费用＝∑（完成清单需要的方案量×相应的方案单价）

例如，挖基础土方综合单价＝（人工挖土方方案量×相应单价＋机械挖土方方案量×相应单价＋支护方案量×相应单价＋外运土方方案量×相应单价＋钎探方案量×相应单价）/清单工程量。

【例 23.1】　（单一施工方案）某建筑物平整场地清单量为 150 m^2，二类土、挖填平衡。施工方案工程量为 165 m^2，全部采用机械平整。

已知承担场地平整的施工单位相关的定额及资源情况如下：机械平整 1 000 m^2 时，需要人工 2 个工日，60 元/工日，机械 0.44 台班，950 元/台班。

该工程管理费取人、材、机之和的 10%，利润取人、材、机、管理费之和的 3%，不考虑风险。试计算平整场地的综合单价。

解

机械平整场地 1 m^2 的综合单价＝（2×60＋0.44×950）×（1＋10%）×（1＋3%）÷1 000＝0.61（元）

方案总费用＝∑（方案量×方案单价）＝机械平整量×相应的综合单价＝165×0.61＝100.65（元）

清单综合单价＝方案总费用/清单量＝100.65÷150＝0.67（元/m^2）

【例 23.2】　（多种施工方案）某建筑物平整场地清单量为 150 m^2，二类土，挖填平衡。施工方案工程量为 165 m^2，其中 120 m^2 为机械平整，其他采用人工平整。

已知承担场地平整的施工单位相关的定额及资源情况如下：机械平整 1 000 m^2 时，需要人工 2 个工日，60 元/工日，机械 0.44 台班；950 元/台班。人工平整 100 m^2 时，需要人工 8 个工日，60 元/工日。

该工程管理费取人、材、机之和的 10%，利润取人、材、机、管理费之和的 3%，不考虑风险。试计算平整场地的综合单价，填写综合单价分析表（见表 23.1）和工程量清单与计价表（见表 23.2）。

分析：方案总费用＝Σ（方案量×方案单价）＝机械平整量×相应的综合单价＋人工平整量×相应的综合单价

解 机械平整场地 1 m^2 的综合单价＝（2×60＋0.44×950）×（1＋10%）×（1＋3%）/1 000＝0.61（元）

人工平整场地 1 m^2 的综合单价＝8×60×（1＋10%）×（1＋3%）/100＝5.44（元）

方案总费用＝120×0.61＋（165－120）×5.44＝318（元）

清单综合单价＝方案总费用/清单量＝318/150＝2.12（元/m^2）

表 23.1 综合单价分析表

项目编码	010101001001			项目名称	平整场地	计量单位	m^2		工程量	150
清单综合单价组成明细										
定额编号	定额名称	定额单位	数量	单价				合价		
				人工费	材料费	机械费	管理费和利润	人工费	材料费	机械费	管理费和利润
1-1	人工平整场地	100m^2	0.003	480	—	—	63.84	1.44	—	—	0.19
1-2	机械平整场地	100m^2	0.0008	120	—	418	71.55	0.1	—	0.33	0.06
人工单价		小计						1.54	—	0.33	0.25
60 元/工日		未计价材料费						—			
清单项目综合单价								2.12			

（续表）

项目编码	010101001001	项目名称	平整场地	计量单位	m^2	工程量	150
材料费明细	主要材料名称、规格、型号	单位	数量	单价（元）	合价（元）	暂估单价（元）	暂估合价（元）
	其他材料费			—		—	
	材料费小计			—		—	

表 23.2　分部分项工程和措施项目清单与计价表

序号	项目编码	项目名称	项目特征	计量单位	工程量	金额（元）		
						综合单价	合价	其中：暂估价
1	010101001001	平整场地	1. 土壤类别：二类土 2. 人工、机械平整	m^2	150	2.12	318	

【例 23.3】　某土方队（乙方）于 2014 年 4 月 20 日与某厂（甲方）签订了挖基础土方的施工合同，甲方提供的土方工程量清单为 4 500 m^3，清单的工作内容包括挖土、运土、验槽。乙方经估算，拟租赁一台挖掘机挖土，租赁费 800 元/台班，采用自卸汽车运土（自有机械，工作 600 元/台班，折旧 200 元/台班）、钎探法验槽，经估算基坑放坡后的挖土方量为 4 560 m^3，其方案综合单价为 20 元/m^3，土方全部运至距离 15 km 处，运土的综合单价为 5 元/m^3，现场需要钎探的面积为 1 500 m^2，钎探的综合单价为 3 元/m^2，规费按照人、材、机、管、利润之和的 7%计，税率按照 11%计。

乙方依据以上的施工方案填写了土方的综合单价，获得了甲方的同意，双方签订了施工合同。

问题：乙方清单综合单价的报价是多少？

解

清单综合单价＝（4 560×20＋4 560×5＋1 500×3）÷4 500＝26.33（元/m^3）

【例 24.4】　装饰工程的方案量与清单量计量单位不一致。已知某办公室的水泥砂浆的地面装饰清单量为 9.27 m^2，其装修构造做法：20 mm 厚的 1∶2.5 水泥砂浆抹面压光；40 mm 厚的 C15 细石混凝土随打随抹；3 mm 厚的聚氨酯防水涂膜两道；120 mm 厚 C20 混凝土垫层素土夯实。

假定该企业的管理费的费率为 12%（以工、料、机为基数计算），利润率和风险系数为4.5%（以工、料、机和管理费为基数计算）。试计算该水泥砂浆地面的清单综合单价和分部分项清单计价表。其中各项涉及的企业定额消耗量见表23.3至表23.6。

表23.3 水泥砂浆面层（20 mm厚）企业定额消耗量 单位：$100m^2$

项目	人工	材料					机械
	综合用工	水泥砂浆	水泥	水	阻燃防火保温草袋片	材料采购保管费	—
单位	工日	m^3	Kg	m^3	m^2	元	—
数量	9.59	2.02	150.20	3.86	22	23.94	—
市场资源价格（元）	77	480.66	0.42	7.85	3.44		

表23.4 C15细石混凝土（40 mm厚）企业定额消耗量 单位：$100m^2$

项目	人工	材料		机械
	综合用工	C15细石混凝土	材料采购保管费	小型机具
单位	工日	m^3	元	元
数量	13.43	4.04	41.64	2.54
市场资源价格（元）	77	380		

表23.5 聚氨酯防水涂膜（3 mm厚、两道）企业定额消耗量 单位：$100m^2$

项目	人工	材料			机械
	综合用工	聚氨酯防水涂膜	固化剂	材料采购保管费	—
单位	工日	kg	kg	元	—
数量	32.24	102.4	7.65	70.52	—
市场资源价格（元）	77	17	52		

表23.6 C20混凝土垫层（120 mm厚）企业定额消耗量 单位：$10m^3$

项目	人工	材料		机械
	综合用工	C20细石混凝土	材料采购保管费	电动夯实机械
单位	工日	m^3	元	台班
数量	10.13	10.10	84.97	0.25
市场资源价格（元）	77	400		26.02

解　水泥砂浆面层（20 mm 厚）综合单价＝［9.59×77＋（2.02×480.66＋150.2×0.42＋3.86×7.85＋22×3.44＋23.94）］×（1＋12%）×（1＋4.5%）÷100＝22.27（元/m²）

C15 细石混凝土（40 mm 厚）综合单价＝［13.43×77＋（4.04×380＋41.64）＋2.54］×（1＋12%）×（1＋4.5%）÷100＝30.59（元/m²）

防水层综合单价＝［32.24×77＋（102.4×17＋7.65×52＋70.52）］×（1＋12%）×（1＋4.5%）÷100＝54.91（元/m²）

混凝土垫层综合单价＝［10.13×77＋（10.10×400＋84.97）＋0.25×26.02］×（1＋12%）×（1＋4.5%）÷10＝574.84（元/m³）

以上四部分的综合单价＝22.27×9.27＋30.59×9.27＋54.91×9.27＋574.84×9.27×0.12＝1638.48（元）

水泥砂浆地面的综合单价＝1638.48÷9.27＝176.26（元/m²）

23.2　措施费

【例 23.5】　总价措施项目费的计算。已知安全文明施工费、夜间施工增加费、二次搬运费、冬雨季施工增加费、已完工程及设备保护费等以分部分项工程中的人工费为计算基数，费率分别为 25%，3%，2%，1%，1.2%，总价措施费中的人工费含量为 20%。

该工程的分部分项工程费中的人工费为 403 200 元，单价措施费中的人工费为 60 000 元，试编制总价措施项目清单与计价表。

该省发布的根据工程规模等指标确定的该工程的管理费率和利润率分别为定额人工费的 30%和 20%。

解　安全文明施工费＝403 200×25%＋403 200×25%×20%×（30%＋20%）
＝110 880.00（元）

夜间施工增加费＝403 200×3%＋403 200×3%×20%×（30%＋20%）
＝13 305.60（元）

（3）二次搬运费＝403 200×2%＋403 200×2%×20%×（30%＋20%）
＝8 870.40（元）

（4）冬雨季施工增加费＝403 200×1%＋403 200×1%×20%×（30%＋20%）
＝4 435.20（元）

已完工程及设备保护费＝403 200×1.2%＋403 200×1.2%×20%×（30%＋20%）
＝5 322.24

将以上计算结果填入总价措施项目清单与计价表中，见表 23.7。

表 23.7 总价措施项目清单与计价表

序号	项目编码	项目名称	计算基数	费率（%）	金额（元）
1	011707001001	安全文明施工费	403200.00	25	110880.00
2	011707002001	夜间施工增加费	403200.00	3	13305.60
3	011707004001	二次搬运费	403200.00	2	8870.40
4	011707005001	冬雨季施工增加费	403200.00	1	4435.20
5	011707007001	已完工程及设备保护费	403200.00	1.2	5322.24
		合计			142813.44

23.3 其他项目费

【例 23.6】 其他项目费的计算。已知其工程的暂列金额 300 000 元，发包人供应的材料价值 320 000 元（总承包服务费按 1%计取），专业工程暂估价 200 000 元（总承包服务费按 5%计取）。

计日工中暂估的普工 10 个，综合单价为 110 元/工日，水泥 2.6 t，综合单价为 410 元/t；中砂 10 m^3，综合单价为 120 元/m^3，灰浆搅拌机（400 L）2 个台班，综合单价为 30.50 元/台班，试编制其他项目清单与计价表。

解 (1) 总承包服务费：

200 000×5%=10 000.00（元）

320 000×1%=3 200.00（元）

(2) 计日工=10×110+2.6×410+10×120+2×30.50=3 427.00（元）

其他项目清单与计价表铜陵表 23.8。

表 23.8 其他项目清单与计价汇总表

序号	项目名称	计量单位	金额（元）
1	暂列金额	项	300000.00
2	材料暂估价	项	—
3	专业工程暂估价	项	200000.00
4	计日工	项	3427.00
5	总承包服务费	项	13200.00
	合计		516627.00

23.4　招标控制价举例

工程造价文件按照工程进展的过程，可以形成投资估算、设计概算、施工图预算、招标控制价或标底、投标报价、竣工结算等。本案例以具有代表性的招标控制价为例，列举了××中学教学楼工程的招标控制价的计价文件，用到的具体计价表格有招标控制价封面、招标控制价扉页、总说明、建设项目招标控制价汇总表、单项工程招标控制价汇总表、单位工程招标控制价汇总表、分部分项工程和单价措施项目清单与计价表、总价措施项目清单与计价表、其他项目清单与计价汇总表、暂列金额明细表、材料（工程设备）暂估单价及调整表、专业工程暂估价及结算价表、计日工表、总承包服务费计价表、规费税金项目计价表、综合单价分析表等。

1. 招标控制价封面

（1）招标人自行编制招标控制价封面。

××中学教学楼工程

招标控制价

招标人：××中学

（单位盖章）

××年××月××日

（2）招标人委托造价咨询人编制招标控制价封面。

××中学教学楼工程

招标控制价

招　标　人：××中学

（单位盖章）

造价咨询人：××工程造价咨询企业

（单位盖章）

××年××月××日

2. 招标控制价扉页

（1）招标人自行编制招标控制价扉页。

××中学教学楼工程

招标控制价

招标控制价(小写)：8413949元

(大写)：捌佰肆拾壹万叁仟玖佰肆拾玖元

招标人：××中学

(单位盖章)

法定代表人

或其授权人：×××

(签字或盖章)

编制人：××× 复核人：×××

(造价人员签字，盖专用章) (造价工程师签字，盖专用章)

编制时间：××年××月××日 复核时间：××年××月××日

(2) 招标人委托造价咨询人编制招标控制价扉页。

××中学教学楼工程

招标控制价

招标控制价(小写)：8413949元

(大写)：捌佰肆拾壹万叁仟玖佰肆拾玖元

招标人：××中学 造价咨询人：××工程造价咨询企业

(单位盖章) (单位资质专用章)

法定代表人 ××中学 法定代表人 ××工程造价咨询企业

或其授权人：法定代表人 或其授权人：×××

(签字或盖章) (签字或盖章)

××签字

造价工程师 ××签字

编制人：或盖造价员专用章 复核人：盖造价工程师专用章

(造价人员签字，盖专用章) (造价工程师签字，盖专用章)

编制时间：××年××月××日 复核时间：××年××月××日

3. 总说明

招标控制价总说明应包括：

(1) 采用的计价依据；

(2) 采用的施工组织设计；

(3) 采用的材料价格来源；

(4) 综合单价中风险因素、风险范围(幅度)；

(5) 其他。

总　说　明

工程名称：××中学教学楼工程　　　　　　　　第 1 页 共 1 页

1. 工程概况：本工程为砖混结构，采用混凝土灌注桩，建筑层数为 6 层，建筑面积为 10940m^2，计划工期为 200 日历天。 2. 招标控制价包括的范围：为本次招标的住宅工程施工图范围内的建筑工程和安装工程。 3. 招标控制价的编制依据： （1）招标文件提供的工程量清单； （2）招标文件中有关计价的要求； （3）施工图； （4）省建设主管部门颁发的计价定额和计价管理办法及有关计价文件； （5）材料价格采用工程所在地工程造价管理机构××年××月工程造价信息发布的价格信息，对于工程造价信息没有发布价格信息的材料，其价格参照市场价，单价中均已包括≤5%的价格波动风险。 4. 其他（略）。

4. 建设项目招标控制价汇总表

建设项目招标控制价汇总表

工程名称：××中学教学楼工程　　　　　　　　第 1　页共 1 页

序号	单项工程名称	金额（元）	其中		
			暂估价（元）	安全文明施工费（元）	规费（元）
1	教学楼工程	8413949	84500	212225	241936
合计		8413949	84500	212225	241936

注：本表适用于建设项目招标控制价或投标报价的汇总。

【说明】本工程仅为一栋教学楼，故单项工程即为建设项目。

5. 单项工程招标控制价汇总表

单项工程招标控制价汇总表

工程名称：××中学教学楼工程　　　　　　　　第 1 页共 1 页

序号	单位工程名称	金额（元）	其　　中		
			暂估价（元）	安全文明施工费（元）	规费（元）
1	教学楼工程	8413949	84500	212225	241936
合　　计		8413949	845000	212225	241936

注：本表适用于单项工程招标控制价或投标报价的汇总。暂估价包括分部分项工程中的暂估价和专业工程暂估价。

6. 单位工程招标控制价汇总表

单位工程招标控制价汇总表

工程名称：××中学教学楼工程　　标段：　　第1页共1页

序号	汇 总 内 容	金额（元）	其中：暂估价（元）
1	分部分项工程	6471819	845000
0101	土（石）方工程	108431	
0103	桩基工程	428292	
0104	砌筑工程	762650	
0105	混凝土及钢筋混凝土工程	2496270	800000
0106	金属结构工程	1846	
0108	门窗工程	411757	
0109	屋面及防水工程	264536	
0110	保温、隔热、防腐工程	138444	
0111	楼地面装饰工程	312306	
0112	墙、柱面装饰与隔断、幕墙工程	452155	
0113	天棚工程	241228	
0114	油漆、涂料、裱糊工程	261942	
0304	电气设备安装工程	385177	45000
0310	给排水安装工程	206785	
2	措施项目	829480	—
0117	其中：安全文明施工费	212225	—
3	其他项目	593260	—
3.1	其中：暂列金额	350000	—
3.2	其中：专业工程暂估价	200000	—
3.3	其中：计日工	24810	—
3.4	其中：总承包服务费	18450	—
4	规费	241936	—
5	税金	277454	—
招标控制价合计＝1＋2＋3＋4＋5		8413949	845000

注：本表适用于单位工程招标控制价或投标报价的汇总，如无单位工程划分，单项工程也使用本表汇总。

7. 分部分项工程和单价措施项目清单与计价表

分部分项工程和单价措施项目清单与计价表

工程名称：××中学教学楼工程　　　标段：　　　　　　　　第 1 页　共 5 页

序号	项目编码	项目名称	项目特征描述	计量单位	工程量	金额（元）		
						综合单价	合价	其中：暂估价
		0101 土石方工程						
1	010101003001	挖沟槽土方	三类土，垫层底宽 2m，挖土深度 4m 以内，弃土运距＜10km	m^2	1432	23.91	34239	
		（其他略）						
		分部小计					108431	
		0103 桩与地基基础工程						
2	010302003001	泥浆护壁混凝土灌注桩	桩长 10m，护壁段长 9m，共 42 根，桩直径 1000mm，扩大头直径 1100mm，桩混凝土为 C25，护壁混凝土为 C20	m	420	336.27	141233	
		（其他略）						
		分部小计					428292	
		0104 砌筑工程						
3	010401001001	条形砖基础	M10 水泥砂浆，MU15 页岩砖 240mm×115mm ×53mm	m^3	239	308.18	73655	
4	010401003001	实心砖墙	M7.5 混合砂浆，MU15 页岩砖 240mm×115mm × 53mm，墙体厚度 240mm	m^3	2037	323.64	659255	
		（其他略）						
		分部小计					762650	
本页小计							1299373	
合计							1299373	

注：为计取规费等的使用，可在表增设“其中：定额人工费”。

分部分项工程和单价措施项目清单与计价表

工程名称：××中学教学楼工程　　标段：　　第2页　共5页

序号	项目编码	项目名称	项目特征描述	计量单位	工程量	金额（元）		
						综合单价	合价	其中：暂估价
		0105 混凝土及钢筋混凝土工程						
5	010503001001	基础梁	C30 预拌混凝土，梁底面标高−1.55m，	m^3	208	367.05	76346	
6	010515001001	现浇构件钢筋	螺纹钢 Q235，ϕ14 mm	t	200	4821.35	964270	800000
			（其他略）					
			分部小计				2496270	800000
		0106 金属结构工程						
7	010606008001	钢爬梯	U形，型钢品种、规格详见××图	t	0.258	7155.00	1846	
			分部小计				1846	
		0108 门窗工程						
8	010807001001	塑钢窗	80系列 LC0915 塑钢平开窗带纱 5mm 白玻	m^2	900	327.00	294300	
			（其他略）					
			分部小计				411757	
		0109 屋面及防水工程						
9	010902003001	屋面刚性防水	C20 细石混凝土，厚 40mm，建筑油膏嵌缝	m^2	1853	22.41	41526	
			（其他略）					
			分部小计				264536	
			本页小计				3174409	800000
			合计				4473782	800000

注：为计取规费等的使用，可在表增设“其中：定额人工费”。

分部分项工程和单价措施项目清单与计价表

工程名称：××中学教学楼工程　　标段：　　第 3 页 共 5 页

序号	项目编码	项目名称	项目特征描述	计量单位	工程量	金额（元）		
						综合单价	合价	其中：暂估价
		0110 保温、隔热、防腐工程						
10	011001001001	保温隔热屋面	沥青珍珠岩块 500mm×500mm×150mm，1∶3 水泥砂浆护面，厚 25mm	m^2	1853	57.14	105880	
		其他略						
		分部小计					138444	
		0111 楼地面装饰工程						
11	011101001001	水泥砂浆楼地面	1∶3 水泥砂浆找平层，厚 20mm 1∶2 水泥砂浆面层，厚 25mm	m^2	6500	35.60	231400	
		（其他略）						
		分部小计					312306	
		0112 墙、柱面工程与隔断、幕墙工程						
12	011201001001	外墙面抹灰	页岩砖墙面，1∶3 水泥砂浆底层，厚 15mm，1∶2.5 水泥砂浆面层，厚 6mm	m^2	4050	18.84	76302	
13	011202001001	柱面抹灰	混凝土柱面，1∶3 水泥砂浆底层，厚 15mm，1∶2.5 水泥砂浆面层，厚 6mm	m^2	850	21.71	18454	
		（其他略）						
		分部小计					452155	
本页小计							902905	
合计							5376687	800000

注：为计取规费等的使用，可在表增设“其中：人工费”。

分部分项工程和单价措施项目清单与计价表

工程名称：××中学教学楼工程　　标段：　　第4页　共5页

序号	项目编码	项目名称	项目特征描述	计量单位	工程量	金额（元）		
						综合单价	合价	其中：暂估价
		0113天棚工程						
14	011301001001	混凝土天棚抹灰	基层刷水泥浆一道加107胶，1∶0.5∶2.5水泥石灰砂浆底层，厚12mm，1∶0.3∶3，水泥石灰砂浆面层，厚4mm	m^2	7000	17.51	122570	
			（其他略）					
			分部小计				241228	
		0114油漆、涂料、裱糊工程						
15	011407001001	外墙乳胶漆	基层抹灰面满刮成品耐水腻子三遍磨平乳胶漆一底两面	m^2	4050	49.72	201366	
			（其他略）					
			分部小计				261942	
		0117措施项目						
16	011701001001	综合脚手架	砖混、檐高22 m	m^2	10940	20.85	228099	
			（其他略）					
			分部小计				829480	
			本页小计				1332650	
			合计				6709337	800000

注：为计取规费等的使用，可在表增设“其中：人工费”。

分部分项工程和单价措施项目清单与计价表

工程名称：××中学教学楼工程　　标段：　　第5页　共5页

序号	项目编码	项目名称	项目特征描述	计量单位	工程量	金额（元）		
						综合单价	合价	其中：暂估价
		0304电气设备安装工程						
17	030404035001	插座安装	单相三孔插座，250V/10A	个	1224	11.37	13917	

（续表）

序号	项目编码	项目名称	项目特征描述	计量单位	工程量	金额（元）		
						综合单价	合价	其中：暂估价
18	030411001001	电气配管	砖墙暗配 PC20 阻燃 PVC 管	m	9858	8.97	88426	
		（其他略）						
		分部小计					385177	
		0310 给排水工程						
19	031001006001	塑料给水管安装	室内 DN20/PP-R 给水管，热熔连接	m	1569	19.22	30156	
20	031001006002	塑料排水管安装	室内 ϕ110UPVC 排水管，承插胶黏结	m	849	50.82	43146	
		（其他略）						
		分部小计					206785	
本页小计							591902	—
合计							7301239	800000

注：为计取规费等的使用，可在表增设“其中：人工费”

8. 总价措施项目清单与计价表

总价措施项目清单与计价表

工程名称：××中学教学楼工程　　　标段：　　　　　　第 1 页　共 1 页

序号	项目编码	项目名称	计算基础	费率（%）	金额（元）	调整费率（%）	调整后金额（元）	备注
		安全文明施工费	定额人工费	25	212225			
		夜间施工费	定额人工费	3	25466			
		二次搬运费	定额人工费	2	16977			
		冬雨季施工	定额人工费	1	8489			
		已完工程及设备保护	定额人工费		8000			
合计								

注：“计算基础”中安全文明施工费可为“定额基价”“定额人工费”或“定额人工费＋定额机械费”，其他项目可为“定额人工费”，或“定额人工费＋定额机械费”，按施工方案计算的措施费，若无“计算基础”和“费率”的数值也可只填“金额”数据，但应在备注栏说明施工方案出处或计算方法。

9. 其他项目清单与计价汇总表

其他项目清单与计价汇总表

工程名称：××中学教学楼工程　　　　标段：　　　　第1页　共1页

序号	项目名称	金额（元）	结算金额（元）	备注
1	暂列金额	350000		
2	暂估价	200000		
2.1	材料暂估价	—		
2.2	专业工程暂估价	200000		
3	计日工	24810		
4	总承包服务费	18450		
5				
	合计	193260		—

注：材料暂估价进入清单项目综合单价，此处不汇总。

10. 暂列金额明细表

暂 列 金 额 明 细 表

工程名称：××中学教学楼工程　　　　标段：　　　　第1页　共1页

序号	项目名称	计量单位	暂定金额（元）	备注
1	自行车棚工程	项	100000	正在设计图纸
2	工程量偏差和设计变更	项	100000	
3	政策性调整和材料价格风险	项	100000	
4	其他	项	50000	
	合计		350000	—

注：此表由招标人填写，如不能详列，也可只列暂定金额总额，投标人应将上述暂列金额计入投标总价中。

11. 材料（工程设备）暂估单价及调整表

材料（工程设备）暂估单价及调整表

工程名称：××中学教学楼工程　　　　标段：　　　　第1页　共1页

序号	材料（工程设备）名称、规格、型号	计量单位	数量		单价（元）		合价（元）		差额±（元）		备注
			暂估	确认	暂估	确认	暂估	确认	单价	合价	
1	钢筋（规格见施工图）	t	200		4000		800000				用在现浇钢筋混凝土项目

（续表）

序号	材料（工程设备）名称、规格、型号	计量单位	数量		单价（元）		合价（元）		差额±（元）		备注
			暂估	确认	暂估	确认	暂估	确认	单价	合价	
2	低压开关（CGD190380/220V）	台	10		4500		45000				用于低压开关柜安装项目
							845000				

注：1. 此表由招标人填写“暂估单价”，并在备注栏说明暂估价的材料、工程设备拟用在哪些清单项目上，投标人应将上述材料、工程设备暂估单价计入工程量清单综合单价报价中。

12. 专业工程暂估价及结算价表

专业工程暂估价及结算价表

工程名称：××中学教学楼工程　　标段：　　第 1 页　共 1 页

序号	工程名称	工程内容	暂估金额（元）	结算金额（元）	差额±（元）	备注
1	消防工程	合同图纸中标明的以及消防工程规范和技术说明中规定的各系统中的设备、管道、阀门、线缆等的供应、安装、调试工作	200000			
合计			200000			—

注：此表“暂估金额”由招标人填写，投标人应将“暂估金额”计入投标总价中，结算时按照合同约定结算金额填写。

13. 计日工表

计日工表

工程名称：××中学教学楼工程　　标段：　　第 1 页　共 1 页

编号	项目名称	单位	暂定数量	实际数量	综合单价（元）	合价（元）	
						暂定	实际
一	人工						
1	普工	工日	100		70	7000	
2	技工	工日	60		100	6000	
3							
4							
人工小计						13000	

（续表）

编号	项目名称	单位	暂定数量	实际数量	综合单价（元）	合价（元）	
						暂定	实际
二	材料						
1	钢筋（规格见施工图）	t	1		4000	4000	
2	水泥 42.5	t	2		571	1142	
3	中砂	m^3	10		83	830	
4	砾石（5～40mm）	m^3	5		46	230	
5	页岩砖（240mm×115mm×53mm）	千支	1		340	340	
6							
材料小计						6542	
三	施工机械						
1	自升式塔式起重机	台班	5		526.20	2631	
2	灰浆搅拌机（400L）	台班	2		18.38	37	
3							
4							
施工机械小计						2668	
四、企业管理费和利润　按人工费的20%计						2600	
合　计						24810	

注：此表项目名称、暂定数量由招标人填写，编制招标控制价时，单价由招标人按照有关规定确定；投标时，单价由投标人自主确定，按暂定数量计算合价计入投标总价中。结算时，按发承包双方确认的实际数量计算合价。

14. 总承包服务费计价表

总承包服务费计价表

工程名称：××中学教学楼工程　　　标段：　　　　　第1页　共1页

序号	项目名称	项目价值（元）	服务内容	计算基础	费率（%）	金额（元）
1	发包人发包专业工程	200000	1. 为消防工程承包人提供施工工作面，并对施工现场进行统一管理，对竣工资料进行统一整理汇总 2. 为消防工程承包人提供垂直运输机械和焊接电源接入点，并承担垂直运输费和电费	项目价值	5	10000
2	发包人供应材料	845000	对发包人供应的材料进行验收及保管和使用发放	项目价值	1	8450

（续表）

序号	项目名称	项目价值（元）	服务内容	计算基础	费率（%）	金额（元）
合计						18450

注：此表项目名称和服务内容由招标人填写，编制招标控制价时，费率及金额由招标人按照有关规定确定；投标时，费率及金额由投标人自主确定，计入投标总价。

15. 规费、税金项目计价表

规费、税金项目计价表

工程名称：××中学教学楼工程　　　标段：　　　　　　第 1 页　共 1 页

序号	项目名称	计算基础	计算基数	费率（%）	金额（元）
1	规费	定额人工费			241936
1.1	社会保障费	定额人工费	(1) +…+ (5)		191002
(1)	养老保险费	定额人工费		14	118846
(2)	失业保险费	定额人工费		2	16978
(3)	医疗保险费	定额人工费		6	50934
(4)	工商保险费	定额人工费		0.25	2122
(5)	生育保险费	定额人工费		0.25	2122
1.2	住房公积金	定额人工费		6	50934
1.3	工程排污费	按照工程所在地环境保护部门收取标准，按实计入			
2	税金	分部分项工程费＋措施项目费＋其他项目费＋规费－按照规定不计税的工程设备金额		3.41	277454
合　计					519390

编制人（造价人员）：　　　　　　　　　复核人（造价工程师）：

16. 综合单价分析表

工程量清单综合单价分析表

工程名称：××中学教学楼工程　　　　　标段：　　　　第 1 页 共 3 页

项目编码	010515001001	项目名称	现浇构件钢筋		计量单位	t	工程量	200			
清单综合单价组成明细											
定额编号	定额名称	定额单位	数量	单价				合价			
				人工费	材料费	机械费	管理费和利润	人工费	材料费	机械费	管理费和利润

（续表）

项目编码	010515001001	项目名称	现浇构件钢筋	计量单位	t	工程量	200				
AD0899	现浇螺纹钢筋制安	t	1.000	317.57	4327.70	62.42	113.66	317.57	4327.70	62.42	113.66
人工单价	小　　计							317.57	4327.70	62.42	113.66
80 元/工日	未计价材料费										
清单项目综合单价								4821.35			

材料费明细	主要材料名称、规格、型号	单位	数量	单价（元）	合价（元）	暂估单价（元）	暂估合价（元）
	螺纹钢筋 Q235，ϕ14 mm	t	1.07			4000.00	4280.00
	焊条	kg	8.64	4.00	34.56		
	其他材料费			—	13.14	—	
	材料费小计			—	47.70	—	4280.00

注：①如不使用省级或行业建设主管部门发布的计价依据，可不填定额项目、编号等。

②招标文件提供了暂估单价的材料，按暂估的单价填入表内“暂估单价”栏及“暂估合价”栏。

工程量清单综合单价分析表

工程名称：××中学教学楼工程　　　标段：　　　第 2 页共 3 页

项目编码	011407001001	项目名称	外墙乳胶漆	计量单位	m^2	工程量	4050				
清单综合单价组成明细											
定额编号	定额名称	定额单位	数量	单价				合价			
				人工费	材料费	机械费	管理费和利润	人工费	材料费	机械费	管理费和利润
BE0267	抹灰面满刮耐水腻子	$100m^2$	0.010	363.73	3000		141.96	3.65	30.00		1.42
BE0276	外墙乳胶漆底漆一遍、面漆二遍	$100m^2$	0.010	342.58	989.24		133.34	3.43	9.89		1.33

（续表）

项目编码	011407001001	项目名称	外墙乳胶漆	计量单位	m^2	工程量	4050
人工单价		小　计		7.08	39.89		2.75
80 元/工日		未计价材料费					
清单项目综合单价				49.72			
材料费明细	主要材料名称、规格、型号	单位	数量	单价（元）	合价（元）	暂估单价（元）	暂估合价（元）
	耐水成品腻子	kg	2.50	12.00	30.00		
	××乳胶漆面漆	kg	0.353	21.00	7.41		
	××乳胶漆底漆	kg	0.136	18.00	2.45		
	其他材料费			—	0.03	—	
	材料费小计			—	39.89	—	

注：①如不使用省级或行业建设主管部门发布的计价依据，可不填定额项目、编号等。

②招标文件提供了暂估单价的材料，按暂估的单价填入表内“暂估单价”栏及“暂估合价”栏。

工程量清单综合单价分析表

工程名称：××中学教学楼工程　　　　标段：　　　　第 3 页共 3 页

项目编码	030411001001	项目名称	电气配管	计量单位	m	工程量	9858				
清单综合单价组成明细											
定额编号	定额名称	定额单位	数量	单价				合价			
				人工费	材料费	机械费	管理费和利润	人工费	材料费	机械费	管理费和利润
CB1528	砖墙暗配管	100m	0.01	344.85	64.22		136.34	3.44	0.64		1.36
CB1792	暗装接线盒	10 个	0.001	18.56	9.76		7.31	0.02	0.01		0.01
CB1793	暗装开关盒	10 个	0.023	19.80	4.52		7.80	0.46	0.10		0.18
人工单价		小　计						3.92	0.75		1.55
85 元/工日		未计价材料费						2.75			
清单项目综合单价								8.97			

（续表）

项目编码	030411001001	项目名称	电气配管	计量单位	m	工程量	9858
材料费明细	主要材料名称、规格、型号	单位	数量	单价（元）	合价（元）	暂估单价（元）	暂估合价（元）
	刚性阻燃管	m	1.10	2.20	2.42		
	××牌接线盒	个	0.012	2.00	0.02		
	××牌开关盒	个	0.236	1.30	0.31		
	其他材料费			—	0.75	—	
	材料费小计			—	3.50	—	

注：①如不使用省级或行业建设主管部门发布的计价依据，可不填定额项目、编号等。

②招标文件提供了暂估单价的材料，按暂估的单价填入表内“暂估单价”栏及“暂估合价”栏。

本章小结

工程量清单计价在工程的整个生命周期内都是存在的。但是我们这里重点讲了清单计价在招投标阶段的报价过程。需要学生重点掌握招标控制价中所涉及的表格及具体的报价过程。对于其他项目费中暂估的那部分在施工中就转变为具体的工程量和工程报价了。投标价与招标控制价的主要区别是综合单价的变化。施工中产生的索赔和现场签证的费用主要从其他项目费中提取。

习题

一、简答题

1. 造价费用按照五部分计算包括哪些？
2. 招标控制价的计算都用到了哪些表格？至少写出5种。
3. 分部分项工程清单与计价表中表头具体包含哪些内容？至少列出5项。
4. 简述综合单价的分析过程。
5. 按照内蒙古相关定额的规定，叙述清单计价过程中的招标控制价的计算程序。

二、计算题

1. 某定额项中人工费为 465.89 元，材料费为 1454.79 元，机械费为 31.72 元，试计算综合单价。(管理费和利润的费率分别为人工费的 20%和 16%)

2. 已知某单位工程的分部分项工程费为 2604786 元，措施项目费为 285879 元，其他项目费为 193557 元，规费为 109314 元，税率为 3.41%，试计算工程造价。

3. 已知某楼地面工程量为 200 m^2，每 100 m^2 消耗的人工费为 1604.01 元、材料费为 11177.30 元、机械费为 79.65 元、管理费和利润为 577.44 元，试计算分部分项工程费。

4. 已知某楼地面工程量为 200 m^2，综合单价为 141.56 元/m^2 其中人工费为 18.10 元/m^2，总价措施费的费率为 9.11%（取费基数为分部分项工程费中的人工费），总价措施费中，人工费占比 25%，规费费率为 21%（取费基数为分部分项工程费中的人工费和总价措施费中的人工费），试计算规费。

[1] 中华人民共和国住房和城乡建设部建设工程工程量清单计价规范：GB 50500—2013. 北京：中国计划出版社，2013.

[2] 中华人民共和国住房和城乡建设部房屋建筑与装饰工程工程量计算规范 GB 50854—2013. 北京：中国计划出版社，2013.

[3] 规范编制组 .2013 建设工程计价计量规范辅导 . 北京：中国计划出版社，2013.

[4] 肖伦斌，罗滔 . 建筑工程计量与计价 .2 版 . 北京：电子工业出版社，2014.

[5] 王永先，高洁，马军霞 . 建筑工程预算 . 天津：天津大学出版社，2017.

[6] 肖明和简红 . 建筑工程计量与计价 . 北京：北京大学出版社，2009.

[7] 肖飞剑，万小华 . 建筑工程计量与计价 . 北京：中国建材工业出版社，2012.

[8] 王武齐 . 建筑工程计量与计价 . 北京：中国建筑工业出版社，2013.

[9] 谢岚 . 装饰工程工程量清单计价实训 [M] . 哈尔滨：哈尔滨工程大学出版社，2017.

[10] 内蒙古自治区建设工程标准定额总站 . 内蒙古自治区房屋建筑与装饰工程预算定额 . 北京：中国建材工业出版社，2018.

[11] 内蒙古自治区建设工程标准定额总站 . 内蒙古自治区建设工程费用定额 . 北京：中国建材工业出版社，2018.